南京大学人工智能系列教材

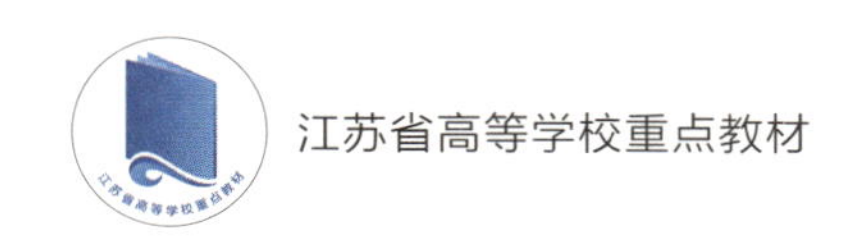

申富饶 编著

简明神经网络

A CONCISE INTRODUCTION TO NEURAL NETWORKS

机械工业出版社
CHINA MACHINE PRESS

本书既是江苏省高等学校重点教材（编号：2021-2-298），又是南京大学研究生“三个一百”优质课程建设项目建设成果。本书用通俗易懂的语言讲解神经网络的相关知识。本书共6章，第1章对神经网络领域进行概述，包括其历史和应用；第2章深入探讨神经元的数学模型，包括其输入、权值、偏置和激活函数；第3章介绍感知机的概念，讨论感知机的结构，并解释如何用它来解决简单的分类问题；第4章介绍多层感知机的概念，讲述如何使用前馈传播和反向传播，同时详细介绍了反向传播中用到的链式法则；第5章涵盖训练神经网络时使用的各种参数和算子；第6章介绍神经网络的分布式学习、压缩和解释，其中分布式学习涵盖使用多台计算机或设备在大型数据集上训练神经网络的内容。

本书适合作为高等院校神经网络课程的入门教材，也可作为人工智能领域相关技术人员的参考书。

图书在版编目（CIP）数据

简明神经网络 / 申富饶编著. -- 北京 : 机械工业出版社，2024. 9. --（南京大学人工智能系列教材）.
ISBN 978-7-111-76540-0

I. TP183

中国国家版本馆 CIP 数据核字第 2024TT5048 号

机械工业出版社（北京市百万庄大街 22 号　邮政编码 100037）
策划编辑：姚　蕾　　　　责任编辑：姚　蕾　陈佳媛
责任校对：孙明慧　张雨霏　景　飞　　责任印制：常天培
北京宝隆世纪印刷有限公司印刷
2025 年 1 月第 1 版第 1 次印刷
210mm×235mm · 13.6 印张 · 320 千字
标准书号：ISBN 978-7-111-76540-0
定价：79.00 元

电话服务
客服电话：010-88361066
　　　　　010-88379833
　　　　　010-68326294

网络服务
机　工　官　网：www.cmpbook.com
机　工　官　博：weibo.com/cmp1952
金　　书　　网：www.golden-book.com
机工教育服务网：www.cmpedu.com

前　言

神经网络的发展已经有很长时间了。近些年，由于算力和数据的增长，深度神经网络的发展彻底改变了人们对机器学习和人工智能的看法。如今的神经网络已经成为强大的工具，被用于解决各种各样的问题，从图像识别到自然语言处理，甚至是游戏，都可以看见神经网络参与的痕迹。一些像 GPT 这样功能强大的网络，已经完成了从科研环境到工业环境的落地，它可以帮助人们完成各种各样的任务。神经网络之所以能有这样惊人的效果，是因为它们能够以类似于人类学习的方式从数据中学习和适应，从而解决难以通过显式编程解决的复杂问题。尽管神经网络已经是一个耳熟能详的词了，但是神经网络领域对初学者来说可能仍旧是一个庞大且复杂的知识体系。面对复杂的数学模型和难以理解的专业术语，初学者可能一时间难以消化。

本书旨在成为一本介绍性的教科书，它面向的是对微积分和线性代数有基本了解、希望从零开始学习神经网络的读者。当然，如果你缺乏相关数学知识，也可以在学习的过程中循序渐进地补齐。本书的重点是介绍基于全连接结构的前馈神经网络，这是一种在实践中常用的神经网络类型，也是各式各样神经网络架构的“基础款”。本书首先介绍神经网络的基本概念及其从生物学上获得的启示，然后介绍神经元的数学模型和单层感知机的结构。在掌握了这些基本知识后，读者将了解功能更加强大的多层感知机结构。

本书共六章。第 1 章对神经网络领域进行概述，包括其历史和应用。这一章将讨论神经网络的基本组成部分，阐述神经网络与生物神经系统的关系，对神经网络领域的主流发展方向和相关术语进行解释。

第 2 章深入探讨不同类型神经元的数学模型，着重分析不同神经元的作用机制，为后续复杂网络结构的学习奠定了基础。这一章还将讨论阈值的作用以及激活函数的选择。

第 3 章介绍感知机的概念，帮助读者理解如何通过神经元的组合来解决复杂任务。这一章将讨论感知机的结构，包括它的输入层、输出层和激活函数，并解释如何用它来解决简单的分类问题。

第 4 章介绍多层前馈神经网络模型，它是分类和回归任务中使用最广泛的神经网络类型之一。这一章将研究神经网络是如何训练的，特别是反向传播算法与梯度下降法的使用。

第 5 章涵盖训练神经网络时使用的各种参数和算子，包括学习率、损失函数、正则化、归一化以及网络初始化、预训练。这一章将讨论这些设置的重要性，并介绍如何选择合适的值或方法。

第 6 章介绍神经网络的分布式学习、压缩和解释，其中分布式学习将涵盖使用多台计算机或设备在大型数据集上训练神经网络的内容。分布式训练可以让训练单台机器难以学习的大型神经网络成为可能。神经网络压缩将讨论减少神经网络的规模而不明显降低其准确性的主题。神经网络可解释性将讨论解释神经网络内部运作机制的技术，探讨如何解读神经网络的决策流程。

对于想要初步了解神经网络的读者，建议重点阅读前四章；对于已经搭建好了神经网络，想进一步对模型效果进行优化的读者，建议直接阅读第 5 章；对于已经熟悉神经网络，想要了解更多研究方向的读者，可以直接阅读第 6 章。在每一章中都配有一些思考题，可以作为师生在课堂上互动交流的问题。在每一章的末尾配有课后练习，方便读者检验自己的学习成果，也可以当成作业和考试题，作为教师备课的参考。在练习之后，“稍事休息”部分是编者在科研过程中总结的心得体会，有相似科研需求或者感兴趣的读者，可以选择阅读。在整本书中，我们将使用各种示例和代码来帮助大家理解概念和实现应用。本书将使用 Python 作为主要的编程语言，除了亲手搭建神经网络以外，也会提供以常用的深度学习框架 PyTorch 为基础的神经网络搭建指导。为了照顾到所有读者，大部分模型都可以在没有 GPU 硬件辅助的条件下完成训练和部署。

在本书的编写工作中，我得到了许多团体和个人的支持和帮助，感谢南京大学研究生教育教学改革课题对本书资助，感谢机械工业出版社的编辑们，是他们的尽责工作使得本书可以尽快与读者见面。感谢 RINC 组同学对本书的支持，特别感谢徐百乐、窦慧、郭苏涵、易梦军四位博士在书稿的修改和校对方面付出的心血，感谢肖伟康、向浩然、许翔、管俣祺、陈昊、张耕、熊昕、李菲菲、卢俣金、宋斯涵、王翔宇、张凌茗、艾英豪、涂敦炜、俞诗航、杨洪朝、刘佩涵、李若彤、胡嘉骏同学在整理资料、收集数据和实验验证方面付出的辛勤劳动。有了大家的共同努力，才促成了本书的出版。

本书作为一本入门教材，尽力做到少用晦涩的数学公式，多用示例来完成知识的讲解。在不得不使用数学公式的部分，会尽量避免“跳步骤”，对每一步推导都进行了展示，方便读者理解。同时，为了尽可能地减少阅读压力，本书只介绍重要的内容，以求做到“少而精”。虽然笔者精益求精，但书中可能仍然存在需要修改的部分，甚至是错误，如果读者发现了，烦请告知，意见请发往 info_rinc@163.com，笔者一定尽快修正。最后，希望这本书可以为各位读者提供一些帮助，祝大家阅读愉快！

主要符号表

符号	含义
x	标量
$\boldsymbol{x}$	向量
$\mathbb{R}$	实数集
X	输入空间
Y	输出空间
$\boldsymbol{I}$	单位矩阵
$\boldsymbol{W}$	权值矩阵
$(\cdot,\cdot,\cdot)$	行向量
$(\cdot;\cdot;\cdot)$	列向量
$(\cdot)^{\mathrm{T}}$	向量或矩阵转置
$(\cdot)^{-1}$	矩阵的逆
$\{\cdots\}$	集合
$\|\|\cdot\|\|_p$	L_p 范数，p 缺省时为 $L2$ 范数
$\boldsymbol{\Delta}$	变化量
∇	梯度
$\odot$	点积

目　　录

第 1 章　绪　　论

21 世纪是信息化时代，信息科学技术广泛渗透到社会生活的各领域，并深刻地影响和改变着全球的经济结构及人们的生产和生活方式。在这个过程中，计算机发挥着至关重要的作用，成为日常生活中不可或缺的工具之一。由于半导体技术的飞速发展以及广泛应用，现代计算机的计算能力远超人类。然而，在计算机的发展初期，其应用也存在一定的局限性，例如在解决图像理解或情感分析等任务时，计算机便束手无策。近年来随着神经网络的研究如火如荼地展开，计算机在解决图像理解和情感分析等复杂问题方面的能力得到了大幅提升，有时甚至可以超越人类的表现。

神经网络是机器学习领域中一个重要的研究分支，它受到了生物神经系统的启发，是由一个或多个神经元堆叠连接形成的一种组织架构。通过调整网络内部节点之间的相互连接关系以及权值，神经网络可以实现信息处理和特征学习。作为深度学习的基础，学习神经网络可以让我们更深入地了解人工智能的本质，并实现智能化的应用。

1.1 节和 1.2 节简要介绍了神经网络的定义、工作过程以及独特性，1.3 节至 1.6 节简要介绍了神经网络的研究目标、发展历史、研究现状和研究方法。通过学习本章，读者将初步了解神经网络及其应用的相关知识。

1.1　神经网络简介

1.1.1　神经网络的定义

早期研究者对神经网络有很多种不同的叫法，包括：人工神经网络（artificial neural network）、人工神经系统（artificial neural system）、神经网络（neural network）、自适应系统（adaptive system）、自适应网络（adaptive network）、连接模型（connectionism）、神经计算机（neurocomputer）等。这些叫法都是对神经网络的不同侧面的描述。其中，“人工神经网络”强调通过人工来模拟神经网络；“人工神经系统”强调将神经网络视为一个系统；“神经网络”把人工两个字省掉，也是目前使用最为广泛的叫法之一；“自适应系统”和“自适应网络”强调的是网络的自适应性；“连接模型”强调的是神经元与神经元之间的连接关系；“神经计算机”是从计算的角度理解神经网络。这些不同的叫法都是指神经网络，只是从不同的角度对神经网络进行描述。读者可以根据自己的科研实际情况，从不同的角度理解和应用神经网络。

在机器学习和认知科学领域，神经网络是一种模仿生物神经网络的结构和功能的数学模型或计算模型，被广泛应用于处理非线性关系和进行函数近似，可以通过数学公式来描述。**神经网络是一种通过大量的人工神经元连接进行计算的数学模型或计算模型，它可以通过外部信息来改变内部结构和参数，从而更好地适应所处理的数据。**具体地说，这种改变有两个方面。首先，神经网络的自身结构可能需要改变，一般来说，神经网络设计好后其自身结构不太容易改变，但在一些新兴领域会有此类需求，如自动机器学习，旨在自主学习神经网络的结构。其次，神经网络的内部参数需要根据输入数据来进行调整，这就是神经网络的学习过程。通过学习，神经网络可以逐步提高对输入数据的理解和响应能力，从而实现更准确的输出。神经网络作为一种自适应系统，能够根据外部输入信息进行自我调整，输入信息相当于神经网络的“生存环境”。随着外部环境的变化，神经网络不断地调整自身，以适应新的输入信息。神经网络还可以被看作一种复杂的数学函数，它包含大量参数，这使得它可以拟合不同的数据，同时也具备拟合复杂数据的能力。

1.1.2 神经网络的工作过程

如图 1.1 所示，神经网络细分为多个抽象层，每一层都对输入进行处理和转换。以输入动物图片为例，第一层网络的输入是图片像素，第二层网络提取图片中的边缘信息，并将这些边缘信息进行组合，随后的层会进一步组合边缘信息，形成关于动物的更高级的特征，最后将这些特征组合起来，形成关于动物类型的识别结果。可以看出，神经网络在处理输入信息时，逐渐提取出输入信息中的更高级别的特征，这种层级化的处理方式使得神经网络具有很强的拟合复杂数据的能力。

在这个过程中，每一层神经网络都是对前一层神经网络的输出的进一步抽象和处理，实现了对输入数据的逐层提取和抽象，从而得到更加高层次的特征表示，最终实现了对复杂数据的识别和分类。因此，神经网络的功能可以被理解为对特征的表示和学习，即将输入数据映射到一个高维空间中，并学习不同层次的特征表示，从而实现对数据的有效处理和分析。在深度学习时代，神经网络的层数越来越深，能够实现更加复杂和精细的特征学习和表示，使其在不同领域得到广泛应用。

在神经网络的训练过程中，为了使神经网络能够识别动物图片，需要为其提供大量的实例，包括不同角度、不同时刻的动物图片。通过对这些实例的训练，神经网络可以学习到参数，即连接不同神经元的权值。基于这些参数可以

建立数学模型 $y = f(x)$，其中输入 x 是动物图片，输出 y 是识别结果，这样就建立起了从输入到输出的映射 f。

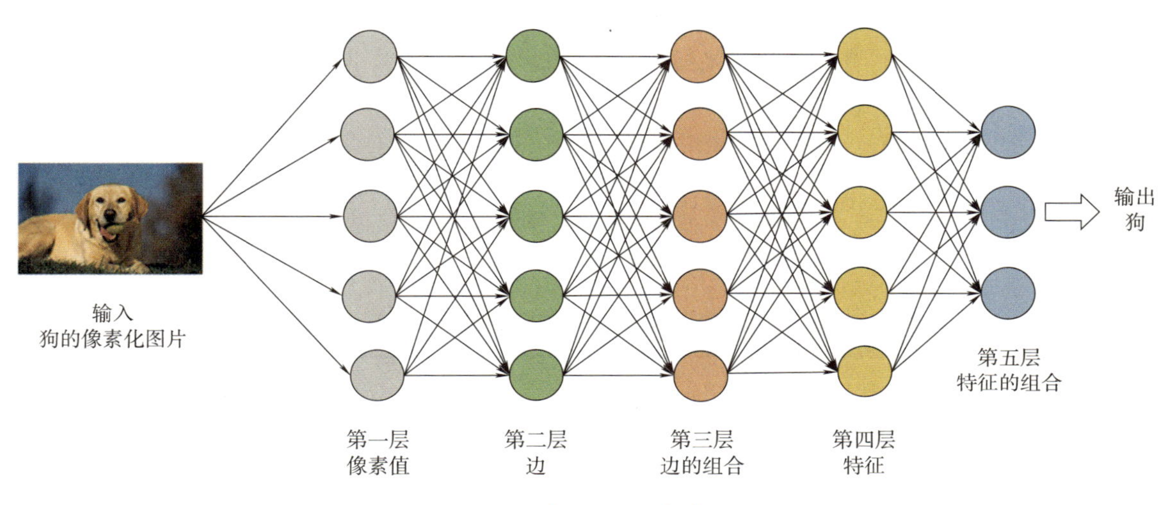

图 1.1 神经网络工作过程示例

在具体学习神经网络的各个部分之前，首先介绍神经网络的特点。以下这些特点在后面的章节会有更详细的介绍。

- **神经网络是由相连节点层组成的计算模型。**
  当使用神经网络来对函数 $y = f(x)$ 进行估计时，计算模型实际计算出的函数值为 $\hat{y} = g(x)$，$\hat{y}$ 为关于 y 的一个估计。神经网络的目标就是设计这样的函数 g 使得在不同的输入 x 下 $\hat{y}$ 和 y 之间的误差尽可能小。
- **神经网络的神经元结构与大脑中的神经元结构相似。**
  神经网络的设计灵感来源于生物神经元，但是其神经元的构造、信息传递、分层方法以及连接方法并不完全与生物神经元相同。相比之下，人类大脑是通用型的，可以解决多种问题，完成多个领域的任务，例如算术、识别和棋牌等。而当前的人工神经网络大多只专注于单一领域。因此，在本节中，可以简单地将人工神经元理解为一个处理信息的计算单元。
- **神经网络通过数据进行学习。**
  当前人工智能的发展正在趋向以数据为中心，多数人工智能的能力取决于外界提供的数据，神经网络也不例外。没有数据，神经网络就无法正常工作。这在某种程度上与人类生活的经验相似：若将人类比作一个强大的神经网络系统，如果缺乏经验并拒绝接收外界信息的输入，就无法学到任何知识。因此，神经网络的构造与训练都离不开数据。只有通过使用数据来对网络进行训练，才能使神经网络学习到知识并完成各种任务。

- **神经网络的行为由其各个元素的连接方式以及这些连接的强度（权值）确定。**
  一个神经网络由神经网络的神经元个数、神经元之间的连接方式以及连接强度定义。神经网络的定义一旦确定，其行为或功能也就随之确定。
- **通过学习规则调整权值。**
  在神经网络的训练过程中，需要指定一种学习规则。学习规则决定了神经网络如何吸收知识和存储信息。多数神经网络都采用共同的学习规则。通过学习规则，神经网络能够调整自身的权值，进而提高对特定任务的学习和预测能力。

分析

就像人类学习知识的过程一样，有些人倾向于基于理解的学习规则，这种规则帮助他们获得知识的本质。而另一些人则更倾向于基于记忆的学习规则，这种规则虽然无法深刻理解知识点的含义，但记忆相应的知识点同样能够达到应用的效果。因此，不同的人有不同的学习规则，就像神经网络也可以有不同的学习规则一样。然而，就像人类学习一样，神经网络也有一些共同的学习技巧。

在数学形式上，可以将神经网络所代表的数学模型 $f(x)$ 写成 $f_\theta(x)$ 或者 $f(x,\theta)$。其中 θ 就是神经网络的参数。对神经网络的学习实际上就是根据学习规则来不断调整 θ，直到神经网络能够正常执行指定的任务为止。

神经网络的独特性在于其能够通过“学习”的方式解决许多传统算法无法解决的问题。

神经网络是一种高度非线性的动力学系统，其中，动力学系统是指状态可随时间的推移而发生变化的系统，神经网络内部的参数会随着学习的过程而不断改变，可以称之为神经动力学系统。构成神经网络的神经元多数为非线性神经元，在深度学习时代，随着网络层数的加深，神经网络动辄包含几百万乃至上亿的神经元，如此之多的非线性神经元组成的完整系统，同样也是高度非线性的。

神经网络是一个自适应的自组织系统，外界不断地向网络输入数据，而网络会自适应地调整内部的参数，使其呈现出一定的组织性。故称神经网络是一个自组织系统，具有很强的容错性，适应面也很广。

神经网络可以通过大规模并行计算高效地处理大量数据，这使得神经网络成为处理海量数据的有力工具。在高效计算的前提下，神经网络可以是一个十分复杂的函数，它可以通过学习大量数据建立起输入到输出的映射。

1.2 神经网络的应用

神经网络是一种自动的特征提取器，神经网络可以自动从原始数据中提取重要的特征，无须手动设计特征工程，这使得神经网络在图像、语音、自然语言处理等领域中表现出色。

神经网络在模式识别方面表现突出，特别是在语音、视觉和控制系统中，能够识别和分类对象或信号等。此外，神经网络还可以用于执行时序预测和建模任务。神经网络在通信、军事探测、生物医学工程、地震勘探、计算机视觉等领域都有广泛的应用。例如，电力公司可利用神经网络准确预测电网上的负载，以确保可靠性，并优化发电机的效率。又如自动取款机通过读取支票上的账号和存款金额，以可靠的方式接受银行存款。再如病理学家依靠癌症检测应用的指导，根据细胞大小的均匀度、肿块密度、有丝分裂及其他因素将肿瘤分类为良性或恶性。

传统的图像处理方法通过对图像的亮度、纹理和对比度等信息进行处理，提取到相关的特征，则可对图像的内容进行判断，从而达到设计分类器或检测器的目的。而这个过程中需要设计者拥有关于图像领域的专业知识，甚至需要较强的数学知识。因此，使用传统方法进行特征工程往往耗时费力，且效果有限。相比之下，将特征工程与分类器合并起来并用神经网络替代这两个步骤，可以大大降低工作量。设计者只需要提前确定三个问题：神经网络的神经元数量、它们的连接方式以及输入数据后如何自动学习连接强度。其余任务皆可交由神经网络自动完成，从而大大减少人工成本。

神经网络可以根据层次的数量分为浅层神经网络和深层神经网络，无论是浅层神经网络还是深层神经网络，都是一种通过直接输入数据来进行学习的机器学习技术。所以实际上深度学习技术也可以看作对函数 $y = f_\theta(x)$ 的模拟过程。将 x 作为输入，再利用参数 θ 去学习 x 的特征，对于神经网络而言，不再通过人工设计的特征工程去提取特征，而是通过自动学习得到特征，即特征工程的自动化。这也是神经网络和传统方法在视觉问题上的一个重要差别。

与传统的机器学习相比，神经网络具有如下优势。

- **特征提取的高效性。**
  机器学习算法要求事先确定特征，在特征工程上需要花费大量时间和精力。而神经网络方法不需要大量的特征工程，可以直接通过训练自动学习特征，进行自我“修正”。
- **数据格式的简易性。**
  神经网络对数据格式的要求相对简单，在传统的机器学习分类问题中，通常需要对数据进行归一化、格式的转化等数据预处理工作，而在神经网络中则不一定需要，例如神经网络可以直接将图片的原始数据作为输入，而不做任何额外的处理。在设计者不知道怎么做数据预处理的情况下，直接将数据输入神经网络，也能得出一个相对不错的结果。

- **学习能力强**。
  神经网络可以在复杂、大量数据中学习，由于其内部有大量参数，所以神经网络的表示能力很强。对于复杂数据，传统的方法可能无法有效地学习和表示数据。
- **具有一定的迁移性**。
  在相近的任务上，神经网络具有一定的迁移性。比如在图像分类任务上，可以把在基准数据集上训练得到的网络迁移到当前任务，只需要在当前数据上进行微调便可得到所需的模型。

思考

既然神经网络这么强大，那么是不是任何任务都可以用神经网络来完成，不需要其他方法了？

首先，神经网络需要数据才能进行学习，因此第一个需要考虑的问题是数据的来源及获取数据的成本问题，有一些方法不需要使用大量数据，而是基于人类智慧的结晶，把智慧蕴含在方法中，这些方法本身可能非常简便易行。因此，在实际问题中，当需要解决任务时，设计者的第一反应应该是不一定要使用神经网络，而是先考虑利用相应的知识结构和储备来设计一些简单而高效的方法，也许不需要进行学习，就能够达到任务的要求。

其次，在实际应用中，神经网络是一种模糊技术。神经网络在实际应用中具有许多优势。例如，对于扫地机器人这类应用，若采用传统的控制方式，需要编写大量的 if…then…语句，并对环境建模同时进行大量的精确控制。而采用神经网络则可以通过在扫地机器人前端设置碰撞传感器，当检测到前方可能有障碍物时，进行模糊计算并得出一个概率，然后根据这个概率做出模糊决策，来决定是否需要前进。此外，有时还会通过碰撞进行信息的反馈，然后经过多次撞击后学会避障行走，这也是神经网络的优势之一。但需要注意的是，在需要精确控制的应用中，神经网络并不是一个好的选择，例如手术机器人的操作。在这种情况下，必须使用精确控制来完成任务。

因此神经网络并不适合所有任务。它只是解决问题的一种工具，实际中还有许多其他工具可以使用，不一定仅仅使用神经网络来解决问题，有时用其他工具结合神经网络一起使用可能会得到更好的结果。

1.3 神经网络的研究目标

借助神经科学、脑科学与认知科学的研究成果，研究大脑信息表征、转换机理和学习规则，建立模拟大脑信息处理过程的智能计算模型，最终使机器掌握人类的认知规律是神经网络的研究目标，该目标可以分别从科学目标和工程目标两个角度进行阐释。科学目标指的是**理解智能**，即从原理上研究神经网络具有智能的原因，了解智能的形成机理；工程目标要求我们对智能建立相应的计算模型，将智能移植到机器上，从而在工程上**实现智能**。模拟人的智能行为是技术系统或人工系统模拟生物系统的最高形式，而使机器具有智能则是技术系统或人工系统模拟生物系统的最高目标。

从理解智能和实现智能出发，要理解智能就要研究大脑，要实现智能则需要设计并实现人工神经网络。因此，下面从大脑和神经网络两个方面来对神经网络的目标进行进一步分析。对大脑而言，大脑的主要功能包括接收信息、处理信息、输出信息等。例如，向他人描述自己看到的景色，就是人脑接收信息、处理信息和输出信息的过程。大脑控制身体的各个器官，将各种信息融合起来，形成记忆并产生联想。此外，大脑还可以根据识别出的人和物进行一定的推理并做出决定，甚至产生自主意识，这些都是大脑所特有的功能。对人工神经网络而言，人工神经网络本质上也是一个接收信息、处理信息、输出信息的实体。目前，人工神经网络广泛应用于各行各业，如控制机器人、信息融合、模式识别、专家系统等。人工神经网络领域有一个重要的分支称为联想记忆，神经网络学习到的信息记忆将被存储在网络中，并在记忆和记忆之间建立联想。**尽管目前人工神经网络的功能已经十分强大，但它能否产生意识仍然是一个未定的问题。**

思考

人工神经网络能否产生意识?

时至今日，学界对于意识仍未有准确的科学定义，更无法从数学方法上去定义意识。从生物学上来说，意识大概是人脑对大脑内外表象的觉察，是人脑对于客观物质世界的反映，也是感觉、思维等各种心理过程的总和。无论是外界的反应，还是内部各种心理活动的总和，我们都可将其定义为一种信息，而信息是可以通过数学符号进行刻画的。从这个角度看，人工神经网络从输入数据中学习信息，并将其存储在神经元之间的连接上，当外界输入刺激时，人工神经网络利用学习到的信息对其做出反应，形成输出，具有一定的“意识”。

1.4 神经网络的发展历史

古人讲，“以古为镜，可以知兴替”，读史可以明智，知古可以鉴今。神经网络的发展历程中也有“兴盛”和“衰废”。那么，神经网络出现高潮和低潮的原因是什么？可以带着这样的思考来探索其中的根本原因，进而找到自己科研的努力方向。

1.4.1 历史大事件概述

2015 年，曼宁提到深度学习“海啸”：“在过去的几年中，深度学习的浪潮在计算语言学领域不断涌现，但在 2015 年，深度学习乘海啸之势涌入自然语言处理（natural language processing）的会议。”深度学习不仅在 NLP 领域，还在计算机视觉（computer vision）等其他人工智能领域占据着十分重要的地位。凭借着一代又一代科研工作者的努力和天才的创新型思想，神经网络发展至深度学习时代。神经网络的发展历史主要包括起源、兴盛、深度学习这三个阶段。

1. 起源

20 世纪 50 年代至 20 世纪 80 年代是传统机器学习方法的年代。在这个阶段，人工智能的研究工作从传统线性回归逐渐过渡到监督学习。传统线性回归是指直接求解合适的平面去拟合数据，监督学习则是利用训练集和测试集去“学习”一个平面来拟合数据。1943 年，McCulloch-Pitts 神经元模型（简称 MP 神经元模型）在论文《神经活动中所蕴含的思想的逻辑活动》中被首次提出，它利用数学模型简化了生物学神经元，但并不具有“学习”的功能。该模型对后续研究有非常深远的影响，至今几乎所有的神经网络，包括深度学习模型，都仍然采用最基本的 MP 模型架构。MP 神经元的出现标志着人工神经网络的诞生。

1949 年，在《行为的组织》一书中，心理学家 Hebb 对神经元之间连接强度的变化规则进行了分析，并基于此提出了著名的 Hebb 学习规则：如果两个神经元在同一时刻被激发，则其之间的联系应该被强化。后人基于这一原理，对 Hebb 学习规则进行了补充，提出了扩展的 Hebb 学习规则：若神经元 A 和神经元 B 之间有连接，当神经元 A 被激发的同时，神经元 B 也被激发，则其之间的连接强度应该增强；但若神经元 A 被激发的时候，神经元 B 未被激发，则其之间的连接强度应当减弱。继 Hebb 学习规则之后，神经元的有监督 Delta 学习规则被提出，用以解决在输入/输出已知的情况下神经元权值的学习问题。Delta 学习规则用于监督学习过程，通过对连接权值进行不断调整，使神经元的实际输出和期望的输出达到一致，从而使得学习过程收敛。

1958 年，Rosenblatt 等人成功研制出了代号为 Mark I 的感知机（perceptron），这是历史上首个将神经网络的学习功能用于模式识别的装置，标志着神经网络进入了新的发展阶段。感知机引发了神经网络历史发展中的第一个高潮。感知机的主要思路是通过最小化误分类损失函数来优化分类超平面，从而对新的实例实现准确预测。假设输入特征向量是一个 n 维的特征向量，输出的类标空间是二维的，即只有两个类，标号分别为 $+1$ 和 -1。即输入特征向量为 $\boldsymbol{x} \in \mathbb{R}^n$，输出类标为 $y \in \{+1, -1\}$，则感知机模型为

$$y = f(\boldsymbol{x}) = \mathrm{Sgn}(\boldsymbol{w}\boldsymbol{x} + b),$$

其中的 f 函数的定义有多种，根据不同的定义，有不同的优化方法来优化分离超平面，从而对新的实例实现准确预测。通过已经存在的样本来最小化误分类的损失，求出可以用于分类的超平面后，即可使用新的实例来进行验证。

从感知机的提出到 1969 年之间，出现了神经网络研究的第一个高潮。此间，人们对神经网络甚至人工智能抱有巨大的信心。然而 1969 年，Minsky 和 Papert 所著的《感知机》一书出版，他们从数学的角度证明了单层神经网络（即感知机）具有有限的功能，甚至无法解决最简单的“异或”逻辑问题。这给当时神经网络感知机方向的研究泼了一盆冷水，美国和苏联在此后很长一段时间内也未资助过神经网络方面的研究工作。此后很长一段时间内神经网络的研究处在低迷期，称作神经网络的寒冬（AI winter）。

到了 20 世纪 80 年代，关于神经网络的研究慢慢开始复苏。1982 年，Hopfield 等人提出一种名为 Hopfield 的神经网络，解决了非多项式复杂度的旅行商问题。Hopfield 网络在一定程度上使神经网络的研究复苏。1983 年，Sejnowski 和 Hinton 首次提出“隐藏单元”的概念，并基于此设计出玻尔兹曼机（Boltzmann Machine，BM）。玻尔兹曼机是一种由随机神经元全连接组成的反馈神经网络，包含一个可见层和一个隐藏层。网络中神经元的输出只有两种状态（未激活和激活，分别用二进制 0 和 1 表示），其取值根据概率统计规则决定。但玻尔兹曼机存在着训练和学习时间过长的问题，所以影响了它的实际应用。此外，

难以准确计算玻尔兹曼机表示的分布，得到服从玻尔兹曼机所表示分布的随机样本也很困难。基于以上原因，人们对玻尔兹曼机进行了改进，提出了限制玻尔兹曼机（Restricted Boltzmann Machine，RBM）。相比于玻尔兹曼机，RBM 的网络结构中层内神经元之间没有连接，尽管 RBM 所表示的分布仍然无法有效计算，但可以通过 Gibbs 采样得到服从 RBM 所表示分布的随机样本。2006 年，Hinton 提出了深度信念网络（Deep Belief Network，DBN），以 RBM 为基本组成单元，这是人类历史上第一个深度学习网络，同时也是目前深度学习的主要框架之一。这一阶段的神经网络已经从起初的单层结构扩展到了双层，隐藏层的出现使得网络具有更强的数据表示能力。

1974 年，Werbos 在他的博士论文里提出了用于神经网络学习的反向传播（Back Propagation，BP）算法，为多层神经网络的学习训练与实现提供了一种切实可行的解决途径。1986 年以 Rumelhart 和 McClelland 为首的科学家小组在 *Nature* 上发表论文，对多层网络的基于误差的反向传播算法进行了详尽的分析，进一步推动了 BP 算法的发展。

1989 年，Cybenko、Funahashi、Hornik 等人相继对 BP 神经网络的非线性函数逼近性能进行了分析，并证明了对于具有单隐藏层、传递函数为 Sigmoid 的连续型前馈神经网络可以以任意精度逼近任何复杂的连续映射。为模拟生物神经元的局部响应特性，Broomhead 和 Lowe 于 1988 年将径向基函数引入神经网络的设计中，形成了径向基函数（Radial Basis Function，RBF）神经网络。后来，Jackson 和 Park 分别于 1989 年和 1991 年对 RBF 在非线性连续函数上的一致逼近性能进行了论证。Hopfield 网络、玻尔兹曼机和 BP 算法的发展，引发了神经网络研究的第二次热潮。特别是 BP 算法的发展，将热潮推到了一个新的高度。

2. 兴盛

1989 年在“Multilayer Feedforward Networks Are Universal Approximators”一文中，作者给出了数学证明，证明多层结构可以使神经网络在理论上拟合任意函数，包括异或（XOR）等。同年，Yann LeCun 和贝尔实验室的其他研究者将理论用于实际问题，通过利用多层神经网络和 BP 算法，成功地识别手写邮政编码，并发表了“Back Propagation Applied to Handwritten Zip Code Recognition”一文，为现代神经网络学习打下了基础。在 Yann LeCun 的论文中，除了反向传播的应用外，还提出了对神经网络的改进：卷积（convolution）。卷积通过“权值共享”大大加速了神经网络的学习过程。因此，Yann LeCun 也被称为卷积神经网络（Convolutional Neural Network，CNN）之父。而“权值共享”的概念早在 1986 年就被 Rumelhart、Hinton 和 Williams 等人详细论证过。此外，在 1980 年的“Neurocognitron”一文中，Kunihiko 等人也提到了类似的概念，称之为自编码器（autoencoder），其结构如图 1.2 所示。自编码器是一种无监督的特征学习网络，它利用反向传播算法，让目标输出值等于输入值。对于一个输入 $\boldsymbol{x} \in \mathbb{R}^n$，首先将其通过特征映射得到对应的隐藏层表示 $\boldsymbol{h} \in \mathbb{R}^m$，隐藏层表示接着被投影到输出层 $\widehat{\boldsymbol{x}} \in \mathbb{R}^n$，并且希望输出与原始输入尽可能相等。自编码器试图学习一个恒等函数，当隐藏层的数目小于输入层的数目时可以实现对信号的压缩表示，获得对输入数据有意义的特征表示。通常隐藏层权值矩阵和输出层权值矩阵互为转置，这样大大减少了网络的参数个数。

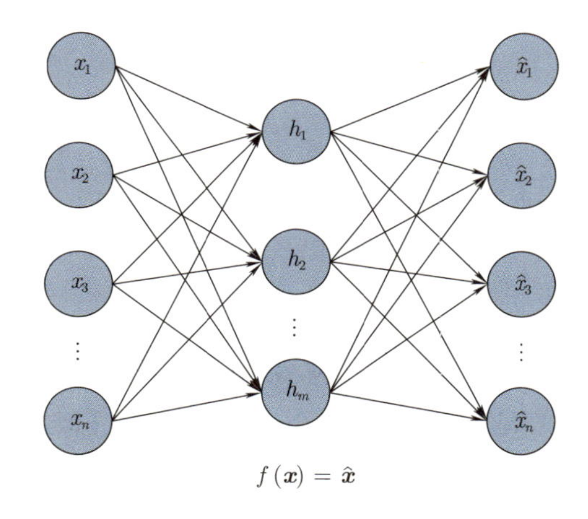

图 1.2 自编码器网络结构

为了解决出现在自然语言以及音频处理中的长序列输入问题，循环神经网络（Recurrent Neural Network，RNN）应运而生，RNN 通过将输出再一次输入当前神经元来赋予神经网络“记忆”能力，使得神经网络可以处理和记忆序列数据。自 80 年代 BP 算法被提出来以后，CNN、自编码器和 RNN 相继得到发展，这为深度学习时代的到来奠定了基础。

3. 深度学习

2000 年以来，由于 GPU 等硬件所提供的算力提升，以及大数据时代的加持，许多神经网络都在往“更深”的方向发展。深度学习作为机器学习的一个分支，在计算机视觉、自然语言处理等方向大放异彩。深度学习的思想在过去很长一段时间之前已经产生，但当时没有取得成功的原因主要有两点：第一，没有足够的训练数据；第二，缺乏高性能的并行计算能力。

ImageNet 数据集的产生是深度学习时代具有标志性的事件之一。2009 年，华人学者李飞飞和她的团队在 CVPR2009 上发表了一篇名为“ImageNet: A

Large-Scale Hierarchical Image Database”的论文，并且附带了数据集。ImageNet 数据集被广泛应用于深度学习图像领域，关于图像分类、定位、检测等研究工作大多基于此数据集展开。此外，ImageNet 数据集也被用作竞赛的标准数据集。2012 年，Hinton 和他的学生 Alex Krizhevsky 在参加 ImageNet 竞赛时，把卷积神经网络深度化，设计出 AlexNet 网络，获得了当年的竞赛冠军。AlexNet 的成功引发了人们对深度卷积神经网络的极大兴趣，随之而来的是更多、更深入的神经网络的相继提出。

前文所述的神经网络可以归为判别式网络模型，即对输入数据进行分类或判别，学习如何区分不同类别并建立有效的决策边界；而最近十年以来，一类全新的模型——生成式网络诞生了，生成式网络致力于学习数据的分布，以便能够生成新的、与训练数据相似的样本。生成式模型的发展经历了多个关键阶段，其中三个主要的代表性模型是生成对抗网络（GAN）、变分自编码器（VAE）和 transformer。生成对抗网络最早由 Ian Goodfellow 等人于 2014 年提出，通过对抗训练的方式让生成器和判别器相互竞争，逐渐提高生成器生成逼真样本的能力。GAN 在图像生成、风格转换等领域取得了巨大成功，为生成式模型的研究奠定了基础。变分自编码器作为另一种生成模型，由 Kingma 和 Welling 于 2013 年提出。VAE 以概率图模型为基础，通过一个编码器网络将输入数据映射到潜在空间，并在这个潜在空间中进行采样，从而生成新样本。

随着深度学习技术的不断发展，生成式模型逐渐迈向更大规模、更复杂的模型。Transformer 模型的提出推动了大模型的发展，而 GPT（生成式预训练）系列则成为其中的杰出代表，包括 GPT-3.5 和 GPT-4。这些模型通过大规模的预训练学到通用的语言表示，进而在多个领域展现出强大的生成和表达能力。

4. 神经网络发展的历史：总结

在此总体回顾整个神经网络发展的历史：20 世纪 40 年代是神经网络研究的萌芽期，这一时期出现了 MP 网络、Hebb 学习等重要概念；20 世纪五六十年代，神经网络第一个黄金时代到来，学者提出了感知机、ADALINE 等，并第一次成功应用于商业；20 世纪 70 年代是神经网络发展的安静年代，也称为“寒冬时代”，但仍有学者坚持研究神经网络，这一时期出现了联想记忆模型、自组织映射网等重要研究；20 世纪 80 年代，神经网络的研究开始复苏，出现了 BP 算法、Hopfield 网络、玻尔兹曼机等具有影响力的研究；当下正处于深度神经网络时代。图 1.3 分别标注了神经网络发展历史上的一些大事件。不难发现，重大的神经网络发现通常可以带起一个辉煌的人工智能时代，使得更多人参与到人工智能的研究当中。而神经网络局限性的发现，也会迅速让人工智能领域的热度退却。从长远来看，人工智能的发展离不开对人类智能的模拟，神经网络则是当下对人类智能最优的模拟之一。因此，尽管有高峰和低谷，作为研究者应该明白的是，对于神经网络的研究，道阻且长，需要所有研究者共同贡献自己的聪明才智。

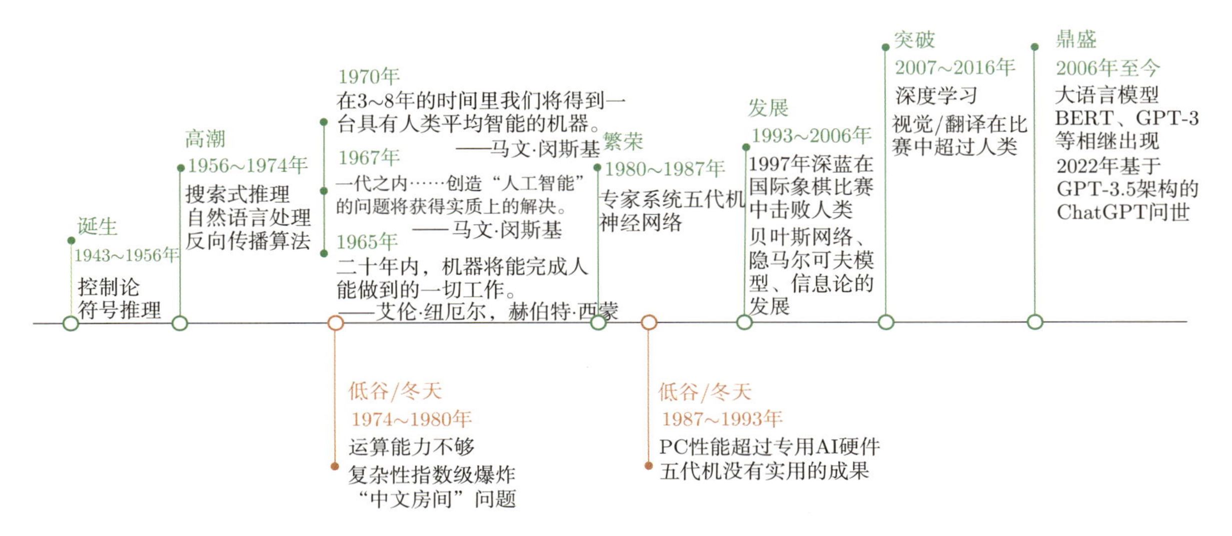

图 1.3 神经网络发展历史

1.4.2 神经网络领域的重要人物及团队

神经网络的发展离不开一些重要的人物及其团队做出的关键性研究，本节会着重介绍这些“风云人物”。

1. 深度学习“三巨头”

Geoffrey Hinton

Hinton 被称为“深度学习鼻祖”，甚至是“神经网络之父”。他是神经网络领域一位重要的科学家。从 BP 算法到玻尔兹曼机，从深度信念网络到 2012 年提出的 AlexNet，神经网络发展历史上的一些重要的进展都和他有非常密切的关系。

Yann LeCun

自称杨立昆，是卷积网络模型的发明者，也被称为“卷积网络之父”。卷积神经网络被广泛地应用于计算机视觉和语音识别应用中。

Yoshua Bengio

Bengio 是蒙特利尔大学的终身教授，蒙特利尔学习算法研究所（MILA）的负责人。他的主要贡献在于对循环神经网络工作的一系列推动。他的“A Neural Probabilistic Language Model”一文开创了神经网络语言模型的先河。

2. 人工智能领域的重要科学家

吴恩达

吴恩达（Andrew Ng）是华裔美国人，全球公认的人工智能领域的领导者。他是 DeepLearning.AI 的创始人，Landing AI 的创始人兼 CEO，AI Fund 的合伙人，也是在线教育平台 Coursera 的联合创始人。他在 Coursera 上教授的“机器学习”和“深度学习”一度成为人工智能领域的热门课程。

Ian Goodfellow

人工智能的三驾马车分别是卷积神经网络、循环神经网络和生成对抗网络。Ian Goodfellow 就是生成对抗网络的发明人。他也是 *Deep Learning* 一书的主要作者。2017 年，他被《麻省理工学院技术评论》评为 35 位 35 岁以下的创新者之一。

何恺明

何恺明与他的同事开发了深度残差网络（ResNet），这是目前计算机视觉领域的流行架构之一。ResNet 也被用于机器翻译、语音合成、语音识别和 AlphaGo 的研发上。2009 年，何恺明成为首获计算机视觉领域三大国际会议之一 CVPR “最佳论文奖”的中国学者。

3. 人工智能实验室

谷歌：DeepMind 人工智能实验室

DeepMind 位于英国伦敦，是由人工智能程序员兼神经科学家戴密斯・哈萨比斯等人联合创立的，是前沿的人工智能企业。它将机器学习和系统神经科学的最先进技术结合起来，建立强大的通用学习算法。谷歌于 2014 年收购了该公司。

谷歌：Google Brain 团队

Google Brain 是谷歌的人工智能研究小组，由 Jeff Dean、Greg Corrado 和 Andrew Ng 共同成立。一些泰斗级人物如 Geoffrey Hinton、Martín Abadi 和 Michael Burrows 等供职于该团队。2023 年 4 月，DeepMind 和 Google Brain 合并，成立 Google DeepMind。

Facebook㊀：FAIR

Yann LeCun 创立了 Facebook 人工智能研究院（FAIR），旨在通过开放研究推进人工智能的发展，并惠及所有人。FAIR 的目标是理解智能的本质，以创造真正的智能机器人。人工智能已经成为 Facebook 的核心，因此 FAIR 现在是更大的 Meta AI 组织的组成部分。

㊀ Facebook 公司现已更名为 Meta 公司，但 Facebook 作为社交网络平台，依然为 Facebook。——编辑注

MIT：CSAIL

MIT 的 CSAIL 最初由两个实验室组成：计算机实验室和人工智能实验室，分别于 1963 年和 1959 年成立。这两个实验室于 2003 年正式合并成为 CSAIL，它是 MIT 最大的实验室之一，也是全球最重要的信息技术研究与开发中心之一。

UC Berkeley：BAIR

加州大学伯克利分校人工智能研究室的主要研究领域涵盖计算机视觉、机器学习、自然语言处理、规划和机器人等。其中的机器人和智能机器实验室致力于用机器人复制动物的行为。其自动化科学和工程实验室从事更广泛的机器人功能的研究。

蒙特利尔大学：MILA

加拿大蒙特利尔现在被媒体称作人工智能的“新硅谷”。由蒙特利尔大学的计算机教授 Yoshua Bengio 带领，MILA 在深度学习和深度神经网络等领域都有开创性研究，并应用到视觉、语音和语言等领域。

OpenAI：开放人工智能研究中心

OpenAI 是一家位于美国旧金山的人工智能研究公司，由营利性公司 OpenAI LP 及非营利性母公司 OpenAI Inc 组成。2022 年 OpenAI 的全新聊天机器人模型 ChatGPT 问世，给 AIGC（Artificial Intelligence Generated Content，人工智能生成内容）领域带来了更多希望，也掀起了全世界对 LLM（Large Language Model，大语言模型）的研究热潮。自 2019 年起，微软与 OpenAI 建立了合作伙伴关系，截至 2023 年微软是 OpenAI 最大的投资者，拥有 49% 的股份。

了解世界前沿的研究团队和研究人员，不仅能让我们惊叹于他们的成就，更重要的是可以从他们的科研成果中吸取灵感，并指导自己的研究方向。当研究者对自己的研究方向感到迷茫时，可以参考世界一流团队的研究方向（尽管这并非绝对准确）。

1.4.3 神经网络领域的重要期刊

神经网络的研究者与其他领域的研究者一样，也通过论文来互相交流。神经网络以及机器学习等领域，有一些流传度很高、专业性比较强的期刊和会议，读者可以根据自己的研究兴趣阅读相应的文献。

神经网络是机器学习的一个分支，因此许多神经网络的研究都发表在机器学习相关的期刊和会议中。比如 *IEEE Transactions on Pattern Analysis and Machine Intelligence*（*TPAMI*）是机器学习的顶级期刊之一，有关神经网络的很多重要研究都可以在上面找到。神经网络领域最好的期刊之一是 *IEEE Transactions on Neural Networks and Learning Systems*（*TNNLS*），除此之外，最早创刊的 *Neural Networks*，以及 *Neural Computation* 和 *Neurocomputing* 等同样是神经网络的热门期刊。从中国计算机学会推荐刊物的角度来看，神经网络相关的期刊都是 B 类或者 C 类，即神经网络领域没有一本属于自己的 A 类期刊。因此，大家在搜寻资料时，可以查阅专业相关性更高的期刊，并非一定要瞄准 A 类期刊。

会议方面，有专属神经网络领域的会议 Neural Information Processing System（NeurIPS）。此外，International Conference on Machine Learning（ICML）、Conference on Computational Learning Theory（COLT）、Conference on Computer Vision and Pattern Recognition（CVPR）、International Joint Conferences on Artificial Intelligence（IJCAI）以及 Association for the Advancement of Artificial Intelligence（AAAI）等会议都包含关于神经网络的研究。

1.5 神经网络的研究现状

神经网络的研究现状，可以简单地总结为在理论研究和应用之间寻求平衡。可以将研究分成理论和应用两个方面，也可以将研究分成理论研究、实现技术的研究和应用研究三大块。

理论研究包括两个方面，首先是神经网络的模型研究。模型研究涵盖两个方面：一是生物原型研究，主要研究生物神经网络的本质，虽然神经网络领域的科学家已经对此展开了非常深入的研究，但是到目前为止，并没有完全解释生物神经系统的本质；二是人工神经网络的模型研究，即**如何设计人工神经网络来模拟神经系统**，这是本书的重点。理论研究的第二个方面是神经网络的算法研究，主要研究如何使神经网络更好地学习。除了学习算法本身以外，还有一些理论分析，例如学习的收敛性等。

实现技术的研究包括三个方面。第一个方面是神经网络的实现基础研究，即如何实现模型或者算法。这一研究不一定完全是计算机领域的，也可能涉及其他领域，例如可以通过电子、光学以及生物等技术来实现神经网络；或者利用电子线路将神经网络模型实现成专用的神经网络电路；还可以利用生物技术，将实现神经网络的电子芯片植入大脑中，来帮助大脑控制人类的机体。第二个方面是计算机模拟的研究，在得到一个理论上的数学模型以后，可以通过计算机程序来对这样的网络进行模拟实现。第三个方面是新型计算机的研究，目前的计算机都是冯・诺依曼型计算机，而新型神经计算机可能是未来的一个发展趋势。

除了理论研究和实现技术的研究外还有应用研究。目前各行各业都希望借助神经网络的强大能力来完成各种应用任务，这些非专业人员更加关注神经网络的应用研究。一些开源的框架和工具让神经网络走进各行各业，变成一个趁手的工具供许多非研究人员使用，使得神经网络在各个行业都绽放光彩。

对于神经网络进行优化和改进也有多种方法，例如，对神经网络的基本单元 MP 神经元进行优化，本书后面介绍的 IC 神经元，就是对 MP 神经元的一种优化；另外，还可以优化神经网络的架构。例如，通过把全连接网络改进成权值共享的卷积神经网络和有残差连接的残差神经网络，就是在对神经网络架构进行优化；还可以对损失函数进行优化，例如，在目标检测中引入一些前景和背景的权值超参数，使得学习过程更加注重前景。理论研究主要是破解神经网络的参数及其工作机制。目前神经网络对于我们来说还是个黑盒子，只知道输入数据后能够得到相应的输出，中间的处理过程并不清楚。为了破解神经网络的黑盒效应，产生了当前一个非常重要的研究分支，即神经网络可解释性研究。此外从数学上对神经网络进行相关分析也属于神经网络的理论研究，例如优化方法的可收敛性、优化方法的复杂度上下界等。

总的来说，应用研究是指将特定任务转化成一个优化问题，然后针对优化问题采用合适的神经网络加以解决。理论研究则是对某种在实际应用中表现优异的神经网络进行论证分析。

1.6 神经网络的研究方法

研究神经网络的方法大致和其他学科一致，都遵循提出问题、做出假设、开展实验、总结成文的思路。首先是提出问题，最常见的方法是从现实世界的问题出发，提出科学问题。除了从现象中总结提炼的科学问题，研究者也可以构思一些问题，例如如何让神经网络拥有意识等。最终的目标是将科学上的问题转化为如何解决实际问题。例如，研究者可以探讨如何让计算机自动分类正常邮件和垃圾邮件等分类问题，如何在视频中自动识别有意义的帧的识别问题等。

提出问题之后，下一步就要解决问题。首要是数据，神经网络的基础是学习，而学习的原材料就是数据，所以要解决一个科研问题或者实现一个科研项目，首先需要考虑数据是否可以获得。对于数据，也需要思考以下几个问题：数据是否能够反映真实分布？数据中的噪声是否遮盖将要寻找的模式？数据是否完整，有无缺失、需要标注等情况？这些问题，实际上也是神经网络的数据预处理过程。

有了数据以后，需要从数据类型出发思考相关的输入和输出，并对模型所要完成的任务做出假设。研究者可以思考这样几个问题：数据的类型是什么？例如文本、图像、视频、音频等。数据有无标签，需要使用有监督学习，还是无监督学习？希望的输出是什么样的，是类别、数值还是矩阵？输出和输入的关系是什么？数据大约有多少，是否足以训练所需要的模型？

充分了解数据以后，研究者需要设计研究方案，可以选择在现有模型中进行改进，也可以选择另辟蹊径，针对问题开发新的模型架构。这时候，可以思考以下几个问题：所选择的模型是否有部署要求，是否因为实时性需求而不宜过大？所选择的模型应该进行什么层面的优化（架构、神经元、损失函数还是训练流程）？优化后的模型应该在什么方面超越当前常用的模型？

实验结束后，研究者可以通过模型分析数据并得出结论。通过对选定数据集的训练，得到当前模型的性能数据。通过调节超参数等方法，将模型优化到最佳状态。将得到的性能数据与其他模型进行比较，并且分析优势和劣势及其背后的原因。

当进行完对比实验以后，研究者对自己的模型就有了较为完整的评估。此时，应当对自己的工作进行总结，即将以上的几部分总结成论文的形式。在论文的写作过程中，可能还需要再次修改模型、增加实验等。在论文完成后，需要和其他研究者商议，在相关期刊或会议上进行投稿，以便更多的研究者了解自己的工作成果。

但论文并不是研究的终点，好的研究往往是发散性的，甚至是成系统的。能够从上一个问题的解决引出下一个问题的提出；能够从论文中总结出的未来可改进的方向上继续优化当前的研究；也可以跳脱当前论文的限制，思考如何在更高层次上解决遇到的问题。

1.7 小结

本章详细地概述了神经网络的相关背景知识，使读者对神经网络的发展历史和研究现状有初步的了解。在大致了解了神经网络的应用场景、发展历史、研究现状后，我们将更加系统地深入学习神经网络的工作机制。下一章将介绍人工神经网络的起源——MP 神经元。

练习

1. 简述神经网络的工作过程。
2. 了解神经网络与传统机器学习方法的区别与联系。
3. 思考何种任务适合神经网络，何种任务适合传统机器学习方法。
4. 阅读艾伦·图灵的《计算机器与智能》一文，结合文中内容思考神经网络与人工智能的关系。
5. 了解神经网络几经兴盛和低谷的原因与背景，总结科学研究的发展规律。
6. 了解神经网络最前沿的研究方向（推荐浏览各顶尖会议、期刊与人工智能实验室首页）。
7. 使用谷歌实验室的 A Neural Network Playground（http://playground.tensorflow.org/），熟悉神经网络相关知识。

第 2 章　神　经　元

模拟人的智能行为是技术系统或人工系统模拟生物系统的最高形式。神经元是构成神经系统的基本单位，在学习人工神经元模型之前，需要对生物神经元模型有初步的了解。在此基础上，本章将介绍在生物神经元的结构和工作原理上进行了一些假设而设计的 McCulloch-Pitts 神经元，简称 MP 神经元，并对其组成成分进行分析。MP 神经元的缺陷在于没有学习能力，而感知机神经元则可以解决这一问题，所以本章主要对感知机神经元进行讨论与分析。最后会以一些机器学习任务为例，介绍神经元的应用。

2.1　神经元模型

本节将介绍生物神经元模型，以及人工神经元模型中最经典的 MP 神经元。生物神经元即生物神经系统中的神经元，是神经系统中的基本结构和功能单元，生物神经元能感知环境的变化，再将信息传递给其他神经元。MP 神经元则是按照生物神经元的结构和工作原理构造出来的简化模型。

2.1.1　生物神经元

生物神经元（见图 2.1）是构成生物神经系统的基本单位，主要由细胞体、树突、轴突和突触等构成，其主要功能是接收、处理和传递神经信号。细胞体是神经元的控制中心，也是细胞核所在的位置。细胞体周围如同树形的杂乱部分统称为树突，像长轴一样的突起部分称为轴突。突起部位的尾部是神经末梢，大体可以分为感觉神经末梢和运动神经末梢，感觉神经末梢主要位于皮肤、肌肉、骨骼、内脏等组织中，它们负责感知外界刺激和内部机体状态，运动神经末梢则连接到肌肉和腺体等效应器官，控制它们的运动和分泌。神经末梢和后面的树突之间相互接触的结构，称为突触，突触分为化学突触和电突触两种类型，化学突触通过释放神经递质来传递信号，而电突触则通过电流直接传递信号。

计算只发生在细胞体当中，树突和轴突都是用来传递信息的，这三部分组成了神经细胞的基本模型。细胞体的边界是细胞膜，细胞膜将膜内外分开，膜内外溶液存在离子浓度差，从而产生电位差，这种电位差也被称为膜电位。当膜内外溶液浓度差发生改变时，也会带来电位差的改变，进而产生相应的生理活动。生理活动一般分为兴奋及抑制两种。例如，听到一个好消息时，大脑会发生相应的化学变化，也就是细胞膜内外的离子浓度差会发生变化，产生电位差，进而释放一些化学成分，让人感到兴奋；而得到一个坏消息时，膜内外的离子浓度差发生相反的变化，产生相反的电位差，一些起抑制作用的成分将被释放。

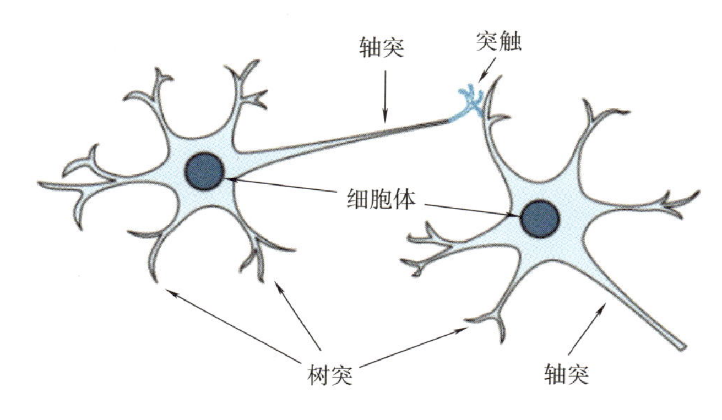

图 2.1 生物神经元

外部的刺激主要从树突传来，从细胞体向外延伸出的很多树突负责接收来自其他神经元的信号，相当于神经元的输入端。而轴突是从细胞体向外延伸出的最长的一条突起。轴突比树突长而细，轴突也叫神经纤维，末端处有很多细的分支称为神经末梢，每一条神经末梢可以向四面八方传出信号，相当于神经元的输出端。

一个神经元通过其神经末梢处的突触和另一个神经元的树突进行通信连接，这种由突触建立的连接相当于神经元之间的输入/输出接口。信号传递主要是由神经末梢释放的神经递质来完成的，神经递质将通过突触漂移到后方，与后方树突处的细胞膜相结合产生化学反应，形成刺激信号，影响后续神经元的离子浓度差，进而产生电位差，信息以电信号的方式继续向后传递。生物神经元信号传递过程如下：其他神经元的信号通过树突传递到细胞体中，细胞体对其他多个神经元传递进来的输入信号进行合并加工，然后再通过轴突末端的突触将输出信号传递给其他的神经元。图 2.2 为生物神经元信号传递过程。

信息的合并实际上是将不同的输入信号进行时间和空间的整合。例如，从时间上对来自同一个突触的持续不断的神经冲动的整合称为时间的整合，对同一时间不同突触输入的信号的整合称为空间的整合。信息整合完成后，还要对它做进一步加工，形成动作电位，并沿着轴突向后传递。**神经元是一个信息整合和加工装置，通过人工方式模拟这样的信息整合和加工装置，就是人工神经元。**

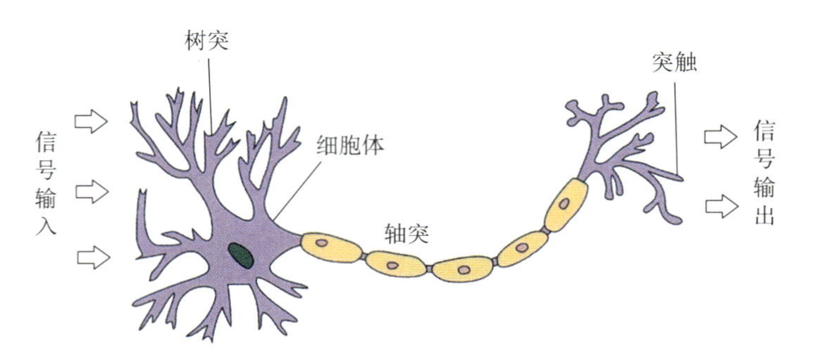

图 2.2 生物神经元信号传递过程

假设一个神经元从其他多个神经元接收了输入信号，如果所接收的信号之和比较小，没有超过这个神经元固有的被激活的边界值（称为阈值），这个神经元的细胞体就会忽略接收到的信号，不做任何反应。对于生命体来说，神经元忽略微小的输入信号是十分重要的，因为如果神经元对于任何微小的信号都变得兴奋，神经系统就将极不稳定。反之，如果输入信号之和超过了神经元固有的阈值，细胞体就会做出反应，向与轴突连接的其他神经元传递信号，这就是神经元的激发（见图 2.3）。激发时神经元输出信号的大小是固定的，即便从邻近的神经元接收到很大的刺激，或者轴突连接着其他多个神经元，这个神经元也只输出固定大小的信号。

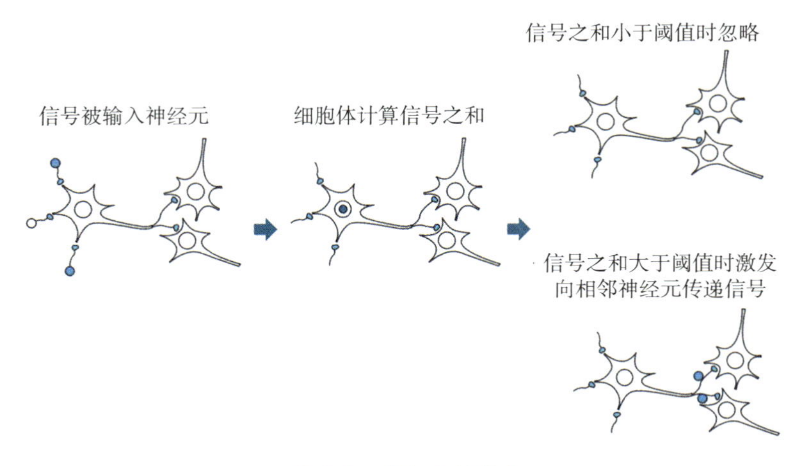

图 2.3 神经元的激发

2.1.2 人工神经元

1943 年，根据生物神经元的结构和工作原理，沃伦·斯特吉斯·麦卡洛克（Warren Sturgis McCulloch）和沃尔特·哈利·皮茨（Walter Harry Pitts）提出几点假设：每个神经元都是一个多输入/单输出的信息处理单元；神经元输入分兴奋性输入和抑制性输入两种类型；神经元具有空间整合特性和阈值特性；神经元输入与输出间有固定的时滞，主要取决于突触间传播的延迟。在忽略时间整合作用和不应期（神经元在激发后的一段时间内不再接收输入）等性质的前提下，他们基于这些假设，抽象出一个类神经元的运算模型，称为 MP 模型，如图 2.4 所示。MP 神经元的出现标志着人工神经网络的起源，在神经网络历史上十分重要。在图 2.4 中，x_i 表示来自第 i 个神经元的输入，图中的箭头可以理解成轴突，w_i 则可以理解为前一个神经元的轴突到后一个神经元的树突的传递强度。中间的圆形部分为细胞体，这里也称其为神经元。神经元中进行整合–激发的流程如下：首先对 x_i 加权求和，即用 $\sum\limits_{i=1}^{n} w_i x_i$ 表示整合，用 θ 表示激发阈值，当整合值大于阈值时，神经元激活并传递激活信息，整合值小于阈值则不传递信息，f 被称为阈值函数。

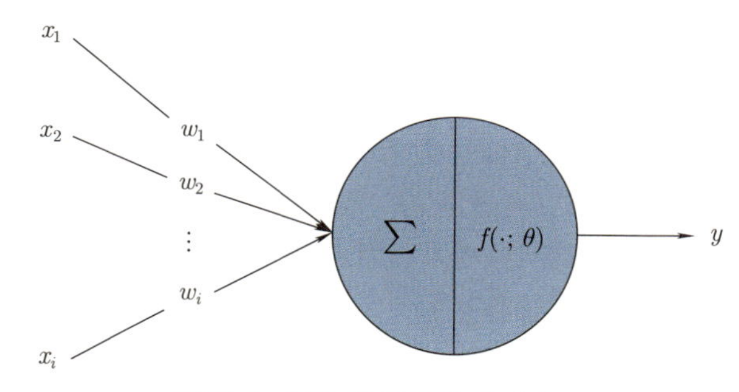

图 2.4　MP 神经元的图形表示

1. MP 神经元的数学表示

假设 MP 神经元的输入空间是 $X \subseteq \mathbb{R}^n$，输出空间是 $Y = \{0,1\}$。输入 $(x_1, x_2, \cdots, x_n) \in X$ 表示一个实例的特征向量，对应于输入空间 (特征空间) 的一个点，输出 $y \in Y$ 表示实例的类别。MP 神经元模型对多个输入进行整合，并根据阈值 θ 来判断兴奋/抑制：

$$
\begin{aligned}
&z = w_1x_1 + w_2x_2 + \cdots + w_nx_n \\
&y = f(z) = \begin{cases} 0, & z < \theta, \\ 1, & z \geqslant \theta. \end{cases}
\end{aligned} \tag{2.1}
$$

MP 模型中的 $w_1, w_2, \cdots, w_n$ 和 θ 是参数，需要人工进行设定。z 实际上是一个以 $x_1, \cdots, x_n$ 为未知量，$w_1, \cdots, w_n$ 为参数的线性函数。如果以 x_i 为组合

对象，那么 z 是一个以 w_i 为系数的关于 x_i 的线性组合，神经元的整合实际上就是对输入做线性组合，形成对神经元的总输入。

2. MP 神经元的特征

MP 神经元是一种二值模型，其中自变量及其函数的值只取 0 和 1。MP 神经元之间由有方向的、带权值的路径联系，当权值为正时，连接为刺激性的，当权值为负时，连接为抑制性的。MP 神经元有一个固定的阈值，只有当输入的整合值大于阈值时，才会激发。

MP 神经元具有固定的权值和阈值，每个神经元都可以用来表示一个简单的逻辑函数。任意命题逻辑都可以用两层以内的 MP 模型计算，所有的命题逻辑函数都可以用 MP AND 逻辑门、MP OR 逻辑门、MP NOT 逻辑门予以表达和实现。

信号在 MP 神经元之间的传递需要花费一个时间单位，采用离散时间，能够使用 MP 模型来模拟有时间延迟的物理现象，例如当人的皮肤触碰到尖锐物体时，痛觉经过一段时间后才能传导至大脑。

MP 模型具有神经计算模型的一般特性，可表达一般人工神经网络的赋权连接。之后大部分的神经元结构都采用 MP 神经元的多输入–单输出模式，而多输入–单输出的神经元可以通过不同的连接方式构成不同类型的神经网络。神经元内部对数据进行简单的线性或非线性变换来实现对数据的拟合，而神经网络则通过整合多个神经元实现对复杂任务的处理。

MP 神经元是一种经典的神经元，具有很多优良的性质，但同样也存在着不足，其最大的问题在于它的权值和阈值需要用户手动指定。这意味着 MP 神经元不具备学习的能力，即不具备自主修正参数的能力。

思考

怎样用 MP 神经元实现与、或、非逻辑运算？

可以将 (x_1, x_2) 视为输入，y 视为输出分类，通过 MP 神经元表达从 (x_1, x_2) 到 y 的映射关系。

3. 示例：用 MP 神经元实现简单二分类器

任务：使用一个 MP 神经元实现简单二分类器。

分类数据：图 2.5 左边表格所示为输入 (x_1, x_2) 及标签 y，右边图片为输入数据在二维图上的可视化结果。

(x_1, x_2)	y
(0, 0)	0
(1, 0)	1
(0, 1)	1
(1, 1)	1

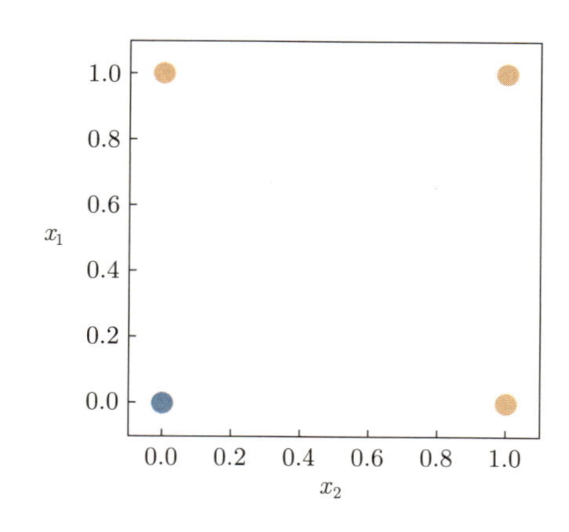

图 2.5 输入数据及可视化结果

输入： x_1 和 x_2。

输出： 正确的类别。

神经元实现：

（1）设置权值 w_1,w_2，在这里设定两个权值都为 1。

（2）计算过程：

1）整合网络输入，$z = w_1x_1 + w_2x_2 = x_1 + x_2$。

2）使用阈值函数 f 得到输出 o，设定阈值为 0.5:

$$o = f(z) = \begin{cases} 0, & z < 0.5, \\ 1, & z \geqslant 0.5. \end{cases}$$

对四组输入，神经元的输出结果如图 2.6 左边的表格所示。

(x_1, x_2)	z	o
(0, 0)	0	0
(1, 0)	1	1
(0, 1)	1	1
(1, 1)	2	1

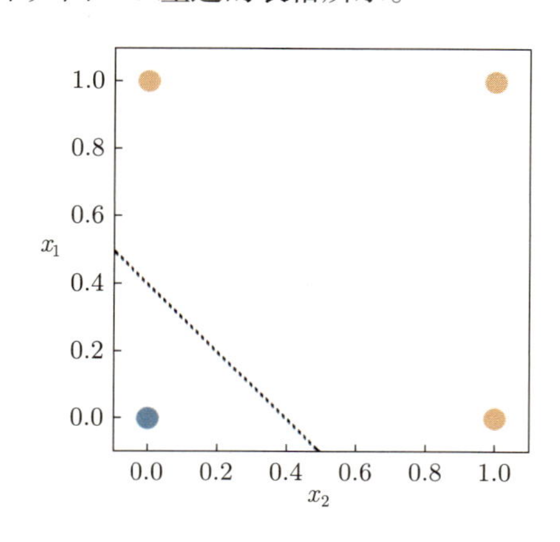

图 2.6 决策边界

图 2.6 左边的表格说明，神经元根据预先设置的阈值 0.5 以及简单的阈值函数 f 就可以对数据进行正确的分类。事实上，给定阈值以及对应的阈值函数，相当于决定了一个分类界限（决策边界），此例中的决策边界可以表达为 $x_1 + x_2 = 0.5$，在由 x_1，x_2 组成的二维平面中，它表示一条直线，如图 2.6 所示。

有了决策边界以后，边界下方的任何一点都符合 $x_1 + x_2 < 0.5$，边界上方的任何一点都符合 $x_1 + x_2 > 0.5$，所有的点被决策边界分为上下两类，从而实现用一个 MP 神经元进行分类。

4. MP 神经元的发展

MP 神经元的设计遵循奥卡姆剃刀理念，即“如无必要，勿增实体”，也称“简单有效原理”，简单的结构让其在很多任务中都减弱了过拟合的影响。随着对 MP 神经元研究的深入，人们将其变为连续形式，并应用于更多的连接结构（例如卷积结构、循环结构等）中，从而产生了当下十分丰富的神经网络模型。

MP 神经元是延展性最好的一种神经元。研究者根据生物学理论和非线性理论提出过很多种神经元模型，例如脉冲神经元和乘法神经元，但往往存在神经元结构过于复杂或者计算量过大的问题。

思考

还可以从哪些方面来改进 MP 神经元?

1. 是否可以设计带有时间延迟特性的 MP 神经元?
2. 神经元结构本身是否可以随着时间发生变化?
3. 在 MP 神经元表示中，如何考虑时间整合作用和不应期?

2.2 神经元的组成成分

前文已述，神经元最基础的功能是信息的整合和激发，这两点可为设计新型神经元带来一些灵感，因此本节将对神经元的组成成分做进一步分析。如图 2.7 所示，假定有来自其他神经元的 n 个输入信号组成的 n 维向量 $\boldsymbol{x} = (x_1, x_2, \cdots, x_n) \in \mathbb{R}^n$，在神经元中，每一个输入信号都有一个与之对应的突触，组成 n 维向量 $\boldsymbol{w} = (w_1, w_2, \cdots, w_n) \in \mathbb{R}^n$，权值的大小反映了输入信号对神经元的重要性。信号整合通过对加权的输入信号进行求和，以生成“激活电压” $\sum\limits_{i=1}^{n} w_i x_i$。给定神经元激活阈值 θ，可以计算出激活电位 u，该电位为激活电压与激活阈值之差，即 $u=\sum\limits_{i=1}^{n} w_i x_i-\theta$。当激活电位 $u \geqslant 0$ 时，神经元将产生兴奋信号，$u<0$ 时，神经元产生抑制信号。通过激活函数 σ 来将激活电位 u 映射到合理的范围内，得到该神经元的输出信号 o，然后 o 被传递给与之相连接的其他神经元。

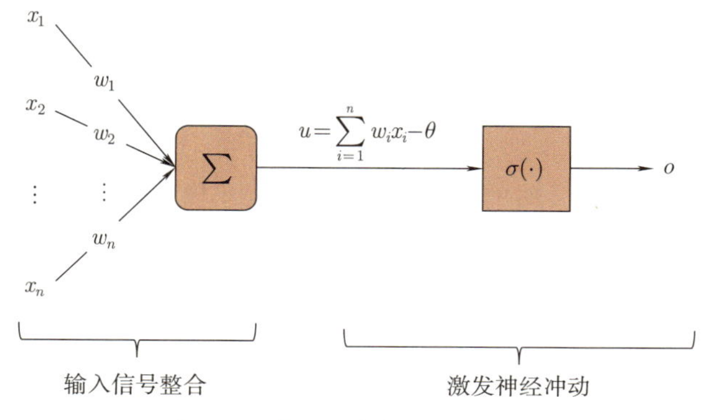

图 2.7 神经元的整合–激发过程

思考

在人工神经元的组成成分中，有什么值得研究的问题？

1. 神经元的输入信号个数 n 设为多少比较合适，n 是可变的吗？
2. 不同信号 x_i 的权值 w_i 的大小如何确定？
3. 信号整合中只是简单对输入信号 x 进行加权求和，你还能想出别的整合方法吗？
4. 激活阈值 θ 该如何确定？
5. 什么样的激活函数 σ 是合适的？你能举几个例子吗？
6. 神经元之间如何进行连接？

2.2.1 神经元的激发

神经元的激发主要是通过激活函数来完成的，本节将介绍几种常见的激活函数。

1. 阈值函数

阈值函数包括单极性阈值函数和多极性阈值函数。阈值函数中存在一个阈值 θ，当结果大于该阈值时，神经元为兴奋状态，单（多）极性阈值函数均输出 1；小于该阈值时，神经元为抑制状态，单极性阈值函数输出 0，双极性阈值

函数输出 -1。

- 单极性阈值函数

$$f(x)=\begin{cases}0, & x<\theta,\\ 1, & x\geqslant\theta.\end{cases} \tag{2.2}$$

- 多极性阈值函数

$$f(x)=\begin{cases}-1, & x<\theta,\\ 1, & x\geqslant\theta.\end{cases} \tag{2.3}$$

图 2.8 是设定 $\theta=0$ 时的阈值函数，图 a 是单极性阈值函数，图 b 是双极性阈值函数。阈值函数的缺点为不连续，这意味着无法对其进行求导，也就无法通过梯度对学习时的误差进行反向传播。即使不考虑阈值对应的点，人为地定义此处的梯度，其他位置的梯度也处处为 0。因此，需要设计新的激活函数将输出变为连续值。

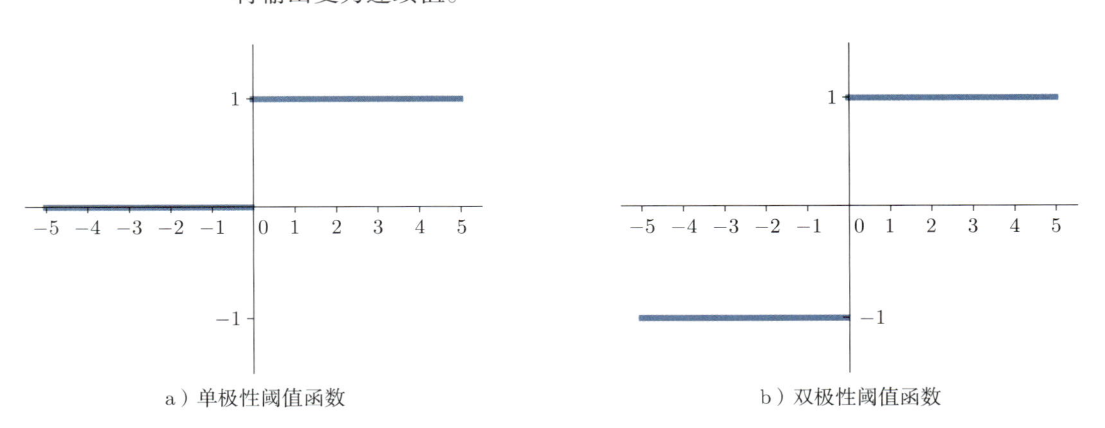

a）单极性阈值函数　　b）双极性阈值函数

图 2.8 阈值函数

2. Sigmoid 函数

Sigmoid 函数将输入从 $(-\infty,+\infty)$ 映射到 (0,1) 区间。一般形式的 Sigmoid 函数为：

$$\text{Sigmoid}(x)=\frac{1}{1+\mathrm{e}^{-kx}}, \tag{2.4}$$

k 称为斜率参数，决定曲线的坡度。

当 k 趋向于无穷大，x 为正数时，e^{-kx} 趋向于 0，Sigmoid(x) 趋向于 1；x 为负数时，e^{-kx} 趋向于无穷大，Sigmoid(x) 趋向于 0，此时 Sigmoid 函数近似于阈值函数。

Sigmoid 函数是两端饱和函数。对于函数 ϕ，当 $\lim\limits_{x\to-\infty}\phi'(x)=0$ 时，称 $\phi(x)$ 为左饱和函数；当 $\lim\limits_{x\to+\infty}\phi'(x)=0$ 时，称 $\phi(x)$ 为右饱和函数；既是左饱和函数又是右饱和函数时，称为两端饱和函数。在饱和区，激活函数值受输入的影响不大。

Sigmoid 函数是一种挤压函数，将 $(-\infty,+\infty)$ 的输入挤压到 $(0,1)$ 内后，一定程度上可以将其视作概率分布，从而与统计学习模型相结合。

Sigmoid 函数是连续函数，它的一阶导数也是连续可微的。由图 2.9 可以看出，Sigmoid 函数的梯度（斜率）恒为正数，并且在 $x=0$ 时梯度最大，随着输入的绝对值不断增大，梯度不断减小，这样当输入的绝对值较大时，梯度接近于 0，这将导致反向传播过程中的梯度消失，模型无法继续学习。

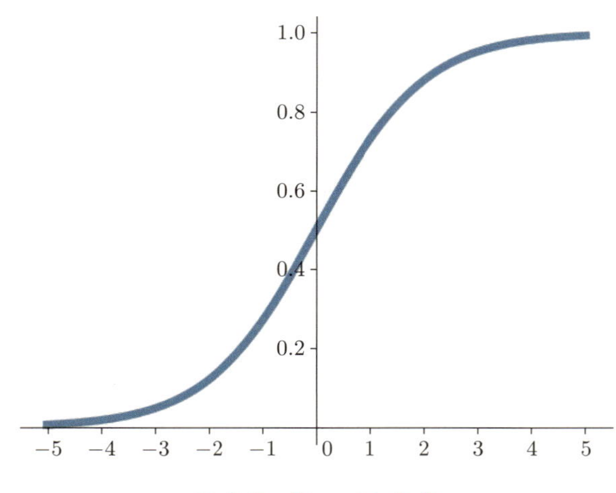

图 2.9 Sigmoid 函数

3. Tanh 函数

Sigmoid 函数的一个缺点在于输出值恒为正值，每一层的函数值经过 Sigmoid 函数激活后作为后续网络的输入，这样随着网络层数的增加，会产生累计偏差。而 Tanh 函数则解决了 Sigmoid 函数的这一问题。Tanh 函数为：

$$\mathrm{Tanh}(x)=\frac{2}{1+\mathrm{e}^{-2x}}-1, \tag{2.5}$$

如图 2.10 所示，Tanh 函数的形状和 Sigmoid 函数的形状很像，但 Tanh 函数将输入从 $(-\infty,+\infty)$ 映射到 $(-1,1)$ 区间，其图像关于坐标原点对称，是一种均值为 0 的激活函数。但是与 Sigmoid 函数一样，Tanh 函数同样面临着梯度消失的问题。

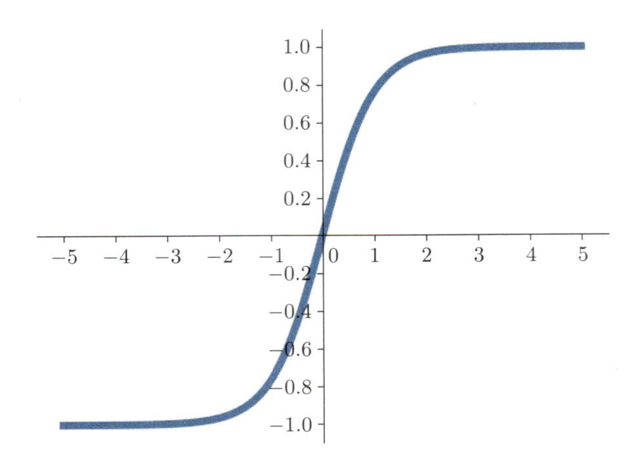

图 2.10 Tanh 函数

4. ReLU 函数

ReLU 函数中文名称为线性整流函数（Rectified Linear Unit），当 $x > 0$ 时，其导数为 1，可以在一定程度上缓解梯度消失问题。其数学表示形式为：

$$\text{ReLU}(x) = \max(0, x) \tag{2.6}$$

ReLU 函数的图像如图 2.11 所示，ReLU 函数具有生物学上的合理性，即“单侧抑制现象”。当输入小于 0 时被抑制，输出一直为 0，而当输入大于 0 时被激活。此外，ReLU 函数的计算速度比较快，只需要判断一次。所以采用 ReLU 函数作为激活函数，训练时收敛速度较快。

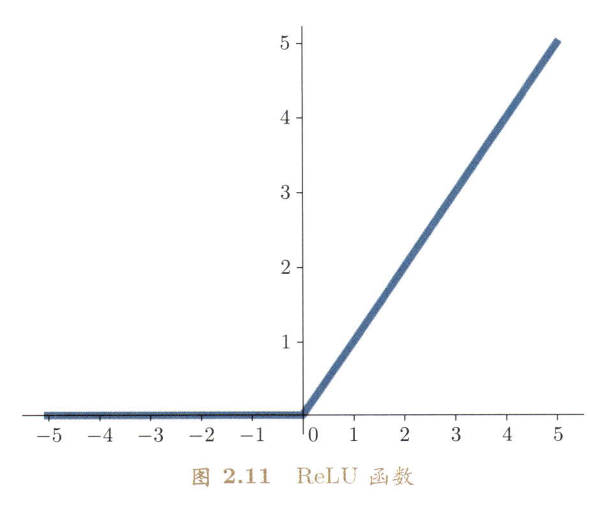

图 2.11 ReLU 函数

当然，ReLU 函数也有它的缺点。由于 ReLU 函数在输入小于 0 时梯度也为 0，如果在一次不恰当的更新后，恰巧使得 ReLU 函数的输入小于 0，那该神经元权值自此不会再更新，这就叫作 ReLU 神经元坏死问题（dead ReLU problem）。

为了让尽可能多的神经元参与到训练过程中，可以使用 ReLU 函数的一些变体，例如带泄漏线性整流函数（Leaky ReLU）：

$$\text{LeakyReLU}(x) = \begin{cases} x, & x > 0, \\ \gamma x, & x \leqslant 0, \end{cases} \tag{2.7}$$

其中 $\gamma \in (0,1)$，即当输入小于等于 0 时，让激活函数有较小的梯度 γ，从而解决坏死问题。神经网络中坏死的神经元同样占用计算资源，因此可以考虑将这些神经元抛弃，类似于大脑中神经元的凋亡。这就涉及神经网络压缩的一个分支——剪枝，这个话题在之后的章节会有所介绍。

此外，ReLU 函数是非零中心化的函数，一些变体也将其改为零中心化以加快收敛速度，如指数线性单元（ELU）：

$$\text{ELU}(x) = \begin{cases} x, & x > 0, \\ \gamma(\mathrm{e}^x - 1), & x \leqslant 0, \end{cases} \tag{2.8}$$

其中 $\gamma > 0$。

思考

什么激活函数最好？

除了上面所提到的函数以外，还有很多函数可以作为激活函数，如恒等函数 $y = x$、分段线性函数、Softmax 函数等。每种激活函数都有优点和缺点，如表 2.1 所示，没有一种激活函数可以解决所有问题，因此，从问题出发选择最合适的激活函数才是正确的思路。如果都不合适，也可以根据问题自行研究和设计。

表 2.1 激活函数的比较

激活函数	公式	比较
Sigmoid	$\text{Sigmoid}(x) = \dfrac{1}{1+\mathrm{e}^{-x}}$	优点：连续且平滑，便于求导 缺点：会有累积偏差，存在梯度消失问题
Tanh	$\text{Tanh}(x) = \dfrac{2}{1+\mathrm{e}^{-2x}} - 1$	优点：可以减少累积偏差 缺点：存在梯度消失问题
ReLU	$\text{ReLU}(x) = \max(0, x)$	优点：缓解梯度消失问题，收敛速度快 缺点：存在神经元坏死现象

2.2.2 神经元的整合

神经元的整合主要是对输入信号的整合，整合的方式多种多样，除了最简单的加权求和，本节将介绍其他几种整合方式。

1. 乘法神经元

设计思路是从数学结构上进行优化来提升神经元的表达能力，于是得到了如图 2.12 所示的模型结构，用累乘来代替 MP 神经元中的累加：

$$z = \prod_{i=1}^{n}(w_i x_i + b_i). \tag{2.9}$$

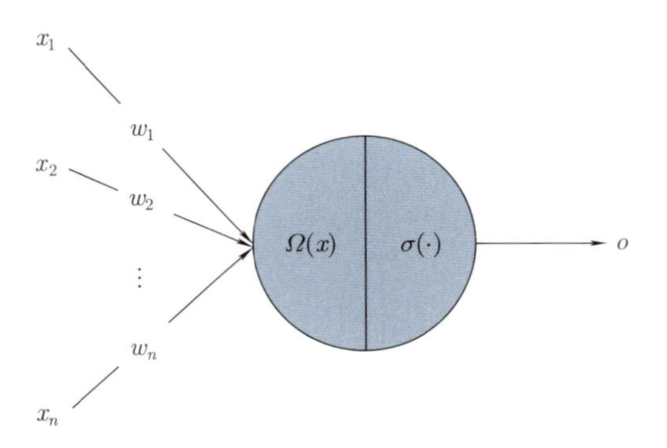

图 2.12 乘法神经元

这种模型可以很好地拟合多项式分布的输入，在时间序列预测任务上效果较好，但是因为累乘计算量大，也增加了计算负担。在处理带有负数的输入的情况下，乘法神经元可能会产生错误的输出结果。

2. IC 神经元

设计思路是假定两个小球 m_1 和 m_2 之间发生了物理碰撞，碰撞过程见图 2.13。假设碰撞是弹性碰撞，可得 $v_1' = \left(\dfrac{2m_1}{m_1+m_2} - 1\right)v_1, v_2' = \left(\dfrac{2m_1}{m_1+m_2}\right)v_1$，记 $w = \dfrac{2m_1}{m_1+m_2}$，则有 $v_1' = (w-1)v_1, v_2' = wv_1$。模拟该物理碰撞过程，将两小球视为前后两个神经元，连接权重为 w，突触前神经元的输出（突触后神经元的输入）为 x，突触后神经元的输入整合值为 v''，由 v_1'' 和 v_2'' 两部分构成。小球 m_2 在碰撞后获得一个向右运动的速度（信息），对应公式 (2.10) 中的信息 v_2''。碰撞后根据两小球的质量关系决定 m_1 是否继续向右，对应公式 (2.10) 中的信息 v_1''。我们将右视为正方向，只有向右的速度（值为正的信息）才可以向后传递，因此在计算 m_1 的信息 v_1'' 时使用了 ReLU。

$$
\begin{aligned}
v'' &= v_1'' + v_2'', \\
v_1'' &= \mathrm{ReLU}(w-1)x, \\
v_2'' &= wx.
\end{aligned}
\tag{2.10}
$$

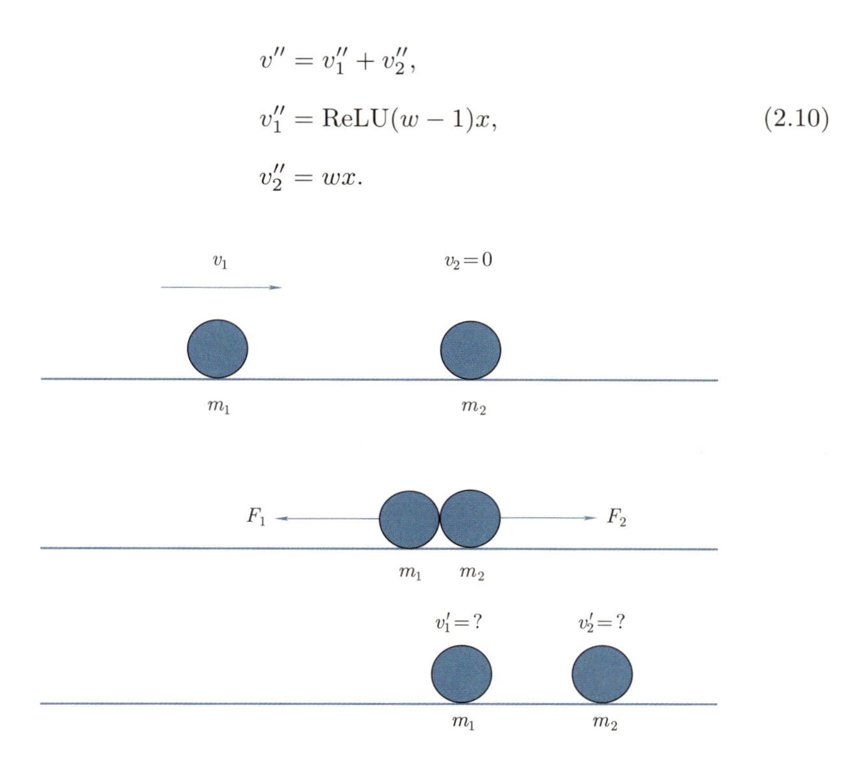

图 2.13 碰撞过程

IC 神经元用一个 ReLU 函数加强了 MP 神经元中的非线性表达，神经元可从内部分成两部分。与 MP 神经元相比，IC 神经元引入了更多的参数量和计算量。引入的计算量主要在求和操作上，见图 2.14。对于同一组输入，所有神经元可以共用一个结果：

$$
y = f\left(\sum_{i=1}^{n} w_i x_i + \sigma\left(\sum_{i=1}^{n} w_i x_i - w' x_{\mathrm{sum}} + b_1\right) + b_2\right), \tag{2.11}
$$

其中 σ 表示一种非线性操作，例如 ReLU 函数，f 为激活函数。与 MP 神经元相比，IC 神经元能够解决线性不可分问题。在 IC 神经元中，令权值 $w_1 = w_2 = 0.28$，偏置 $b_1 = -0.35, b_2 = 0.65$，则可以得到图 2.15 中的空间划分，从而解决线性不可分的问题。在能够使用 MP 神经元的多种网络模型和具体任务中，通过将 MP 神经元替换成 IC 神经元，神经网络的性能能够得到一定提升且引入的参数量和计算量可以忽略。

表 2.2 中列出了前面介绍的三种神经元的比较。MP 神经元模仿了生物学神经网络中的最基本成分——神经元，将它抽象成了简单模型，MP 神经元结

构简单且应用广泛，很容易集成来自输入的信号，但是缺点是无法进行学习。乘法神经元从更好拟合多项式分布出发，进行了数学结构的优化，适合用于时间序列，但是它延展性差并且难以集成。IC 神经元受物理学中的弹性碰撞模型的启发，可以提升单个神经元的非线性表达能力，由此提升了网络性能，但是与此同时也导致了过拟合问题的出现。

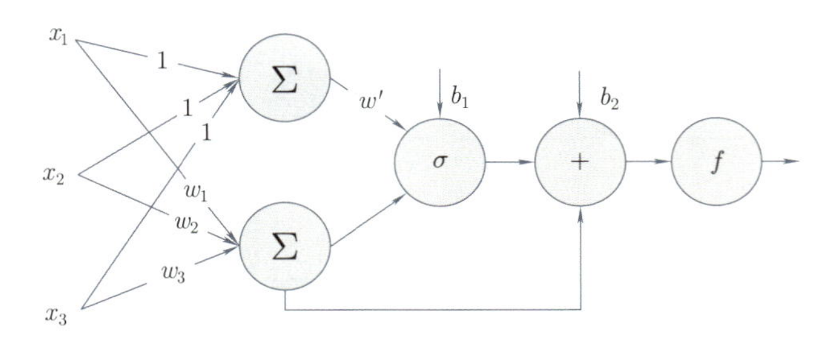

图 2.14 IC 神经元

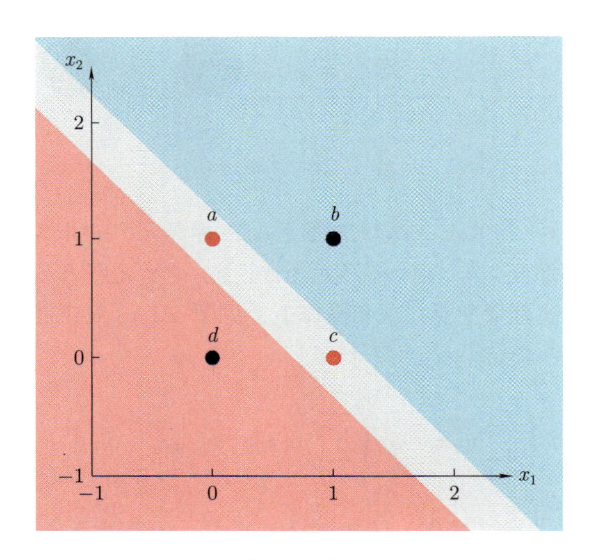

图 2.15 解决线性不可分问题

思考

可以从哪些角度设计人工神经元？

表 2.2 神经元对比

神经元	设计思路	形式化	优点	缺点
MP 神经元	生物学启发	$y=f\left(\sum_{i=1}^{n} w_i x_i-\theta\right)$	模型简单且广泛适用，容易集成	无学习能力
乘法神经元	数学结构优化	$y=\sigma\left(\prod_{i=1}^{n}(w_i x_i+b_i)\right)$	可以很好地拟合多项式分布的输入，适合时间序列	延展性差，难以集成
IC 神经元	物理学启发：弹性碰撞模型	$y=f\left(\sum_{i=1}^{n} w_i x_i+\sigma\left(\sum_{i=1}^{n} w_i x_i-w' x_{\text{sum}}+b_1\right)+b_2\right)$	提升单个神经元非线性表达能力，提升网络性能	存在过拟合问题

2.3 感知机神经元

在前一节中介绍的 MP 神经元是最早提出的模仿生物神经元工作方式的人工神经元模型，但它存在着一个非常大的局限：MP 神经元的权值只能事先给定而不能通过模型自动确定，即 MP 神经元没有学习能力。本节介绍具备学习能力的感知机神经元。

2.3.1 感知机神经元模型

1957 年，美国学者 Frank Rossenblatt 提出了感知机的概念。感知机被称为第一个具有学习能力的神经元模型结构，其结构与 MP 神经元基本保持一致，但感知机神经元的参数不是事先人工给定，而是通过学习的方式求得的。那么为什么一定要通过学习得到参数呢？首先，人工给定参数的方式在很多情况下难以实现，比如神经元数量较多时，则有几十万甚至上百万的参数值需要设定，即便人工可以做到，也需要大量的人力。其次，这些工作人员往往还需要具备与要解决的问题相对应的领域知识，在很大程度上限制了模型的使用。感知机神经元在设定好训练样本和期望的输出后，通过学习的方式不断调整实际权值。

感知机神经元的模型结构与 MP 神经元基本相同。假设输入空间（特征空间）是 $X \subseteq \mathbb{R}^n$，输出空间是 $Y=\{+1,-1\}$。输入 $\boldsymbol{x} \in X$ 表示实例的特征向量，对应于输入空间的点，输出 $y \in Y$ 表示实例的类别。由输入空间映射到输出空间的如下函数称为感知机：

$$f(x)=\operatorname{Sgn}(\boldsymbol{w} \cdot \boldsymbol{x}+b), \tag{2.12}$$

其中，$\boldsymbol{w}$ 和 b 为感知机模型参数，$\boldsymbol{w} \in \mathbb{R}^n$ 叫作权值或权值向量，$b \in \mathbb{R}$ 叫作偏置，$\boldsymbol{w} \cdot \boldsymbol{x}$ 表示两者的内积。Sgn 是符号函数，即：

$$\text{Sgn}(x)=\begin{cases}-1, & x<0,\\ +1, & x\geqslant 0,\end{cases} \tag{2.13}$$

这是最经典的感知机模型。MP 模型中的权值 $\boldsymbol{w}$ 是人工设定的，但是在感知机模型中，权值 $\boldsymbol{w}$ 是通过学习来确定的。

感知机模型的几何解释如图 2.16 所示。线性方程 $\boldsymbol{w}\cdot\boldsymbol{x}+b=0$ 对应于特征空间 $\mathbb{R}^n$ 中的一个超平面 S，其中 $\boldsymbol{w}$ 是超平面的法向量，b 是超平面的截距，这个超平面将特征空间划分为两个部分，位于两部分的点（特征向量）分别被分为正、负两类。因此，超平面 S 被称为分离超平面。

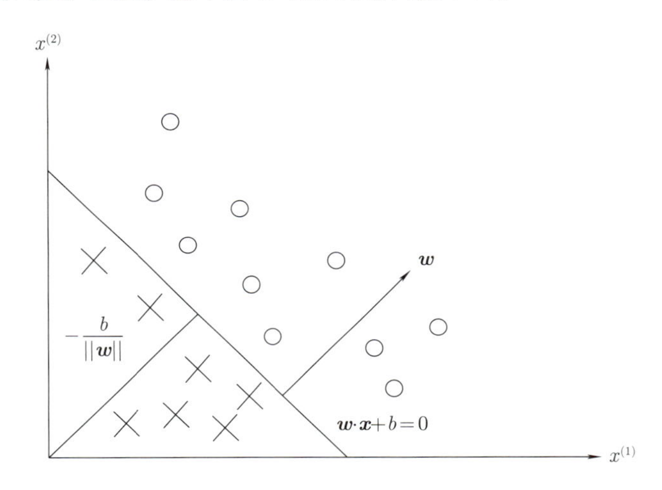

图 2.16 感知机模型的几何解释

2.3.2 感知机神经元的学习

从生物神经元的角度来看，学习是基于外界刺激而不断形成和改变神经元间突触联系的过程。从人工神经元的角度来看，学习是基于样本数据而不断改变连接权值和拓扑结构的过程。具体而言，人工神经网络学习到的知识就是它的权值。神经网络将学到的知识中隐含的信息存储在权值中。可以利用神经网络的自主学习能力实现分类、预测等任务。人类通过学习可以获得进步，同理神经网络也可以通过学习来实现更加复杂的任务。当大量神经元集体进行权值调整的时候，网络就呈现出“智能”的特性，其中有意义的信息就以分布的形式存储在调节后的权值矩阵中。

通过上述内容可以知道感知机神经元最终想要得到的是由 $\boldsymbol{w}$ 和 b 形成的一个超平面，感知机的学习是找到这个超平面的过程。初始的 $\boldsymbol{w}$ 和 b 构成一个超平面，这个超平面随着学习不断地进行变化，最后找到一个能够把两个类分开的最优超平面，学习过程就结束了。

在学习中有训练数据集，包含实例的特征向量及它的类别：

$$T = ((\boldsymbol{x}_1, y_1), (\boldsymbol{x}_2, y_2), \cdots, (\boldsymbol{x}_n, y_n)), \tag{2.14}$$

其中，$\boldsymbol{x}_i \in X \subseteq \mathbb{R}^n, y_i \in Y = \{+1, -1\}, i = 1, 2, \cdots, n$。

感知机神经元学习算法基本思路如图 2.17 所示。首先，对 $\boldsymbol{w}$ 和 b 进行初始化，初始化往往是随机的。然后从训练集中选取一个样本数据 $(\boldsymbol{x}_i, y_i)$ 计算其实际输出，可以简单采用按照样本出现的顺序选取样本。再将实际输出 o_i 与理想输出 y_i 做比较，根据感知机学习规则调整权值。如果两者的值是一致的，说明输出达到理想状态，不再需要对感知机进行调整。如果两者的值是不一致的，说明输出没有达到理想状态，需要对权值进行调整，调整权值后，再根据输入样本重新计算，直到最后的输出达到理想状态。选择下一个样本重复上述计算，直到所有样本预测正确或误差不超过指定范围。

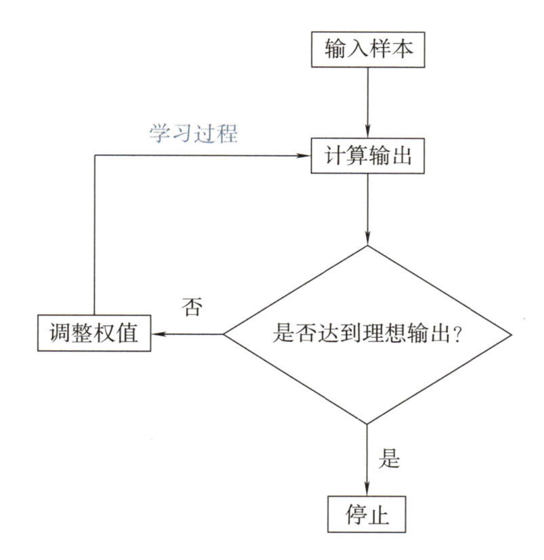

图 2.17 感知机神经元学习算法基本思路

2.3.3 感知机神经元的学习规则

常见的感知机的学习规则包括随机学习、Hebb 学习、基于误差的学习等。其中，随机学习是随机更新权值矩阵 $\boldsymbol{W}$ 和偏置矩阵 $\boldsymbol{B}$。随机学习的思路是：先进行随机赋值，然后对赋值进行修正。首先在一个小范围 $(-\delta, +\delta)$ 内给 $\boldsymbol{w}$ 和 b 赋予初始值。利用 $\boldsymbol{w}$ 和 b 计算输出 o，考虑它与真实值 y 的误差 $\| o - y \| < \varepsilon$ 是否成立。当判断出 $\boldsymbol{w}$ 和 b 不合适的时候，在 $\boldsymbol{w}$ 和 b 上加上一个很小的范围内的随机数 $(-\xi, +\xi)$，再重新判断。随机学习通常耗时较长，学习效率低，但

其思想简单，实现容易，且具有能找到全局最优解等特点，在对其搜索方法进行改进后，也能够具备一定的实际应用意义。

第二种学习规则是 Hebb 学习。1949 年，心理学家 Donald Olding Hebb 提出了关于神经网络学习机理的“突触修正”假设。该假设指出，当神经元的突触前膜电位与后膜电位同时为正时，突触传导增强；当前膜电位与后膜电位正负相反时，突触传导减弱。根据该假设定义的权值调整方法，称为 Hebb 学习规则。Hebb 学习的权值调整量 $\Delta \boldsymbol{w}$ 与输入 $\boldsymbol{x}$ 和输出 o 的乘积成比例，输出 o 可以根据输入 $\boldsymbol{x}$、参数 $\boldsymbol{w}$，以及函数 f 来获得:

$$\begin{aligned} o &= f(\boldsymbol{w} \cdot \boldsymbol{x}), \\ \Delta \boldsymbol{w} &= \eta o \boldsymbol{x}. \end{aligned} \tag{2.15}$$

则权值的新值是：

$$\boldsymbol{w}_{\text{new}} = \boldsymbol{w}_{\text{old}} + \Delta \boldsymbol{w} = \boldsymbol{w}_{\text{old}} + \eta o \boldsymbol{x}. \tag{2.16}$$

其中，比例系数 η 叫作学习率，决定学习的速度。η 越大，权值改变得越快。

1. 示例：Hebb 学习

假设有三个输入向量：

$$\boldsymbol{x}_1 = (1, -2, 1.5), \boldsymbol{x}_2 = (1, -0.5, -2), \boldsymbol{x}_3 = (0, 1, -1).$$

初始化权值为 $\boldsymbol{w}_0 = (1, -1, 0)$，向量点积为 $\text{net} = \boldsymbol{w} \cdot \boldsymbol{x}$，设置阈值函数为 $o = f(\text{net}) = \text{Sgn}(\text{net})$。则权值更新：

$$\boldsymbol{w}_{\text{new}} = \boldsymbol{w}_{\text{old}} + \eta o \boldsymbol{x},$$

其中，η 是学习率，本例中假定 $\eta = 1$。输入第一个样本 $\boldsymbol{x}_1$ 时，权值更新如下：

$$\begin{aligned} \text{net}_1 &= \boldsymbol{w}_0 \cdot \boldsymbol{x}_1 = (1)(1) + (-1)(-2) + (0)(1.5) = 3, \\ o_1 &= f(\text{net}_1) = \text{Sgn}\ (3) = 1, \\ \boldsymbol{w}_1 &= \boldsymbol{w}_0 + \eta o_1 \boldsymbol{x}_1 = (1, -1, 0) + (1, -2, 1.5) = (2, -3, 1.5). \end{aligned}$$

随后输入第二个样本 $\boldsymbol{x}_2$，则：

$$\begin{aligned} \text{net}_2 &= \boldsymbol{w}_1 \cdot \boldsymbol{x}_2 = (2)(1) + (-3)(-0.5) + (1.5)(-2) = 0.5, \\ o_2 &= f(\text{net}_2) = \text{Sgn}(0.5) = 1, \\ \boldsymbol{w}_2 &= \boldsymbol{w}_1 + \eta o_2 \boldsymbol{x}_2 = (2, -3, 1.5) + (1, -0.5, -2) = (3, -3.5, -0.5). \end{aligned}$$

输入第三个样本 $\boldsymbol{x}_3$，权值更新如下：

$$\text{net}_3 = \boldsymbol{w}_2 \cdot \boldsymbol{x}_3 = (3)(0) + (-3.5)(1) + (-0.5)(-1) = -3,$$

$$o_3 = f(\text{net}_3) = \text{Sgn}\ (-3) = -1,$$

$$\boldsymbol{w}_3 = \boldsymbol{w}_2 + \eta o_3 \boldsymbol{x}_3 = (3, -3.5, -0.5) + (-1)(0, 1, -1) = (3, -4.5, 0.5).$$

第三种学习规则是基于误差的学习，可以先从数学上来理解基于误差的学习。

假设有一个函数 $y = kx$，已知一系列的 $(\boldsymbol{x}_i, y_i)$，要求解参数 k。对于初始的 $(\boldsymbol{x}, y)$，首先随机选取一个 k，如果 kx 的值远远小于 y，则大幅度增加 k 的值，再用 kx 与 y 进行比较；如果 kx 的值远远大于 y，则大幅度减小 k 的值。如果 kx 与 y 的值相差很大，则增大对 k 值的修改幅度，如果 kx 与 y 的值相差较小，则减小对 k 值的修改幅度。重复迭代多次后，可以学习到使得 $y = kx$ 成立的 k。

在基于误差的学习中，假设 y_i 是期望输出，$o_i = f(\boldsymbol{w} \cdot \boldsymbol{x}_i)$ 是实际输出，则误差为：

$$e = y_i - o_i, \tag{2.17}$$

权值的调整公式为：

$$\Delta \boldsymbol{w} = \eta e \boldsymbol{x}, \tag{2.18}$$

$$\boldsymbol{w}_{\text{new}} = \boldsymbol{w}_{\text{old}} + \Delta \boldsymbol{w} = \boldsymbol{w}_{\text{old}} + \eta e \boldsymbol{x}, \tag{2.19}$$

这就是基于误差的学习的一个基本思路。

2. 示例：基于误差的学习

假定学习率 $\eta = 0.1$，阈值即误差允许范围 $\theta = 0$。有三个输入向量：

$$\boldsymbol{x}_1 = (-1, 1, -2), y_1 = -1,$$

$$\boldsymbol{x}_2 = (-1, 0, 1.5), y_2 = 1,$$

$$\boldsymbol{x}_3 = (-1, -1, 1), y_3 = 1.$$

初始化权值为 $\boldsymbol{w}_0 = (0.5, 1, -1)$，向量点积为 $\text{net} = \boldsymbol{w} \cdot \boldsymbol{x}$，设置阈值函数为 $o = f(\text{net}) = \text{Sgn}(\text{net})$。在输入第一个样本 $\boldsymbol{x}_1$ 后对权值进行更新：

$$\begin{aligned}\text{net}_1 &= \boldsymbol{w}_0 \cdot \boldsymbol{x}_1 \\ &= (0.5)(-1) + (1)(1) + (-1)(-2) = 2.5,\end{aligned}$$

$$\begin{aligned}
o_1 &= f(\text{net}_1) = \text{Sgn}(2.5) = 1, \\
\boldsymbol{w}_1 &= \boldsymbol{w}_0 + \eta(y_1 - o_1)\boldsymbol{x}_1 \\
&= (0.5, 1, -1) + 0.1(-1-1)(-1, 1, -2) = (0.7, 0.8, -0.6).
\end{aligned}$$

输入第二个样本 $\boldsymbol{x}_2$:

$$\begin{aligned}
\text{net}_2 &= \boldsymbol{w}_1 \cdot \boldsymbol{x}_2 \\
&= (0.7)(-1) + (0.8)(0) + (-0.6)(1.5) = -1.6, \\
o_2 &= f(\text{net}_2) = \text{Sgn}(-1.6) = -1, \\
\boldsymbol{w}_2 &= \boldsymbol{w}_1 + \eta(y_2 - o_2)\boldsymbol{x}_2 \\
&= (0.7, 0.8, -0.6) + 0.1(1-(-1))(-1, 0, 1.5) = (0.5, 0.8, -0.3).
\end{aligned}$$

输入第三个样本 $\boldsymbol{x}_3$:

$$\begin{aligned}
\text{net}_3 &= \boldsymbol{w}_2 \cdot \boldsymbol{x}_3 \\
&= (0.5)(-1) + (0.8)(-1) + (-0.3)(1) = -1.6, \\
o_3 &= f(\text{net}_3) = \text{Sgn}(-1.6) = -1, \\
\boldsymbol{w}_3 &= \boldsymbol{w}_2 + \eta(y_3 - o_3)\boldsymbol{x}_3 \\
&= (0.5, 0.8, -0.3) + 0.1(1-(-1))(-1, -1, 1) = (0.3, 0.6, -0.1).
\end{aligned}$$

继续输入样本进行训练，直到 $e_p = y_p - o_p = 0, \quad p = 1, 2, 3, \cdots$。

此处对这几种感知机的学习算法做简单的总结。

第一是随机学习，它可以是监督学习，也可以是非监督学习。对于监督学习判断其最终的输出是否正确，对于非监督学习可以判断其结果是否符合某些分布。第二是 Hebb 学习，它同样可以是监督学习和非监督学习。第三是基于误差的学习，这里需要明确的是，基于误差的学习中的误差，来自理想输出和实际输出之间的误差。因为需要理想输出来进行误差修正，因此它是典型的监督学习。这三种方法各有优劣，随机学习非常简单，但非常耗时；Hebb 学习更加符合生物学上的学习机制；相较于其他两种方法，基于误差的学习的效率和结果都相对更好。现在占据主流的是基于误差的学习方法。

2.3.4 神经元模型的特性

神经元模型具有“多输入–单输出”的结构特征，众多的树突为神经信号提供输入通道，单一的轴突为神经信号提供输出通道。神经元模型还具有“整合–激发”的功能特征，整合包括时间整合与空间整合功能，激发神经冲动包括“全或无”式的兴奋与抑制功能。同时，它通过连接权值的存储与更新还具有记忆和学习能力。因此，人工神经元就是一个具有记忆功能的输入权值化的“多输入–单输出”“整合–激发”装置。它是一个信息处理单元，也是一个自动机，根据结构、功能、记忆和学习的方式不同，可以分为不同形式的神经元。

思考

是否还有其他的学习方式?

可以从其他的物理学模型（例如物理的 RC 电路模型）来获得灵感，具体考虑如何整合、激发以及模拟。

2.4 神经元的应用

这一节将从单输入–单输出神经元应用、多输入–单输出神经元应用及单个神经元的局限等几个方面进行介绍。首先定义回归和分类的问题。用 X 表示输入空间，用 Y 表示输出空间，$X,Y \subseteq \mathbb{R}, x \in X, y \in Y$。给定训练集，学习一个映射：$h: X \to Y$，使得 $h(x)$ 是 y 的“好”预测。如果 y 取连续值（例如预测股票价格），则这个问题被称为回归问题；如果 y 取有限数量的离散值（例如预测股票是涨还是跌），这个问题被称为分类问题。尽管单个神经元形式简单，但是它仍然能够完成一些简单的回归和分类问题。为了让大家更好地了解单个神经元的性能，本章举一个股票预测的例子来介绍神经元在回归问题上的应用。

2.4.1 单元线性回归

假设某只股票近二十天的股价记录如表 2.3 所示。如何通过日期来预测股票价格?

表 2.3 股票二十天价格表

日期	1	2	3	4	5	6	7	8	9	10
股价	19.14	19.11	19.08	20.25	19.33	19.14	19.42	19.47	19.32	19.59
日期	11	12	13	14	15	16	17	18	19	20
股价	19.65	20.72	19.78	19.85	20.91	19.96	20.01	20.34	20.22	20.11

由于股票价格和日期非常接近线性关系，所以可以假设这个函数是线性的：

$$h(x) = wx + b,$$

其中，w 和 b 是参数，可以用神经元来实现，而求解这样的线性关系被称为线性回归问题。为了评价预测值是否足够“好”，采用均方误差 E 来度量。假设训练集是 $\{(x_1, y_1), (x_2, y_2), \cdots, (x_n, y_n)\}$，则：

$$E = \frac{1}{n}\sum_{i=1}^{n}[h(x_i) - y_i]^2.$$

1. 单元线性回归的最小二乘法

面对线性回归问题，可以采用直接计算的方法，也就是利用最小二乘法来最小化均方误差。在利用最小二乘法求解时，问题就被转化成了如下的公式 (2.20)，其中 $\underset{w,b}{\arg\min}$ 指找到使 E 最小的 w 和 b：

$$\underset{w,b}{\arg\min}\, E = \underset{w,b}{\arg\min}\, \frac{1}{n}\sum_{i=1}^{n}[wx_i + b - y_i]^2. \tag{2.20}$$

求解时，可以用 E 分别对 w 和 b 求偏导，并且设偏导等于 0。可以将这个式子理解成如图 2.18 所示的一个凸函数，目标就是找到图中斜率最小的点，在图中的切线中，当斜率为 0 时，对应了最小值。

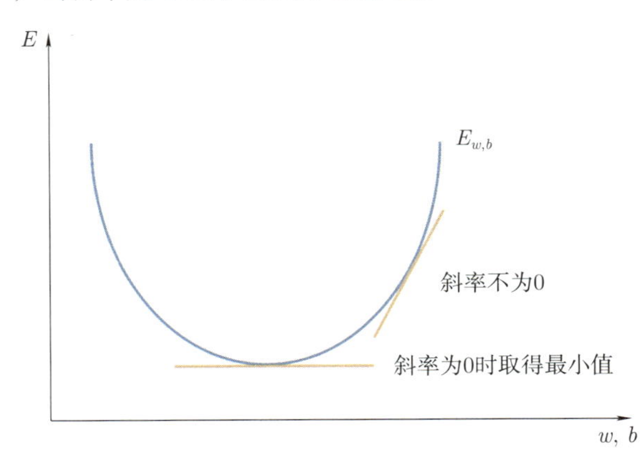

图 2.18 凸函数示意图

根据以上的原理，将 E 分别对 w 对 b 求偏导：

$$\frac{\partial E}{\partial w} = \frac{2}{n}\left(w\sum_{i=1}^{n}x_i^2 + \sum_{i=1}^{n}(b - y_i)x_i\right), \tag{2.21}$$

$$\frac{\partial E}{\partial b} = \frac{2}{n}\left(nb + \sum_{i=1}^{n}(wx_i - y_i)\right). \tag{2.22}$$

令两式为零，由公式 (2.22) 得:

$$\begin{aligned} nb + \sum_{i=1}^{n}(wx_i - y_i) &= 0, \\ b &= \frac{\sum\limits_{i=1}^{n}(y_i - wx_i)}{n}. \end{aligned} \tag{2.23}$$

由公式 (2.21) 得:

$$\begin{aligned} w\sum_{i=1}^{n}x_i^2 + \sum_{i=1}^{n}(b - y_i)x_i &= 0, \\ w\sum_{i=1}^{n}x_i^2 + \sum_{i=1}^{n}\left(\frac{\sum\limits_{j=1}^{n}(y_j - wx_j)}{n} - y_i\right)x_i &= 0, \\ w\left[\sum_{i=1}^{n}x_i^2 - \frac{1}{n}\sum_{i=1}^{n}\left(\sum_{j=1}^{n}x_j\right)x_i\right] &= \sum_{i=1}^{n}\left(y_i - \frac{\sum\limits_{j=1}^{n}y_j}{n}\right)x_i, \\ w &= \frac{\sum\limits_{i=1}^{n}x_i\left(y_i - \frac{\sum\limits_{j=1}^{n}y_j}{n}\right)}{\sum\limits_{i=1}^{n}x_i^2 - \frac{1}{n}\left(\sum\limits_{i=1}^{n}x_i\right)^2}. \end{aligned} \tag{2.24}$$

求得输入和标签的均值：$\bar{x} = \frac{\sum\limits_{i=1}^{n}x_i}{n}$，$\bar{y} = \frac{\sum\limits_{i=1}^{n}y_i}{n}$，代入上式可得：

$$\begin{aligned} w &= \frac{\sum\limits_{i=1}^{n}x_i\left(y_i - \frac{\sum\limits_{j=1}^{n}y_j}{n}\right)}{\sum\limits_{i=1}^{n}x_i^2 - \frac{1}{n}\left(\sum\limits_{i=1}^{n}x_i\right)^2} \\ &= \frac{\sum\limits_{i=1}^{n}x_iy_i - n\bar{x}\bar{y}}{\sum\limits_{i=1}^{n}x_i^2 - n\bar{x}^2}, \\ b &= \frac{\sum\limits_{i=1}^{n}(y_i - wx_i)}{n} \end{aligned} \tag{2.25}$$

$$= \bar{y} - w\bar{x}.$$

此外也可以化成：

$$w = \frac{\sum\limits_{i=1}^{n}(x_i - \bar{x})(y_i - \bar{y})}{\sum\limits_{i=1}^{n}(x_i - \bar{x})^2}. \tag{2.26}$$

将数据代入，可以求得 w=0.0637，b=19.1008。作直线 $y = 19.1008 + 0.0637x$ 与股票数据进行对比，对比结果见图 2.19。

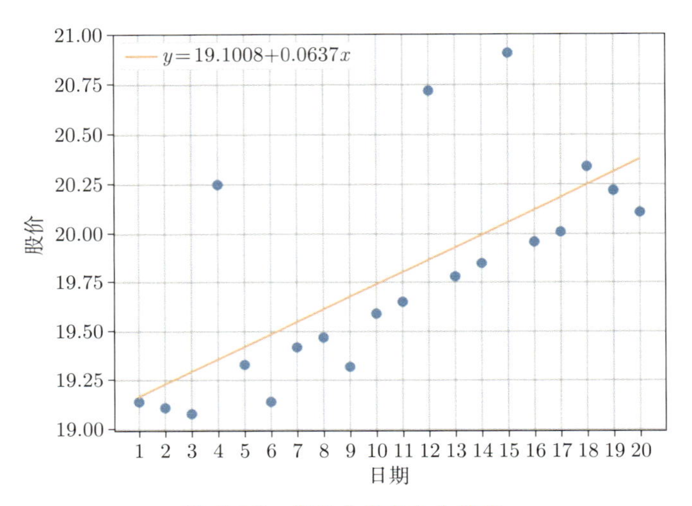

图 2.19 线性函数的拟合情况

2. 单元线性回归的单输入–单输出神经元解法

除了利用最小二乘法外，还可以用一个神经元来解决这一问题，该神经元的激活函数是一个恒等映射，即不对 $wx + b$ 做任何处理。

神经元的具体计算过程如下：

（1）初始化权值 w, b;

（2）根据权值计算出一个解 $o_i = wx_i + b$;

（3）基于误差的学习规则调整权值:

$$w_{\text{new}} = w_{\text{old}} + \eta(y_i - o_i)x_i,$$

$$b_{\text{new}} = b_{\text{old}} + \eta(y_i - o_i);$$

（4）判断是否满足终止条件，不满足则跳回步骤 2。

一般来说，终止条件可以设置为误差的绝对值小于某个阈值 ϵ 或者迭代次数大于最大迭代次数 K。

综上，最小二乘法从损失函数进行求导，转化成线性方程组，然后通过求解线性方程组直接求得数学上的解析解；而神经元方法根据误差去调整权值，通过迭代的方式一步一步地求出 w 和 b，用近似解来逼近解析解。具体的计算留给读者练习（见练习 6）。

2.4.2 多元线性回归

在当前的股票预测问题中，可以通过提升特征维度的方式，来提升预测的准确性。从直觉来说，用前几天的股票数据预测下一天，会比只用前一天的股票数据更为稳定且信息量更大，因此，很有可能提升预测的准确度。之前用于预测股票价格的输入为一天的价格，可以认为特征的维度为 1。而有些时候每个样本有多个维度的特征，设特征的维度为 d，其向量形式写作 $\boldsymbol{x}_i=(x_{i1},x_{i2},\cdots,x_{id})^{\mathrm{T}}$，此时的线性回归可以写成：

$$
\begin{aligned}
h(\boldsymbol{x}_i)&=w_1x_{i1}+w_2x_{i2}+\cdots+w_dx_{id}+b\\
&=\boldsymbol{w}^{\mathrm{T}}\boldsymbol{x}_i+b,\\
\boldsymbol{w}&=(w_1,w_2,\cdots,w_d)^{\mathrm{T}}.
\end{aligned}
$$

此时，对于训练集 $\{(\boldsymbol{x}_1,y_1),(\boldsymbol{x}_2,y_2),\cdots,(\boldsymbol{x}_n,y_n)\}$，尝试习得 $h(\boldsymbol{x}_i)=\boldsymbol{w}^{\mathrm{T}}\boldsymbol{x}_i+b$ 使得 $h(\boldsymbol{x}_i)\approx y_i, i=1,2,\cdots,n$，这称为多元线性回归（multivariate linear regression）。所求的 $\boldsymbol{w}$ 又被称为特征的权值（weight），b 则称为偏置 (bias)。

类似地，使用最小二乘法来求解。为书写方便，将 b 也就是偏置并入权值，并令其对应的输入恒为 1，并将整个数据集合并为矩阵形式：

$$
\begin{aligned}
\widehat{\boldsymbol{w}}&=(\boldsymbol{w};b),\\
\boldsymbol{X}&=\begin{pmatrix}\boldsymbol{x}_1^{\mathrm{T}} & 1\\ \boldsymbol{x}_2^{\mathrm{T}} & 1\\ \vdots & \vdots\\ \boldsymbol{x}_n^{\mathrm{T}} & 1\end{pmatrix}=\begin{pmatrix}x_{11} & x_{12} & \cdots & x_{1d} & 1\\ x_{21} & x_{22} & \cdots & x_{2d} & 1\\ \vdots & \vdots & & \vdots & \vdots\\ x_{n1} & x_{n2} & \cdots & x_{nd} & 1\end{pmatrix},\\
\boldsymbol{y}&=(y_1,y_2,\cdots,y_n)^{\mathrm{T}}.
\end{aligned}
$$

此时的均方误差为：

$$
E=\frac{1}{n}\|\boldsymbol{y}-\boldsymbol{X}\widehat{\boldsymbol{w}}\|^2,
$$

其中 $\|\cdot\|$ 为欧几里得范数。

问题可以写成：

$$\underset{\widehat{\boldsymbol{w}}}{\operatorname{argmin}}\ E=\underset{\widehat{\boldsymbol{w}}}{\operatorname{argmin}}(\boldsymbol{y}-\boldsymbol{X}\widehat{\boldsymbol{w}})^{\mathrm{T}}(\boldsymbol{y}-\boldsymbol{X}\widehat{\boldsymbol{w}}),$$

同样求导得到：

$$\frac{\partial E}{\partial \widehat{\boldsymbol{w}}}=2\boldsymbol{X}^{\mathrm{T}}(\boldsymbol{X}\widehat{\boldsymbol{w}}-\boldsymbol{y}),$$

令其为零可求得闭式解。$\boldsymbol{X}^{\mathrm{T}}\boldsymbol{X}$ 满秩或正定时，解得：

$$\widehat{\boldsymbol{w}}=\left(\boldsymbol{X}^{\mathrm{T}}\boldsymbol{X}\right)^{-1}\boldsymbol{X}^{\mathrm{T}}\boldsymbol{y}.$$

$\boldsymbol{X}^{\mathrm{T}}\boldsymbol{X}$ 不满秩，例如当 $d\geqslant n$ 时令 E 最小的结果不唯一，这里不做深入讨论。

多元线性回归的多输入–单输出神经元解法

假如获得了如表 2.3 股票 20 天的波动数据。若假设股票波动不仅与当前日期有关，还与前面多个日期相关，采用多输入的神经元进行拟合，预测模型为 $y=w_1x_1+w_2x_2+\cdots+w_dx_d+b$，令 $d=4$，多元线性回归可以求得：$w_1=0.1270, w_2=0.5065, w_3=0.0767, w_4=0.1287, b=3.2996$。对比预测的结果，如表 2.4 所示，可以看出多元线性模型比单元线性模型的预测总体上更接近真实值，多元线性模型第 5 天的预测值偏离真实值较大的原因在于第 4 天的数据比较异常，在图 2.19 中可以看到，第 4 天的数据偏离正常趋势较多。

表 2.4 神经元模型的预测结果

日期	真实值	单输入	多输入
第 5 天	19.33	19.42	19.48
第 10 天	19.59	19.74	19.55
第 13 天	19.78	19.93	19.85
第 20 天	20.11	20.37	20.13

思考

最小二乘法和神经元方法各有什么优势?

神经元适合拟合具有大量数据的情况，当数据量增大时，$\boldsymbol{X}^{\mathrm{T}}\boldsymbol{X}$ 矩阵将变得巨大，最小二乘法的可行性此时就不高了，但是当数据量不太大的时候，最小二乘法计算更加简便，且具有良好的统计性质。其次，使用神经元可以获得比最小二乘法更高的精度。最后，最小二乘法不够稳健，受极端异常值的影响较大。

2.4.3 双输入–单输出的线性分类

线性分类就是用线性边界将不同类划分开，接下来通过双月模型来简单介绍线性分类。

示例：双月模型

如图 2.20 所示，双月模型有两个“月亮”，标记为“区域 A”的月亮关于 y 轴对称，标记为“区域 B”的月亮在离 y 轴距离为 r，离 x 轴距离为 d 的位置。两个月亮大小相同，其中：半径为 r，宽度为 w。当 d 的值越大两个月亮会更加分离，也就是线性可分的；d 的值越小两个月亮会更加靠近，当 d 等于 0 时，两个月亮在一条线上，当 d 小于 0 时，两个月亮线性不可分。因为在二维空间当中，所以这是一个维数为 2 的二分类问题。因此，可以设计一个双输入–单输出的神经元来解决这个分类问题。

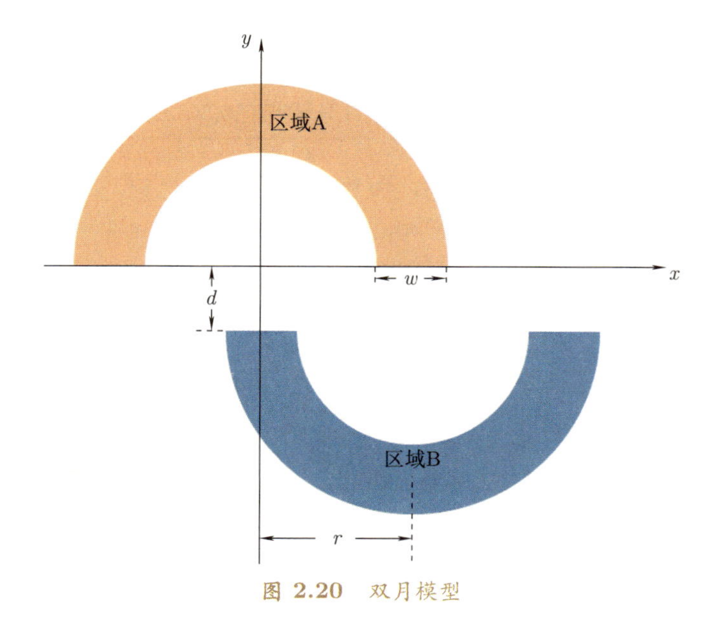

图 2.20 双月模型

训练样本由 2000 个数据点组成，随机从区域 A、B 中各自选取 1000 个点。测试样本由 4000 个数据点组成，随机从区域 A、B 中各自选取 2000 个点。这里我们设置 $r=10, w=5, d=5$。其中标签：

$$y_i = \begin{cases} +1, & 点\ \boldsymbol{x}_i \in 区域\ \text{A}, \\ -1, & 点\ \boldsymbol{x}_i \in 区域\ \text{B}. \end{cases}$$

神经元模型如图 2.21 所示，依旧按照之前所提到的学习过程对当前的神经元进行训练，以 Python 语言为例。

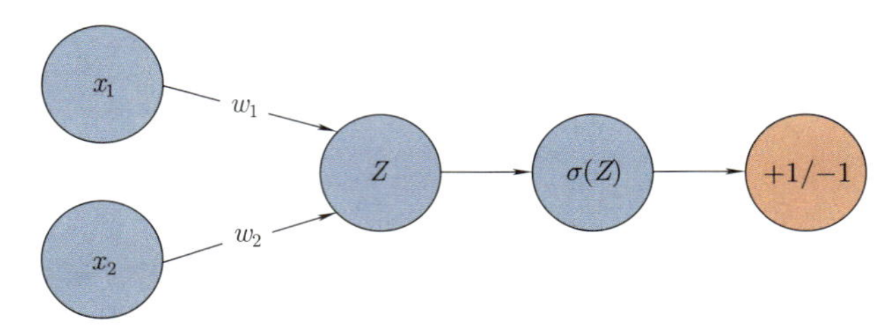

图 2.21 解决二分类问题的神经元模型

（1）对 $\boldsymbol{w}_0$，b_0 进行全零初始化。

```
def __init__(self, shape):
    self.w =  np.zeros(shape)
    self.b =  0
    self.activate_func = np.sign
```

（2）在训练集中选取数据 $(\boldsymbol{x}_i, y_i)$ 计算输出：$y_i = \sigma(\boldsymbol{w} \cdot \boldsymbol{x}_i + b)$。

```
def calculate(self, x):
    return self.activate_func(np.dot(self.w, x) + self.b)
```

（3）这里使用基于误差的学习规则来更新权值：

$$w = w + \mathrm{lr}(y_i - \hat{y_i})\boldsymbol{x}_i, b = b + \mathrm{lr}(y_i - \hat{y_i}).$$

```
def update(self,x,y,out,learning_rate):
    self.w +=  learning_rate*x*(y - out)
    self.b +=  learning_rate*(y - out)
```

（4）按照预设的 epochs 进行循环，更新权值。

```
def train(self,x,y,epochs,learning_rate):
    for epoch in range(epochs):
        for i in range(x.shape[0]):
            out =  self.calculate(x[i])
            self.update(x[i],y[i],out,learning_rate)
```

由 $\boldsymbol{w}^{\mathrm{T}}\boldsymbol{x} = 0$ 决定的超平面将不同的类别分开，这样将不同类别分开的界限被称为决策边界 (decision boundary)，而能够由线性的决策边界进行划分的分类问题则被称为线性可分 (linear separable) 问题。一般来说，感知机学到第一条可以正确分离的决策边界时便会自动终止，不再迭代下去，因为此时训练集上的误差已经为 0。当双月模型的距离 d 比较大时，这个分类问题是比较简单的；当 d 减小但大于 0 时，这个分类问题的难度变高，会迫使感知机需要更多的训练轮数才能找到决策边界。如图 2.22 所示，在训练轮数增加时，单个神经元习得了决策边界。总的来说，单个神经元可以较好地处理线性可分问题。

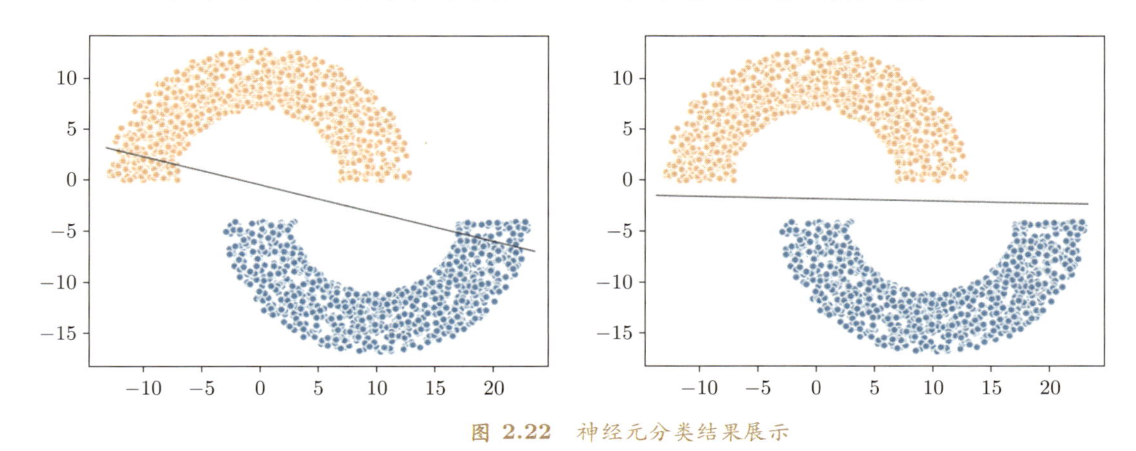

图 2.22 神经元分类结果展示

2.4.4 单个神经元的局限

从上述的例子可以看出，单个神经元的功能已经很强大了，但是它也存在非常明显的局限性。它能很好地解决二分类的线性可分问题，但是对于多分类或线性不可分问题它是束手无策的。现实中，很多分类问题实际上都是线性不可分问题，比如异或 (XOR) 问题。

如果令 +1 为真，−1 为假，则异或问题如图 2.23 所示。其中红色为真类，蓝色为假类。显然，无法找到一条直线划分两个类别。

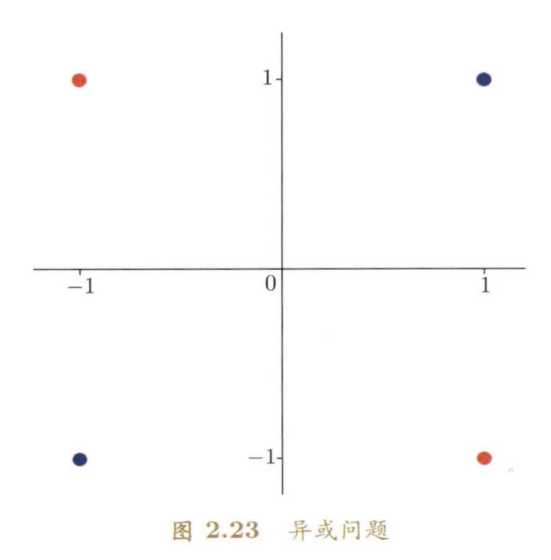

图 2.23 异或问题

在双月模型的例子中，如果设置 $r=10, w=6, d=1$，有如下结果。

图 2.24 是学习曲线，描述了均方误差 MSE 和迭代次数之间的关系，感知机神经元经过三步迭代就趋于收敛了。图 2.25 是感知机训练后计算得到的决策边界，能够较好地将测试点分离。

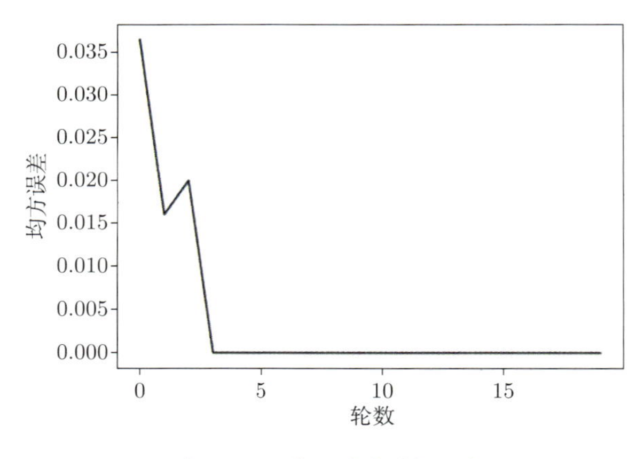

图 2.24 学习曲线 ($d=1$)

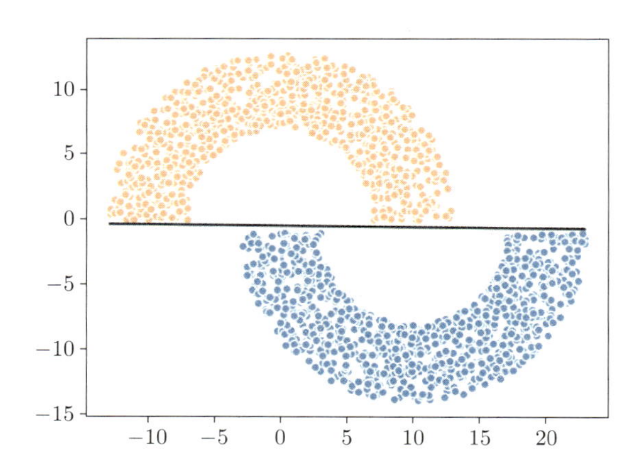

图 2.25 感知机训练后计算得到的决策边界 ($d=1$)

如果 $r=10, w=6$，但设置 $d=-4$ 会得到如下结果。

图 2.26 中的学习曲线持续波动，图 2.27 中的决策边界也不能很好地划分两个月亮。总的来说，单个神经元已经有很强大的计算功能了，但无法解决线性不可分的问题。为了解决这个局限，可以对单个神经元进行改造，也可以使用多个神经元通过一定的连接形成更加复杂的神经网络，从而解决更加复杂的问题。

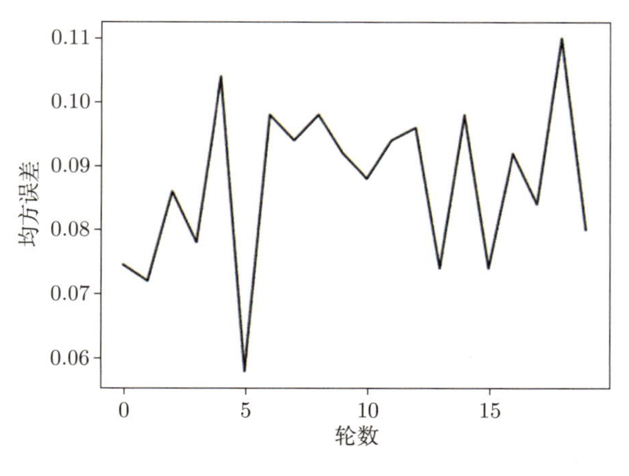

图 2.26 学习曲线 ($d = -4$)

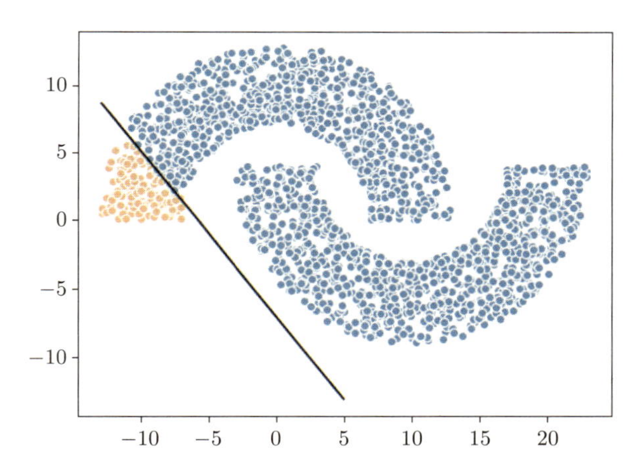

图 2.27 感知机训练后计算得到的决策边界 ($d = -4$)

2.5 小结

本章从生物神经元讲起，使读者对人工神经元背后的生物学知识有了一定了解。MP 神经元模型虽然标志着人工神经网络的起源，但却有一个致命的问题，即无法训练学习。而此后介绍的感知机神经元则是第一个能学习的神经元模型结构，单个神经元已经能够解决很多问题，但到目前为止，仅靠一个神经元所能完成的任务有限，下一章将提出解决更复杂问题的方法。

练习

1. 什么是生物神经元的信号传递过程，简要阐述人工神经元模拟了细胞体的哪两种功能。
2. 写出 MP 神经元的公式表达，并根据公式解释 MP 神经元如何完成对信号的整合–激发过程。
3. 若某个 MP 神经元的输入为 x_1（取值为 0 或 1），激活函数为阈值函数，请给出一种权值和阈值的设计，使其能够完成逻辑非运算。
4. 若某个 MP 神经元的输入为 x_1，x_2（取值为 0 或 1），激活函数为阈值函数，请给出对应权值和阈值的设计，使其能够分别完成逻辑与运算和逻辑或运算。
5. 为什么要向神经元中引入激活函数，请再列举至少三种书中未介绍的激活函数，并给出其表达式。
6. 使用 Python 语言编程完成 2.4.1 节中单个神经元权值的求解（初始化权值 $w=0.05$，$b=19$，学习率 $\eta=0.001$），分别设置最大迭代次数 $K=10,50,100$，观察最后的计算结果，可以得出什么结论？
7. 试使用感知机神经元对半月数据量 $N=2000$，半月宽度 $w=6$，x 轴偏移 $r=10$，y 轴偏移量 $d=2$ 的双月模型进行分类，生成双月模型的代码如下所示，单层感知机神经元的代码可以根据 2.4.2 节的示例编写，也可以自己编写，在实验时选择不同的学习率进行对比，可以得出什么结论？

```
def moon(N, w, r, d):
    ''':param w: 半月宽度 # :param r: x轴偏移量 # :param d: y轴偏移量 # :
     param N: 半月散点数量 :return: data (2*N*3) 月亮数据集 data_dn (2*N
     *1) 标签 '''
    data = np.ones((2*N,4))
    # 半月1的初始化
    r1 = 10 # 半月1的半径,圆心
    np.random.seed(1919810)
    w1 = np.random.uniform(-w / 2, w / 2, size=N) # 半月1的宽度范围
    theta1 = np.random.uniform(0, np.pi, size=N) # 半月1的角度范围
    x1 = (r1 + w1) * np.cos(theta1)
    y1 = (r1 + w1) * np.sin(theta1)
    label1 = [1 for i in range(1,N+1)] # label for Class 1
    # 半月2的初始化
    r2 = 10 # 半月2的半径,圆心
    w2 = np.random.uniform(-w / 2, w / 2, size=N) # 半月2的宽度范围
    theta2 = np.random.uniform(np.pi, 2 * np.pi, size=N) # 半月2的角度范
     围
    x2 = (r2 + w2) * np.cos(theta2) + r
    y2 = (r2 + w2) * np.sin(theta2) - d
    label2 = [-1 for i in range(1,N+1)] # label for Class 2
    data[:,0] = np.concatenate([theta1, theta2])
    data[:,1] = np.concatenate([x1, x2])
```

```
    data[:,2] = np.concatenate([y1, y2])
    data[:,3] = np.concatenate([label1, label2])
    return data
```

8. 思考除异或问题之外，还有哪些问题直观上非常简单但使用单个感知机神经元无法解决，请给出一个示例并说明无法解决的原因。
9. 尝试通过组合多个感知机神经元来解决异或问题，请画出所设计的网络结构（包括相关连接的权值）。

稍事休息

神经元是构成神经网络的基本单元，神经元的设计直接影响着神经网络的表示能力、学习效率、泛化能力等重要指标。近年来涌现了很多关于设计新型神经元的研究，其中有些研究针对神经元的某一部分进行改进，例如 GLU、Swish 等新型激活函数，也有一些研究改变了神经元的整体结构，例如引入了时序整合特性的长短期记忆（LSTM）神经元、门控循环单元（GRU）等。

目前，绝大多数人工神经元使用实数作为其输入、输出，然而，生物神经元之间的信息传递并不是通过简单的实数实现的，而是使用神经脉冲作为信息的形式，动作电位的传导遵循全有全无律 (all-or-none law)，即某一时刻的神经元要么没有兴奋，要么以固定的强度兴奋，如果采用等长的离散时间，神经脉冲可以视作由 0 和 1 组成的序列。

脉冲神经元是脉冲神经网络（Spiking Neural Network，SNN）的基本组成单位，使用脉冲作为输入、输出。由于脉冲具有时序特性，因此脉冲神经元需要具有时序数据处理能力。LIF（Leaky-Integrate-and-Fire）模型是使用最广泛的脉冲神经元模型，其中 Leaky 指神经元的膜电位在没有输入的情况下会逐渐泄漏，直至衰减至静息电位，Integrate 指神经元会对不同时间、不同神经元的输入整合起来，Fire 指神经元的膜电位到达阈值后，会进入兴奋状态、产生输出，之后重置膜电位到静息电位。

脉冲神经元具有时序数据处理能力、事件计算特性（脉冲到达时才做出响应，其余时间处于休息状态），并且表达能力更强，因此在近些年来针对脉冲神经元模型设计的研究在逐渐增多，也诞生了一些事件计算专用的硬件便于其实现。但脉冲神经元的有监督学习、超参数调整仍做得不够完善，就精度而言难以和一般的人工神经元相比较，这也是脉冲神经元今后的研究重点之一。

第 3 章　单层感知机

本章主要将神经网络结构从先前的单一神经元扩展为多个神经元。首先从较为简单的扩展开始介绍，然后介绍如何将多个神经元组合起来形成单层感知机，以完成更加复杂的任务，最后简要介绍单层感知机的应用。

3.1　神经元的连接

通过上一章可知，单个 MP 神经元的结构决定了它只能解决“多输入/单输出”的线性可分问题。由于结构限制，单个神经元无法解决单纯的多输出分类问题或分类和回归相结合的问题。那么该如何拓展神经元的功能呢？答案是：连接多个神经元！本节将详细阐述层级结构和互联网型结构等神经元连接方式以及神经网络的扩展，最后介绍一些其他的连接方式及其生物学原理。

3.1.1　神经元的连接概述

连接是神经元之间传递信息的方式。单个神经元计算能力有限，只能解决一些线性问题，因此在实际生活当中显得不够用。但是，“人多力量大”，只要将多个神经元连接起来，就可以解决复杂问题。

图 3.1 展示了 N_i 神经元和 N_j 神经元的连接。第 i 个神经元和第 j 个神经元之间有一个连接，连接权值用 w_{ij} 表示，主流神经网络基本都采用了这样的连接方式。正的权值会对后续的神经元起刺激作用，可以增加神经元的活跃度；而负的权值表示传送来的信号起抑制作用。负权值有两种情况，如果 w_{ij} 是正的，但 N_i 是负的，相乘结果是负的，所以整体上起抑制作用；如果 N_i 是正的，但 w_{ij} 是负的，对 N_j 也起抑制的作用。

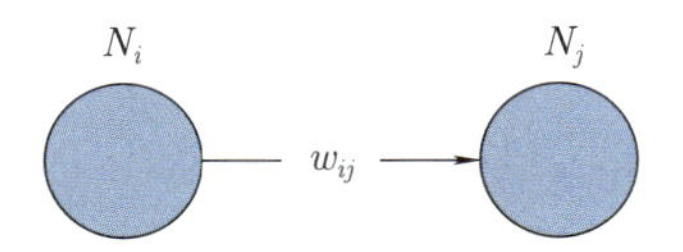

图 3.1　N_i 神经元和 N_j 神经元的连接

不同的连接结构可以组成不同功能的神经网络，如层级结构和互联网结构等常见的结构。一些结构中的神经元有自身到自身的反馈连接，还有一些结构中有跳跃连接等。各种各样的连接可以形成非常复杂的神经网络。层级结构中每层由并行的神经元组成，同一层神经元可以相互连接，但这种连接方式并不常见，而相邻层之间通过完全连接的方式连接。感知机和前馈神经网络是典型的层级连接结构，它们能够建模输入和输出之间的关系。层级连接结构包含层间连接和层内连接。层间连接将前后层之间相互连接起来，可以对输入和输出之间的关系建模，如图 3.2a 所示。层内连接，也叫区域内（intra-field）连接，用来加强和完成层内神经元之间的竞争，如图 3.2b 所示。由于实际应用中其作用有限，通常将它与其他网络结合形成新的网络。

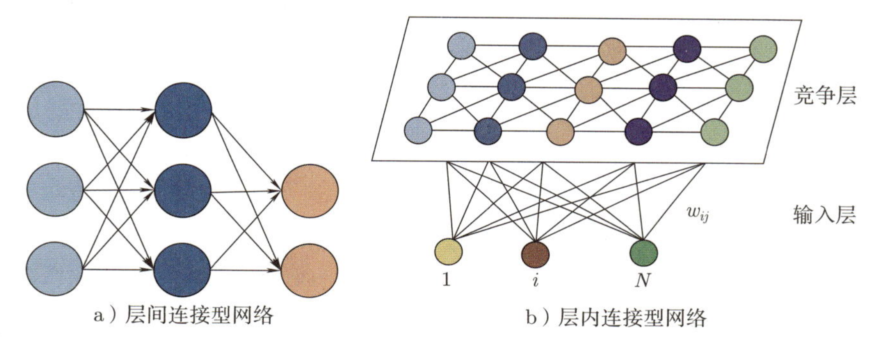

a）层间连接型网络　　b）层内连接型网络

图 3.2　层级连接结构

还有一种连接结构是互联网型结构，最典型的是 Hopfield 网络（Hopfield Network，HN）和马尔可夫链（Markov Chain，MC）。如图 3.3 所示，Hopfield 网络的每个神经元都被连接到其他神经元。每个节点在训练前输入，然后在训练期间隐藏并输出。通过将神经元的值设置为期望的模式来训练网络，此后权值不变。马尔可夫链或离散时间马尔可夫链（Discrete-Time Markov Chain，DTMC）是玻尔兹曼机和 Hopfield 网络的前身，奠定了玻尔兹曼机和 Hopfield 网络的理论基础。

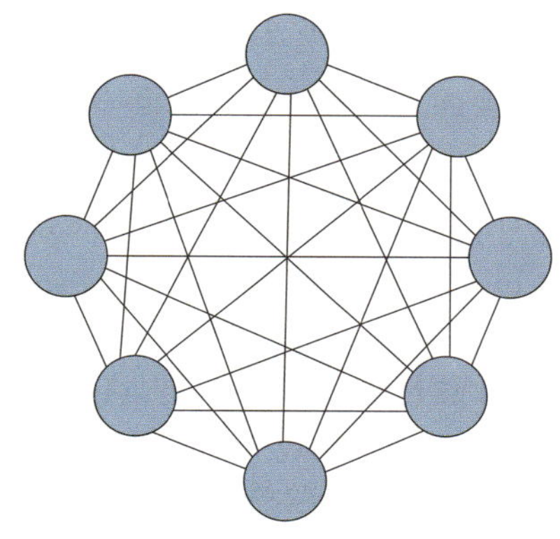

图 3.3　Hopfield 网络

3.1.2 神经网络的扩展

单个神经元的功能是有限的，如果希望进一步扩展神经网络的功能，需要增加神经元数量，从而处理更加复杂的任务。扩展方式一般有两种，宽度扩展和深度扩展。宽度扩展通过增加单层神经元数量来进行扩展。如图 3.4 所示，通过增加多个神经元对宽度进行扩展。浅层学习就是沿宽度的方向对神经元进行扩展。例如只有一层输入层和一层输出层的网络，在输出层用单个神经元只能判断一种特性，但是如果需要实现更多的功能，就可以在输出层再增加一个神经元来判断其他特性。如果继续增加更多的神经元，网络就可以实现更多的功能。只有一个隐藏层的网络其实也可以看作浅层神经网络，如果需要做宽度扩展，可以在隐藏层上扩展更多的神经元。一般来说，一个应用的输入和输出是固定的，而可变的就是中间的隐藏层。

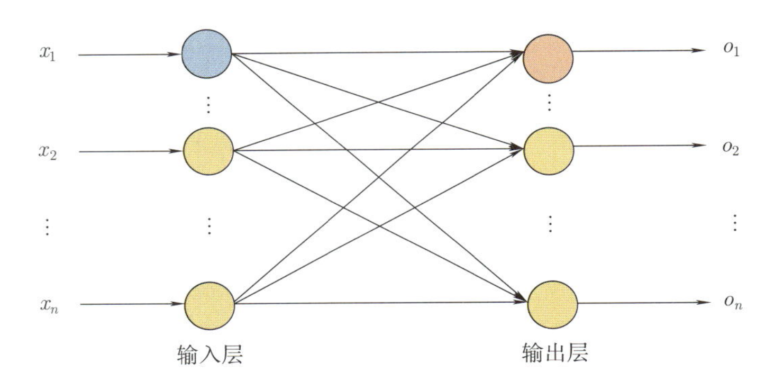

图 3.4 多输出的单层感知机–宽度扩展

从数学层面理解宽度扩展的基本思路，给定复杂函数 $f(x)$，可以利用分段线性函数来进行拟合，分段越多越能拟合复杂函数 $f(x)$，这是以直代曲的思想。每段线性函数都可以用一个中间神经元来表示，以直代曲方法需要的分段函数越多，中间神经元的个数就越多，最终可以通过一个浅层神经网络模拟复杂函数 $f(x)$ 的功能。

当神经网络的功能不足以完成一个复杂的任务时，可以通过增加一个或多个中间层来对神经网络进行扩展，这就是深度扩展，如图 3.5 所示。相比于浅层学习，深度学习模拟的复杂函数 $f(x)$ 实际上是一系列简单函数的复合，比如周期函数和线性函数等函数的复合。例如 $f(x) = f_3(f_2(f_1(x)))$ 是三个函数的复合，输入 x 经过 f_1，产生的输出经过 f_2，f_2 的输出再作为输入送到 f_3，得到最后的输出。每一个函数 f_i 可以用神经网络中的一层来表示。对于中间只有一个隐藏层的网络，可以将输入层视为 f_1，隐藏层视为 f_2，输出层视为 f_3。

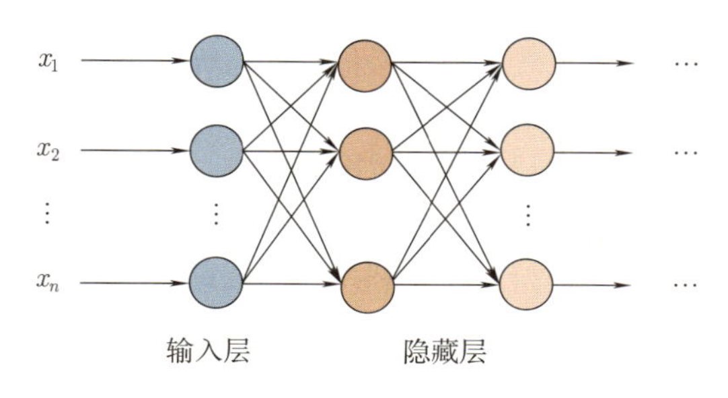

图 3.5 多层感知机–深度扩展

浅层学习和深度学习分别沿宽度和深度方向对神经网络进行扩展，它们的基本思路是不一样的，但是理论上都可以得到比较满意的结果。通过对多输出的单层感知机和多层感知机的比较分析可以更好地理解神经网络的宽度扩展和深度扩展。图 3.4 展示了宽度扩展的一个例子，其中黄色神经元为扩展的神经元，由图可知多输出的单层感知机通过增加输出层的神经元个数来进行宽度扩展。图 3.5 则展示了深度扩展的一个例子，多层感知机在输入和输出之间有一系列的隐藏层，其中黄色神经元为扩展的神经元。每一层的输出输入到下一层，然后产生输出，相当于做了一个函数或者映射。在设计神经网络时，需要考虑样本点的个数。一般来说，样本点越多，需要的神经元个数越多，因为网络参数量越多，它就能容纳更多样本串联的知识。

> **思考**
>
> 调查实际应用的网络模型，它们大多是沿宽度扩展还是沿深度扩展，为什么会这样扩展？

3.1.3 其他连接方式

除了层级连接和互联网型连接方式，神经网络还有一些其他的连接方式。比如卷积神经网络、竞争神经网络和循环神经网络等。

卷积神经网络是包含卷积计算且具有深度结构的前馈神经网络，是深度学习领域的三驾马车之一。卷积神经网络采用卷积计算方式，而非全连接方式。全连接方式是前一层的神经元与后一层的神经元两两互连在一起，而卷积连接方式不是全部连接在一起，而是以卷积的方式局部连接。Yann LeCun 提出的 LeNet 网络就是一种卷积神经网络，它的主要结构包含了卷积层、池化层和全连接层，如图 3.6 所示。卷积层主要通过卷积核来提取特征。池化层相当于变换观察的视野，比如开始时在近处看一张图片，池化可以通俗地理解为把图片拿得稍微远一点看，实际上是从提取局部特征向提取全局特征方向发展。在卷积神经网络中，接近输入层的神经网络层提取到的是局部特征，而接近输出层的神经网络层提取到的是全局特征。以图片为例，一张图片离眼睛越近，人看到的越是包含细节特征的局部特征，而图片离眼睛越远，人看到的越是宏观的全局特征。LeNet 中的全连接层主要利用之前层提取的特征做分类，比如在图 3.6 中，使用 LeNet 可以自动判断一个字母是不是“A”。

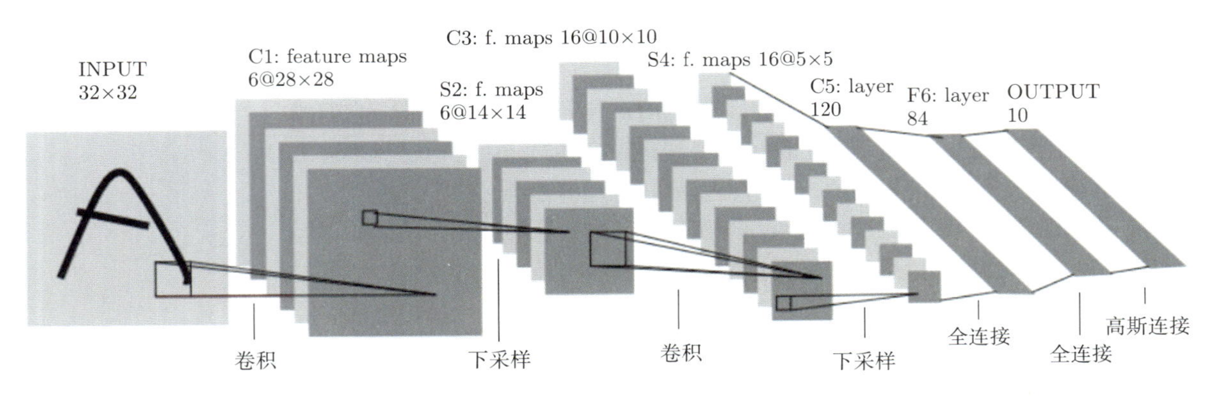

图 3.6 LeNet 网络

对于竞争神经网络来说，网络中的神经元间采用竞争性连接，每个神经元和其他神经元的连接权值都是负的，而神经元与其自身的连接权值是正的，因此每个神经元实际上在和其他的神经元之间进行竞争。同一层之间的竞争性连接形成的网络叫竞争神经网络，如图 3.7 所示。还有一种连接方式为竞争与合作，神经元与离其比较远的神经元进行竞争，与离其比较近的神经元进行合作。

很多神经网络会把竞争层作为其中一部分，比如在全连接层后引入竞争层。在手写数字识别应用中，最终需要输出样本属于手写数字 $0\sim9$ 的概率值，往往选择概率值最大的作为最终的分类结果。最大概率的选取在编程中利用 max 函数来实现，它是外部定义好的函数，而非神经网络或者人类大脑的一部分。人类大脑当中取最大值是基于神经元的活动进行的，这种活动就是竞争。例如当眼睛聚焦在某个地方时，聚焦点的四周往往是看不见的，这是人类大脑神经元的侧抑制现象。竞争神经网络的设计模仿了侧抑制，用竞争神经元来实现，遵循了 Winner-Take-All 原则，即赢家通吃原则，竞争最终的胜利者获取全部，失败者则一无所有。典型的竞争神经网络有 MAXNET、SOM 网络等。

循环神经网络是以序列数据作为输入，在序列的演进方向进行递归并且所有节点按链式连接的递归神经网络，如图 3.8 所示。循环神经网络的输出经过一个单位时间之后，又返还给它自身或者其他的神经元，不断地循环往复。也就是说，当输入进入循环神经网络后，网络就不断地将输出返还作为下一步的输入。这类似于人脑的回想功能，比如当走在路上与一个熟人擦肩而过时，就会回想这个人是否在什么地方见过。

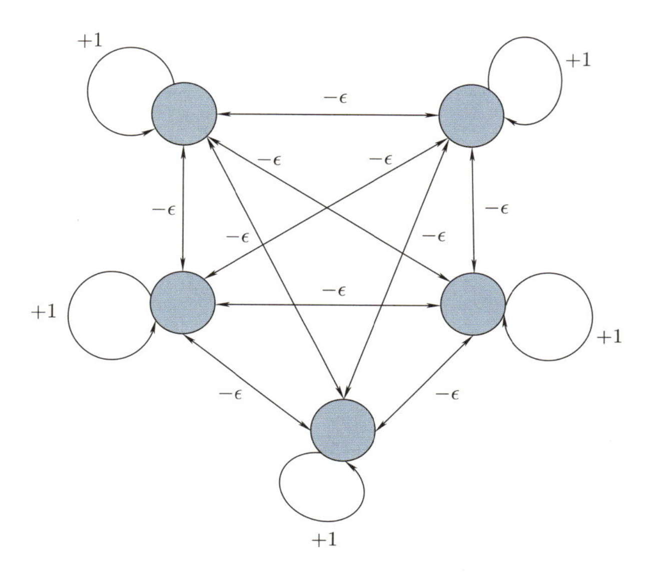

图 3.7 竞争神经网络的神经元连接

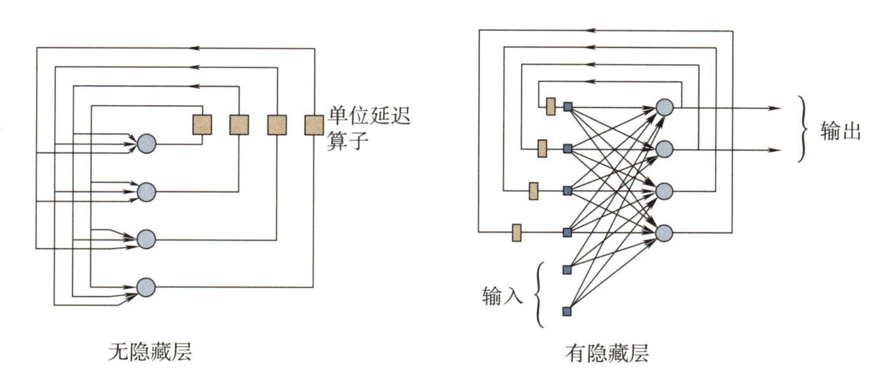

图 3.8 循环神经网络

思考

对于一个特定问题，如何确定所需的神经元数量，以及这些神经元应如何连接和排列成更有效的神经网络结构？

3.2 单层感知机

上节中介绍了多种不同的连接方式，及其形成的各种各样的神经网络。本节将介绍单层感知机，首先阐述单层感知机的结构和数学表达，然后深入探讨感知机的学习算法。

3.2.1 单层感知机的结构和数学表达

在介绍单层感知机前，先介绍线性可分的概念。以二维空间为例，如图 3.9 所示，每一个函数的输入为实数，输出为 0 或 1。图 3.9a 中的样本是线性可分的，因为训练样本根据类别可以由直线完全分开，这条直线可以表示为 $w_1x_1+w_2x_2+b=0$，其中 w_1，w_2 分别表示 I0 轴和 I1 轴的权值，b 是偏置。图 3.9b 和 c 中的样本是线性不可分的，因为两类样本交叉在一起，无法用一条直线直接将其分开。

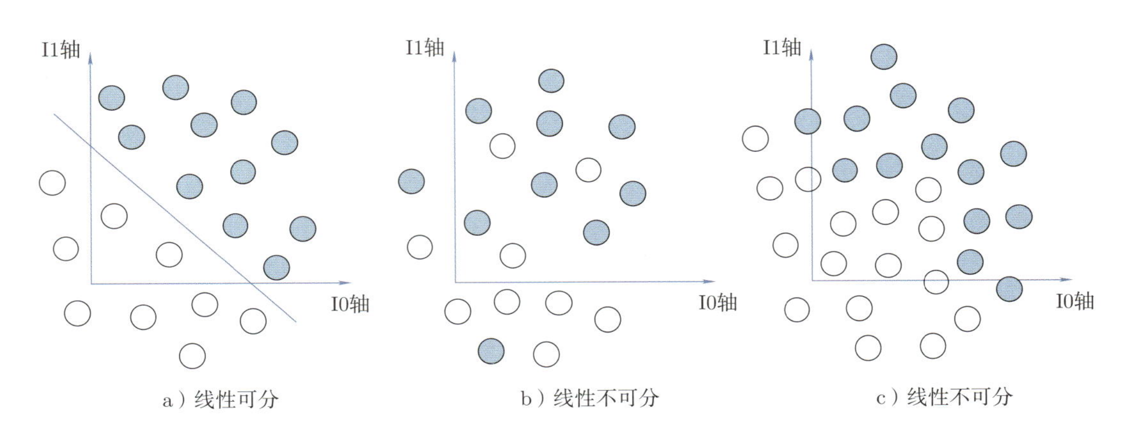

图 3.9 线性可分与线性不可分

单层感知机主要解决线性可分问题，即找到分界直线的权值和偏置。在分界线上方的点，输出为 1；位于下方的点输出是 0。当偏置项 b 等于 0 时，直线经过原点，权值 w_1，w_2 为直线的斜率。单层感知机的结构中只有输入层和输出层。图 3.10 展示了多输入–多输出的结构，权值矩阵为：

$$[w_1, w_2] = \begin{bmatrix} w_{10}, & w_{20} \\ w_{11}, & w_{21} \\ w_{12}, & w_{22} \\ w_{13}, & w_{23} \end{bmatrix}, \tag{3.1}$$

其中权值矩阵的行数由输入神经元个数决定，列数由输出神经元个数决定。

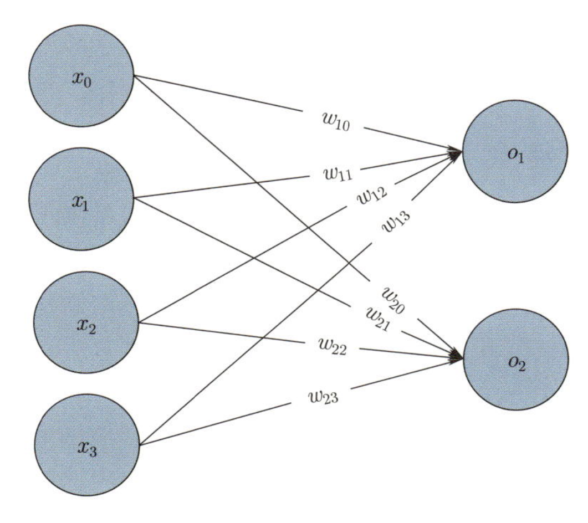

图 3.10 多输入–多输出的单层感知机

向量以分量形式表示时，以典型的单层感知机为例，如图 3.10 所示，其分量表达如下:

$$z_1 = w_{10}x_0 + w_{11}x_1 + w_{12}x_2 + w_{13}x_3, \tag{3.2}$$

$$o_1 = \sigma(z_1), \tag{3.3}$$

$$z_2 = w_{20}x_0 + w_{21}x_1 + w_{22}x_2 + w_{23}x_3, \tag{3.4}$$

$$o_2 = \sigma(z_2), \tag{3.5}$$

其中，x_i 表示输入层神经元，i 表示该层第 i 个输入，z_j 表示输出层第 j 个神经元对输入加权求和的结果，o_k 表示输出层神经元，k 表示该层第 k 个神经元。此外偏置项 $b = w_{i0}x_0$，其中 $x_0 = 1$。$\sigma(\cdot)$ 表示激活函数，这里采用阈值函数。由于分量表达过于烦琐，将其转化为向量表达，单层感知机的向量表达如下:

$$\boldsymbol{x} = \left[x_0, x_1, x_2, x_3\right]^{\mathrm{T}}, \tag{3.6}$$

$$\boldsymbol{o} = \left[o_1, o_2\right]^{\mathrm{T}}, \tag{3.7}$$

$$\boldsymbol{W} = \begin{bmatrix} w_{10} & w_{11} & w_{12} & w_{13} \\ w_{20} & w_{21} & w_{22} & w_{23} \end{bmatrix}^{\mathrm{T}}, \tag{3.8}$$

$$\boldsymbol{z} = \boldsymbol{W}^{\mathrm{T}}\boldsymbol{x}, \tag{3.9}$$

$$\boldsymbol{o} = \sigma(\boldsymbol{z}). \tag{3.10}$$

其中 $\boldsymbol{x}$ 为输入层，$\boldsymbol{W}$ 为权值矩阵，$\boldsymbol{z}$ 为对输入加权求和的结果，$\boldsymbol{o}$ 为对加权求和结果激活后的输出层。

3.2.2 最小均方算法

感知机的学习算法一般可以使用随机方法或者误差修正方法。学习算法是指把实例或者样本提交给神经网络，神经网络通过迭代自动地学习权值和偏置。学习算法是一个迭代的过程，需要对权值和偏置进行初始化。此外，也可以通过直接求解法求出权值和偏置，如最小二乘法等。本节所讲的最小均方算法是一种典型的误差修正方法。

1960 年，Widrow 和 Hoff 在针对单神经元的自适应滤波器（自适应滤波器是能够根据输入信号自动调整性能进行数字信号处理的离散时间系统）中使用了最小均方（Least-Mean-Square，LMS）算法，也叫作 Delta rule。在上文介绍的感知机中，如果激活函数的输出是类别信息，单个神经元可以被看作一个独立的分类器。如果从自适应滤波器的角度来说，单个神经元可以被看作一个信号处理单元。

一个动力系统有 m 个输入，通过 m 个输入来计算一个输出。这样的系统中的输入和输出可以定义为：

$$\tau : \{\boldsymbol{x}(i), y(i); i = 1, 2, \cdots, n, \cdots\}, \tag{3.11}$$

对第 i 个样本，其中 $\boldsymbol{x}(i) = \left[x_1(i), x_2(i), \cdots, x_m(i)\right]^{\mathrm{T}}$ 为输入，$y(i)$ 是理想输出，$o(i)$ 是实际输出。输入向量可以是一组在均匀时间间隔下的空间快照或者时间序列。输入向量可以是空间快照，即 $\boldsymbol{x}$ 中的这 m 个元素可以代表空间中不同的点；输入向量也可以是时间序列，即在时间上均匀分布的某个刺激信号和其过去 $m-1$ 个刺激信号所组成的集合。

自适应滤波包括两个主要过程。第一个是滤波过程，由输入生成输出，设 $\boldsymbol{w}$ 表示权值，则有：

$$o(i) = \boldsymbol{x}^{\mathrm{T}}(i)\boldsymbol{w}, \tag{3.12}$$

第二个是自适应过程，自动调整权值以减小误差。设 $e(i)$ 表示误差，则有：

$$e(i) = y(i) - o(i), \tag{3.13}$$

通过调整权值 $\boldsymbol{w}$ 来减小误差 $e(i)$, 这里的权值可以视为信号处理中的滤波器。

如何调整 $\boldsymbol{w}$ 来减小 $e(i)$ 则是由导出自适应滤波算法的代价函数所决定的，代价函数有多种，这里给出了其中一种代价函数的定义方式，见式 (3.13)。调整 $\boldsymbol{w}$ 来减小 $e(i)$ 的关键在于选择适当的 $\boldsymbol{w}$ 来最小化代价函数。因此将问题转化为一个无约束的最优化问题。优化目标是求得合适的权值矩阵 $\boldsymbol{w}$，使得代价函数 $\varepsilon(\boldsymbol{w})$ 最小，也就是找到最优解 $\boldsymbol{w}^*$。对代价函数求导之后，最优解的必要条件是其导数为 0，即 $\boldsymbol{w}$ 的取值为一个极值点：

$$\nabla\varepsilon(\boldsymbol{w}^*) = \boldsymbol{0}, \tag{3.14}$$

由梯度的定义

$$\nabla = \left[\frac{\partial}{\partial w_1}, \frac{\partial}{\partial w_2}, \cdots, \frac{\partial}{\partial w_m}\right]^{\mathrm{T}} \tag{3.15}$$

可以得到：

$$\nabla\varepsilon(\boldsymbol{w}^*) = \left[\frac{\partial\varepsilon}{\partial w_1}, \frac{\partial\varepsilon}{\partial w_2}, \cdots, \frac{\partial\varepsilon}{\partial w_m}\right]^{\mathrm{T}}, \tag{3.16}$$

目标是式 (3.16) 为 $\boldsymbol{0}$，从而求解 $\boldsymbol{w}$。可以采用最速下降法来求解。

最速下降法是指沿梯度下降最快的方向更新权值的方法，它具有以下性质：

$$\varepsilon(\boldsymbol{w}^{(n+1)}) < \varepsilon(\boldsymbol{w}^{(n)}), \tag{3.17}$$

即下一次更新之后的误差要小于更新之前的误差。新计算的 $\boldsymbol{w}$ 是基于上一次计算得到的 $\boldsymbol{w}$，继续按照梯度相反的方向进行下降。定义 $\nabla\varepsilon(\boldsymbol{w})$ 为 $\boldsymbol{g}$，那么 $-\boldsymbol{g}^{(n)}$ 是最速下降的方向，即梯度的反方向。那么权值更新算法可以表示为：

$$\boldsymbol{w}^{(n+1)} = \boldsymbol{w}^{(n)} - \eta\boldsymbol{g}^{(n)}, \tag{3.18}$$

其中 η 是学习率或者步长。进一步，权值修改量可以表示为：

$$\Delta\boldsymbol{w}^{(n)} = \boldsymbol{w}^{(n+1)} - \boldsymbol{w}^{(n)} = -\eta\boldsymbol{g}^{(n)}. \tag{3.19}$$

最速下降法实则是一种贪心算法，每一步迭代过程中代价函数都在下降。也存在其他迭代下降法，其基本思想皆为从一个初始权值 $\boldsymbol{w}^{(0)}$ 开始，产生一系列的权值向量或权值矩阵，然后使得代价函数 $\varepsilon(\cdot)$ 在算法的每次迭代中逐渐减小，即每做一次迭代，都要满足式 (3.17)。

分析

经过上述过程获得的 $\Delta\boldsymbol{w}$ 是否满足迭代下降条件，也就是说在最速下降算法中，式 (3.17) 是否成立？下面从理论上分析这个问题。

借助 $f(\boldsymbol{x})$ 在 $\boldsymbol{x}_0$ 处的泰勒一阶展开公式:

$$f(\boldsymbol{x}) \approx f(\boldsymbol{x}_0) + (\nabla f(\boldsymbol{x}_0))^{\mathrm{T}} (\boldsymbol{x} - \boldsymbol{x}_0),$$

对代价函数 $\varepsilon(\boldsymbol{w})$ 在 $\boldsymbol{w}^{(n)}$ 处展开，并代入 $\boldsymbol{w} = \boldsymbol{w}^{(n+1)}$ 得:

$$\varepsilon(\boldsymbol{w}^{(n+1)}) \approx \varepsilon(\boldsymbol{w}^{(n)}) + (\boldsymbol{g}^{(n)})^{\mathrm{T}} \Delta \boldsymbol{w}^{(n)},$$

又有 $\Delta \boldsymbol{w}^{(n)} = -\eta \boldsymbol{g}^{(n)}$，得:

$$\varepsilon(\boldsymbol{w}^{(n+1)}) \approx \varepsilon(\boldsymbol{w}^{(n)}) - \eta(\boldsymbol{g}^{(n)})^{\mathrm{T}} \boldsymbol{g}^{(n)} = \varepsilon(\boldsymbol{w}^{(n)}) - \eta \|\boldsymbol{g}^{(n)}\|^2,$$

η 值一般在 0 到 1 之间，由于 $\eta \|\boldsymbol{g}^{(n)}\|^2$ 非负，因此在学习率相对较小的情况下，有:

$$\varepsilon(\boldsymbol{w}^{(n+1)}) < \varepsilon(\boldsymbol{w}^{(n)}),$$

得证。

最速下降法中，迭代下降条件式 (3.17) 是成立的，保证代价函数随着最速下降法的进行总是在减少。但前提条件是学习率相对较小，一旦学习率特别大，通过计算式 (3.18) 后，虽然 $\varepsilon(\boldsymbol{w}^{(n+1)})$ 变得更小了，但是绝对误差会变得更大，这样反而得不偿失。因此学习率 η 对收敛行为有重要影响，η 太小，会导致收敛太慢；η 较大，会使得解在最优值附近振荡；而 η 过大，则可能出现不收敛现象。因此 η 的选择也是一个值得研究的问题。

由于动力系统是一直连续不断变化的，很难用一个连续变化的东西来定义代价函数，因此一般用瞬时值来代替，即用某个瞬间得到的值来定义代价函数。通过 LMS 计算的代价函数如下:

$$\varepsilon(\boldsymbol{w}) = \frac{1}{2} e^2(\boldsymbol{w}), \tag{3.20}$$

其中，$e(\boldsymbol{w}) = y - o = y - \boldsymbol{x}^{\mathrm{T}} \boldsymbol{w}$。$\varepsilon(\boldsymbol{w})$ 对 $\boldsymbol{w}$ 求偏导，得到:

$$\frac{\partial \varepsilon(\boldsymbol{w})}{\partial \boldsymbol{w}} = e(\boldsymbol{w}) \frac{\partial e(\boldsymbol{w})}{\partial \boldsymbol{w}}, \tag{3.21}$$

代入 $e(\boldsymbol{w}) = y - \boldsymbol{x}^{\mathrm{T}} \boldsymbol{w}$，可得:

$$\frac{\partial e(\boldsymbol{w})}{\partial \boldsymbol{w}} = -\boldsymbol{x}, \frac{\partial \varepsilon(\boldsymbol{w})}{\partial \boldsymbol{w}} = -\boldsymbol{x} e(\boldsymbol{w}), \tag{3.22}$$

将以上公式代入最速下降法式 (3.18) 中，得到:

$$\hat{\boldsymbol{w}}^{(n+1)} = \hat{\boldsymbol{w}}^{(n)} + \eta \boldsymbol{x} e(\boldsymbol{w}^{(n)}), \tag{3.23}$$

其中，$\boldsymbol{x}$ 是输入，$e(\boldsymbol{w}^{(n)})$ 是输出端的误差，通过这种满足迭代条件的调整，完成误差对权值的更新。

需要注意的是，权值更新只针对一个训练样本 $(\boldsymbol{x}(i), y(i))$。这意味着每输入一个样本，权值就更新一次。从这个角度可以对 η 做进一步的分析，$\dfrac{1}{\eta}$ 可以用于度量 LMS 算法的记忆能力。每输入一个样本做一次更新，如果 η 很小，那么意味着权值的更新是很小的，要达到相同的变化幅度，更新次数就更多；η 值越小，LMS 算法要记忆的过去数据就越多，学到的经验也越多，此时 LMS 算法也更精确，但收敛比较慢。

思考

1. **如何初始化权值 $\boldsymbol{w}(0)$?**
2. **除了最速下降法，还有其他的迭代下降法吗?**

---

1. 了解随机初始化、全零初始化、Xavier 初始化和 He 初始化，思考全部初始化为 0 或者初始化为一个很大的值会带来哪些影响。
2. 回忆牛顿法和拟牛顿法。牛顿法是一种用于求解方程的迭代数值方法，也是一种高效的优化方法，常用于求解非线性方程和最优化问题。牛顿法的基本思想是通过不断迭代逼近函数的零点或最优点，利用函数的一阶导数和二阶导数信息来对目标函数做二次函数近似，并通过求解近似模型的零点或最优点来更新当前的迭代解，不断重复这一过程，直到求得满足精度的近似极小值。关于权值初始化和学习算法，将会在第 5 章展开详细讨论。

3.2.3 最小均方算法的优势与缺陷

LMS 的优势在于：非常简单，代码量少，易部署；不依赖于模型，鲁棒性强；在样本分布随时间发生变化的不稳定环境下，LMS 模型仍然是比较好的算法；计算复杂度是线性的，计算复杂度低。

从本质上来说，LMS 是一种低通滤波器，它将输入信号经过低通滤波后输出。它只允许信号中的低频部分通过，从而抑制高频部分的影响。这是从信号处理角度的理解。LMS 的缺陷在于：每次只使用单个样本进行更新，梯度方向不一定符合全局最大梯度；收敛很慢（后文会证明感知机必定收敛），一般需要输入空间维数的 10 倍的迭代次数；对输入 $\boldsymbol{x}$ 的相关矩阵的条件数（也就是矩阵的最大特征值除以最小特征值）敏感，可分为好条件问题和坏条件问题两种情况，对坏条件问题非常敏感；LMS 的可收敛范围定义为

$$0 < \eta < \frac{2}{\lambda_{\max}},$$

其中，η 是学习率，$\lambda_{\max}$ 是最大的特征值。学习率在这个范围内调整，LMS 才可以收敛。

对 LMS 的分析感兴趣的读者可以参考 Simon Haykin 的 *Adaptive Filter Theory (3rd Edition)*，其中有对 LMS 更全面的分析。

3.2.4 将最小均方算法用于感知机

在感知机的更新中，若使用 LMS 的代价函数 $\varepsilon(\boldsymbol{w}) = \frac{1}{2}e^2(\boldsymbol{w})$，依据公式 (3.23) 导出：

$$\Delta \boldsymbol{w}^{(n)} = \boldsymbol{w}^{(n+1)} - \boldsymbol{w}^{(n)} = -\eta \boldsymbol{g}^{(n)} = \eta((y(j) - o(j)^{(n)}))\boldsymbol{x}(j), \tag{3.24}$$

其中，$y(j)$ 是目标，$o(j)^{(n)}$ 是实际的输出。这里的 $\boldsymbol{g}^{(n)}$ 为：

$$\boldsymbol{g}^{(n)} = \nabla\varepsilon(\boldsymbol{w}) = -\boldsymbol{x}(j)e(\boldsymbol{x}(j)) = -\boldsymbol{x}(j)(y(j) - \boldsymbol{x}(j)^{\mathrm{T}}\boldsymbol{w}) = -\boldsymbol{x}(j)(y(j) - o(j)^{(n)}), \tag{3.25}$$

其中，$\boldsymbol{x}(j)(y(j) - o(j)^{(n)})$ 即为误差修正公式。

算法 1 对 LMS 用于感知机的学习过程进行了总结，此次采用批量学习的学习方式，即在训练模型时，一次性将所有样本全部输入。

算法 1 感知机 LMS 学习

1: 初始化迭代计数 $n = 0$
2: 初始化 $d(j) = \begin{cases} +1, & \boldsymbol{x}(j) \in \text{Class 1} \\ -1, & \boldsymbol{x}(j) \in \text{Class 2} \end{cases}, \quad j = 1, 2, \cdots, m$
3: 初始化权值 $\boldsymbol{w}^{\mathrm{T}} = (w_1^{(0)}, w_2^{(0)}, \cdots, w_m^{(0)})$
4: 计算初始目标输出 $\boldsymbol{o}^{\mathrm{T}} = (o(1)^{(0)}, o(2)^{(0)}, \cdots, o(m)^{(0)})$
5: 初始化停止时误差 $\epsilon > 0$
6: 初始化学习率 η
7: **while** $\frac{1}{m}\sum_{j=1}^{m}\left\|y(j) - o(j)^{(n)}\right\| > \epsilon$ **do**
8:     **for** 每个样本 $(\boldsymbol{x}(j), y(j)), j = 1, 2, \cdots, m$ **do**
9:         计算输出 $o(j)^{(n)} = \sigma(\boldsymbol{w}^{\mathrm{T}}(n) \cdot \boldsymbol{x}(j))$

10: 更新权值 $\boldsymbol{w}_i^{(n+1)} = \boldsymbol{w}_i^{(n)} + \eta((y(j) - o(j)^{(n)}))\boldsymbol{x}(j)$
11: **end for**
12: $n = n + 1$
13: **end while**

3.2.5 感知机收敛定理

最早期的感知机只有一层，所以只能处理离散数据，解决线性可分问题。

若问题线性可分，最早期的单层感知机的目标即找到两个类的决策边界，将一系列样本 $\{\boldsymbol{x}(1), \boldsymbol{x}(2), \cdots, \boldsymbol{x}(m)\}$ 正确地分为 C_1 和 C_2 两类，其中 C_1 类的目标输出为 $y = +1$，C_2 类的目标输出为 $y = -1$。假设感知机的实际输出为 o，在第 $n+1$ 轮学习时，若样本分类正确，即当 $x \in C_1$ 且 $(\boldsymbol{w}^{(n)})^{\mathrm{T}}\boldsymbol{x} > 0$ 时，或者当 $x \in C_2$ 且 $(\boldsymbol{w}^{(n)})^{\mathrm{T}}\boldsymbol{x} \leqslant 0$ 时，权重和上一轮保持一致，$\boldsymbol{w}^{(n+1)} = \boldsymbol{w}^{(n)}$；若样本分类错误，则需要针对这些分类错误的样本更新权重，即 $x \in C_1$ 且 $(\boldsymbol{w}^{(n)})^{\mathrm{T}}\boldsymbol{x} \leqslant 0$，$\boldsymbol{w}^{(n+1)} = \boldsymbol{w}^{(n)} + \eta\boldsymbol{x}$，$x \in C_2$ 且 $(\boldsymbol{w}^{(n)})^{\mathrm{T}}\boldsymbol{x} > 0$，$\boldsymbol{w}^{(n+1)} = \boldsymbol{w}^{(n)} - \eta\boldsymbol{x}$。如果两个类是线性可分的，则一定存在一个合适的决策边界将两个类分开。但上述学习规则是否一定能找到一个合适的 $\boldsymbol{w}_0$ 使得感知机能够正确分类样本，也即上述学习算法是否一定能收敛？下面将对感知机的收敛定理进行讨论。

假设类 C_1 和 C_2 是线性可分的。感知机的输入分别来自 C_1 和 C_2 类的子集。假定感知机在 n_0 次学习后收敛，即 $\boldsymbol{w}^{(n_0)} = \boldsymbol{w}^{(n_0+1)} = \boldsymbol{w}^{(n_0+2)} = \cdots$，且 n_0 小于规定的最大收敛次数 $n_{\max}$。若 $\boldsymbol{w}$ 在第 n_0 次之后不再更新，意味着已经找到能将 C_1 和 C_2 分开的 $\boldsymbol{w}$。因为如果没有找到，说明误差仍然存在，只要有误差，$\boldsymbol{w}$ 就会更新。

下面对收敛定理进行证明，也就是证明在迭代 n_0 轮之后，感知机能够收敛，且 $n_0 \leqslant n_{\max}$。在第 0 步，进行初始化：

$$\boldsymbol{w}^{(0)} = \boldsymbol{0}, \tag{3.26}$$

假设在 $n = 1, 2, 3, \cdots$ 时，有：

$$(\boldsymbol{w}^{(n)})^{\mathrm{T}}\boldsymbol{x}^{(n)} < 0, \tag{3.27}$$

其中 $\boldsymbol{x}^{(n)} \in C_1$，即都是分类错误的样本。由于分类错误，所以就要对权值进行更新，感知机中 η 一般设为 1：

$$\boldsymbol{w}^{(n+1)} = \boldsymbol{w}^{(n)} + \boldsymbol{x}^{(n)}, \tag{3.28}$$

在 $n = 1, 2, 3, \cdots$ 每一步都进行更新，因此最终可得：

$$\boldsymbol{w}^{(n+1)} = \boldsymbol{w}^{(0)} + \boldsymbol{x}^{(1)} + \boldsymbol{x}^{(2)} + \boldsymbol{x}^{(3)} + \cdots + \boldsymbol{x}^{(n)} = \boldsymbol{x}^{(1)} + \boldsymbol{x}^{(2)} + \cdots + \boldsymbol{x}^{(n)}, \tag{3.29}$$

由线性可分可知，一定有解 $\boldsymbol{w}_0$ 使得：

$$\alpha = \min_{\boldsymbol{x}^{(n)} \in C_1} \boldsymbol{w}_0^{\mathrm{T}} \boldsymbol{x}^{(n)}, \tag{3.30}$$

对式 (3.29) 两边乘 $\boldsymbol{w}_0^{\mathrm{T}}$ 得：

$$\boldsymbol{w}_0^{\mathrm{T}} \boldsymbol{w}^{(n+1)} = \boldsymbol{w}_0^{\mathrm{T}} \boldsymbol{x}^{(1)} + \boldsymbol{w}_0^{\mathrm{T}} \boldsymbol{x}^{(2)} + \cdots + \boldsymbol{w}_0^{\mathrm{T}} \boldsymbol{x}^{(n)}, \tag{3.31}$$

将式 (3.30) 代入式 (3.31) 中可得：

$$\boldsymbol{w}_0^{\mathrm{T}} \boldsymbol{w}^{(n+1)} \geqslant n\alpha, \tag{3.32}$$

再根据 Cauchy-Schwarz 不等式得：

$$\left\|\boldsymbol{w}_0^{\mathrm{T}}\right\|^2 \left\|\boldsymbol{w}^{(n+1)}\right\|^2 \geqslant [\boldsymbol{w}_0^{\mathrm{T}} \boldsymbol{w}^{(n+1)}]^2, \tag{3.33}$$

将式 (3.32) 代入式 (3.33) 中得：

$$\begin{aligned} \left\|\boldsymbol{w}_0^{\mathrm{T}}\right\|^2 \left\|\boldsymbol{w}^{(n+1)}\right\|^2 &\geqslant n^2\alpha^2, \\ \left\|\boldsymbol{w}^{(n+1)}\right\|^2 &\geqslant \frac{n^2\alpha^2}{\left\|\boldsymbol{w}_0^{\mathrm{T}}\right\|^2}, \end{aligned} \tag{3.34}$$

对式 (3.28)，两边各求欧氏范数得：

$$\left\|\boldsymbol{w}^{(k+1)}\right\|^2 = \left\|\boldsymbol{w}^{(k)}\right\|^2 + \left\|\boldsymbol{x}^{(k)}\right\|^2 + 2(w^{(k)})^{\mathrm{T}} \boldsymbol{x}^{(k)}, \tag{3.35}$$

由式 (3.27) 和式 (3.35) 得：

$$\begin{aligned} \left\|\boldsymbol{w}^{(k+1)}\right\|^2 &\leqslant \left\|\boldsymbol{w}^{(k)}\right\|^2 + \left\|\boldsymbol{x}^{(k)}\right\|^2, \\ \left\|\boldsymbol{w}^{(k+1)}\right\|^2 - \left\|\boldsymbol{w}^{(k)}\right\|^2 &\leqslant \left\|\boldsymbol{x}^{(k)}\right\|^2, \end{aligned} \tag{3.36}$$

对式 (3.36) 利用裂项求和技巧可得：

$$\sum_{k=0}^{n} [\left\|\boldsymbol{w}^{(k+1)}\right\|^2 - \left\|\boldsymbol{w}^{(k)}\right\|^2] \leqslant \sum_{k=0}^{n} \left\|\boldsymbol{x}^{(k)}\right\|^2, \tag{3.37}$$

假设：

$$\boldsymbol{w}^{(0)} = \mathbf{0},$$

$$\boldsymbol{x}^{(0)} = \mathbf{0},$$

则式 (3.37) 可化简为：

$$\left\|\boldsymbol{w}^{(n+1)}\right\|^2 \leqslant \sum_{k=1}^{n} \left\|\boldsymbol{x}^{(k)}\right\|^2, \tag{3.38}$$

定义一个正数：

$$\beta = \max_{\boldsymbol{x}^{(k)} \in C_1} \left\|\boldsymbol{x}^{(k)}\right\|^2, \tag{3.39}$$

将式 (3.39) 代入式 (3.38)，则有：

$$\left\|\boldsymbol{w}^{(n+1)}\right\|^2 \leqslant \sum_{k=1}^{n} \left\|\boldsymbol{x}^{(k)}\right\|^2 \leqslant n\beta, \tag{3.40}$$

结合式 (3.34) 和式 (3.40) 有：

$$\frac{n^2\alpha^2}{\left\|\boldsymbol{w}_0^{\mathrm{T}}\right\|^2} \leqslant \left\|\boldsymbol{w}^{(n+1)}\right\|^2 \leqslant \sum_{k=1}^{n} \left\|\boldsymbol{x}^{(k)}\right\|^2 \leqslant n\beta, \tag{3.41}$$

当存在 $n_{\max}$ 时，等号成立：

$$\frac{n_{\max}^2\alpha^2}{\left\|\boldsymbol{w}_0\right\|^2} = n_{\max}\beta, \tag{3.42}$$

在式 (3.42) 中，对 $n_{\max}$ 求解，得：

$$n_{\max} = \frac{\beta\left\|\boldsymbol{w}_0\right\|^2}{\alpha^2}, \tag{3.43}$$

最终可得结论，对于 $\eta(n) = 1$，$\boldsymbol{w}^{(0)} = \mathbf{0}$ 以及一个权值 $\boldsymbol{w}_0$，权值更新在至多 $n_{\max}$ 步后停止。

这里的 $\boldsymbol{w}_0$ 并不是唯一的。学习的时候并不需要预先知道 $\boldsymbol{w}$ 是什么，只要按照学习算法更新，总可以收敛。多分类问题可以转换成若干个二分类问题，因此该收敛定理可扩展到多分类问题上。

3.3 单层感知机的应用

单层感知机虽然只能解决线性可分的问题，但与单个神经元只能解决多输入–单输出的问题相比，它可以解决多输入–多输出的问题。本节将对单层感知机的应用进行介绍，并用代码的方式进行展示。

3.3.1 用感知机分析健康及收入状况

利用身高（height: cm）、体重（weight: kg）、年龄（age: years）和受教育水平（education level）预测一个人是否存在危害身体健康的肥胖症状（obesity）并预测其收入状况（income level：1000 元/月）（假设该问题线性可分）。

问题的输入维度是 4，输出维度为 2，所以可以构造一个 4×2 的感知机。感知机的输入和输出都是由问题来决定的，问题决定了神经网络的结构和规模。

对该问题进行建模：

- 身高表示为 x_1，体重表示为 x_2，年龄表示为 x_3
- 受教育水平表示为 x_4（其中，0 表示小学及以下，1 表示初中，2 表示高中，3 表示大学及以上）
- 肥胖表示为 y_1（其中，0 表示否，1 表示是）
- 收入情况表示为 y_2（其中，0 表示 $0 \sim 1$，1 表示 $1 \sim 5$，2 表示 $5 \sim 10$，3 表示 >10）
- 样本 $(\boldsymbol{x}, \boldsymbol{y})$, $\boldsymbol{x} = (x_1, x_2, x_3, x_4)$，其中 $x_1, x_2, x_3 \in [0, 200]$，$x_4 \in \{0, 1, 2, 3\}$；$\boldsymbol{y} = (y_1, y_2)$，$y_1 \in \{0, 1\}$，$y_2 \in \{0, 1, 2, 3\}$

如果用一个 4 个输入神经元、2 个输出神经元的感知机来解决这个问题，将会得到图 3.11 所示的模型（隐去了偏置项），图中一共有 4×2 个权值。

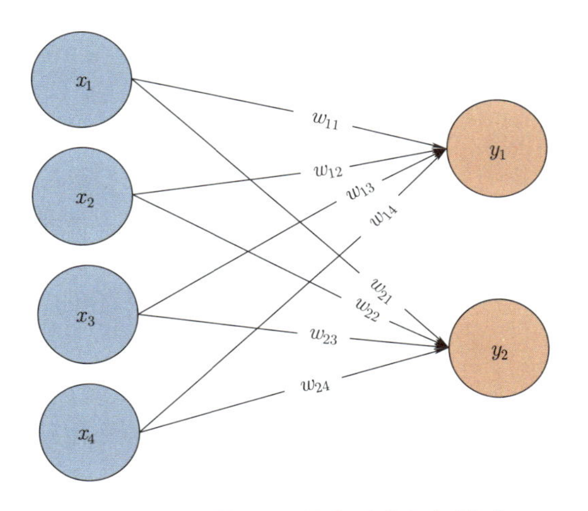

图 3.11 四输入–二输出的感知机模型

假设这个问题是线性可分的，那么根据感知机收敛定理，一定可以找到它的最优解。这其中一共有 8 个权值，每个权值代表什么意思呢？例如可以想象输出 y_1 的权值中与身高和体重相关的权值代表体脂率 BMI，与年龄相关的权值代表是否在生长期等特殊时期。输出 y_2 对应的权值中，与身高和体重相关的权值可以用来判断一个人是否健康，能否工作赚钱；与年龄相关的权值反映是否可以工作，比如儿童是不能去工作的；与受教育水平相关的权值判断收入多少，因为正常情况下受教育水平和收入是呈正相关的，图 3.12 列出了所做的假设。

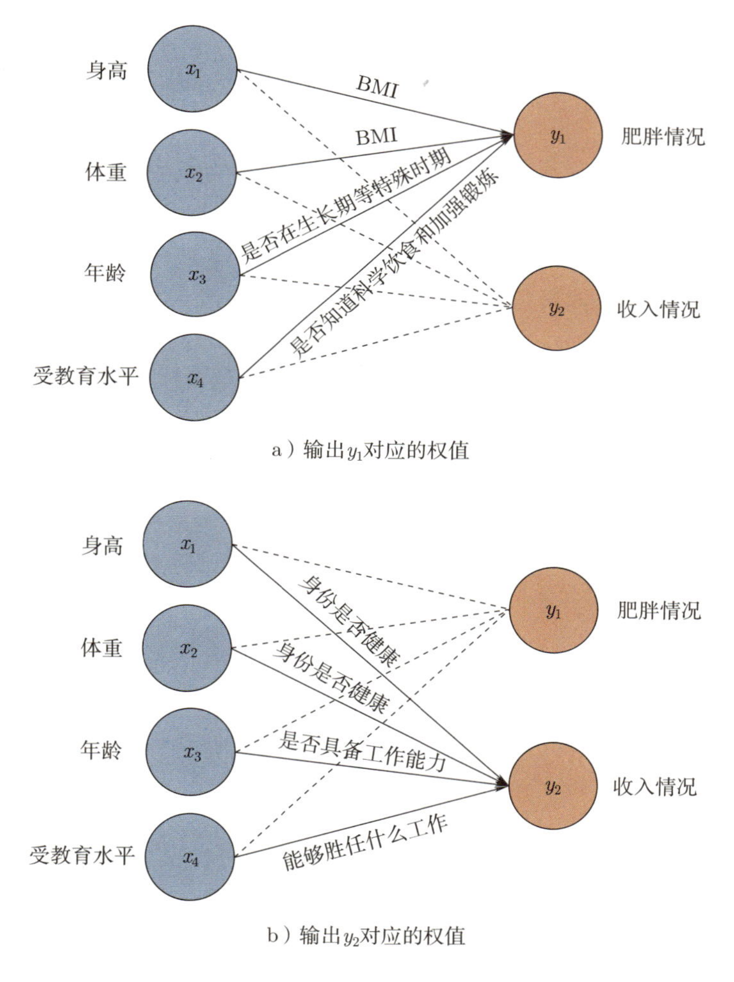

a）输出y_1对应的权值

b）输出y_2对应的权值

图 3.12 权值分析

观察这些权值可以发现，有一些权值可能发挥相同的作用。如果手工设计权值，很可能只会建立一些有先验知识支撑的连接，以及舍弃重复的或不重要的连接。如果能够知道每个权值背后代表的意思，将一些相似的、重复的权值舍弃，也就是进行剪枝，这使神经网络更加轻量化，这种方法在边缘计算领域是非常重要的。

感知机采用的是全连接的连接方式，不再需要先验知识就可以学到一个分类器。即对于某个数据，无须知道其代表身高、体重还是年龄，只需要知道其数值大小，就可学习出合适的感知机以完成任务，但代价是并不知道每个权值具体的代表价值，无法赋予每个权值实际意义。

3.3.2 用感知机求解线性二分类问题

目标：用花萼（sepal）和花瓣（petal）的长度分类花的品种（setosa 和 versicolor）。

数据集：Iris 数据集，来自 UCI Machine Learning Repository（https://archive.ics.uci.edu/ml/machine-learning-databases/iris/iris.data）。

1. 感知机形式求解问题

输入为 m 维，输出为单输出，用 y 表示理想输出，o 表示模型的实际输出，w_0 是偏置，$w_1, w_2, \cdots, w_m$ 是权值。输入加权求和后进入激活函数，得到输出。这是一个最标准的感知机模型，此处将使用这个模型来实现鸢尾花数据集的识别。

权值更新公式如下（LMS 算法）：

$$\Delta w_i^{(j)} = \eta(y^{(j)} - o^{(j)})x_i^{(j)}.$$

权值的各个分量更新公式为：

$$\Delta w_0^{(j)} = \eta(y^{(j)} - o^{(j)}),$$

$$\Delta w_1^{(j)} = \eta(y^{(j)} - o^{(j)})x_1^{(j)},$$

$$\Delta w_2^{(j)} = \eta(y^{(j)} - o^{(j)})x_2^{(j)}.$$

正确分类的权值更新为：

$$\Delta w_i^{(j)} = \eta(-1 - (-1))x_i^{(j)} = 0,$$

$$\Delta w_i^{(j)} = \eta(1 - 1)x_i^{(j)} = 0.$$

错误分类的权值更新为：

$$\Delta w_i^{(j)} = \eta(1 - (-1))x_i^{(j)} = 2\eta x_i^{(j)},$$

$$\Delta w_i^{(j)} = \eta(-1 - 1)x_i^{(j)} = -2\eta x_i^{(j)}.$$

相关的 Python 代码为：

```
import numpy as np


class Perceptron(object):
    def __init__(self, eta=0.01, epochs=50):
        self.eta = eta
        self.epochs = epochs

    def train(self, X, y):
        # 初始化参数
        self.w_ = np.zeros(1 + X.shape[1])
        self.errors_ = []
        for _ in range(self.epochs):
            errors =  0
            # 遍历所有样本
            for xi, target in zip(X, y):
                update = self.eta * (target - self.predict(xi))
                # 更新权值
                self.w_[1:] += update * xi
                self.w_[0] += update
                # 记录误差
                errors += int(update != 0.0)
            self.errors_.append(errors)
        return self.errors_

    def net_input(self, X):
        # 对输入加权求和
        return np.dot(X, self.w_[1:]) + self.w_[0]

    def predict(self, X):
        # 使用阈值函数将求和结果映射到{-1, 1}
        return np.where(self.net_input(X) >= 0.0, 1, -1)
```

思考

权值更新能否使用向量表示来更简洁地写出?

分类的结果见图 3.13a，误差变化见图 3.13b。随着迭代的进行，在迭代 6 次后，误差为 0，已经收敛，找到了图 3.13a 所示的决策边界。该决策边界的特点为，距离红色样本很近，但是距离蓝色样本很远。这是因为单层感知机一旦找到一条决策分界线，就会停止更新。但是这条决策边界线并不一定是最好的，显然图 3.13a 中的决策分界线容错性一般。如果能够找到处于最中间的一条线来作为决策边界，就会具有最好的容错性，这是支持向量机中研究的内容。

2. delta 规则的感知机求解问题

在感知机形式中提到，感知机一旦找到决策边界后就会停止更新，但是这里的目标应该是寻找具有更好容错性的最中间决策边界。因此采用图 3.14 中的 delta 规则的感知机。delta 感知机的关键在于使用了梯度下降的规则。

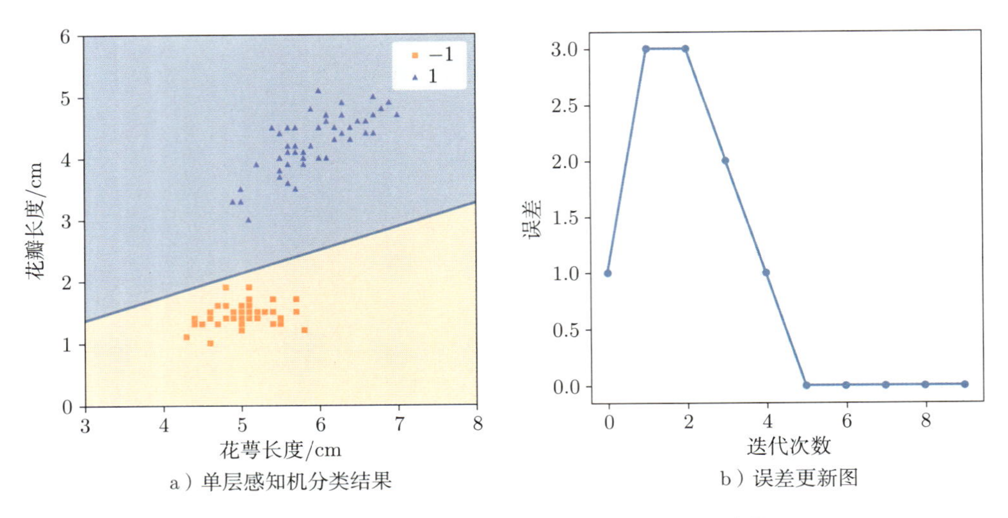

图 3.13　感知机形式求解问题中的分类结果和误差变化

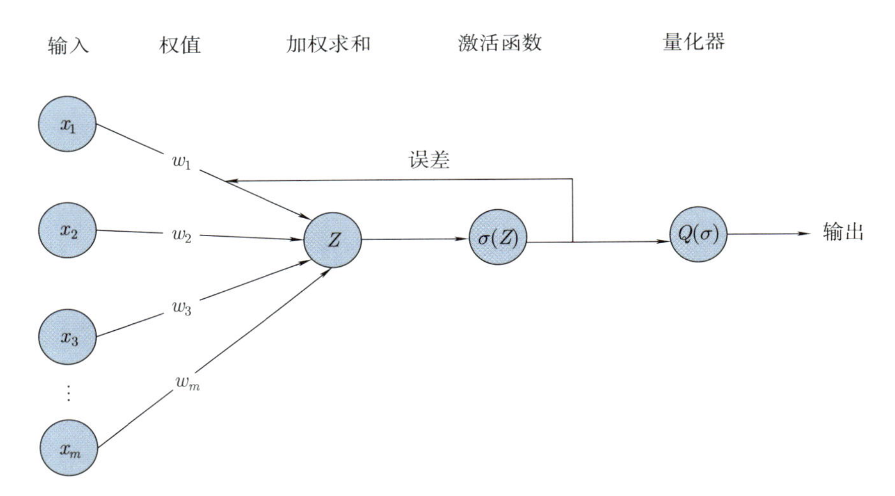

图 3.14　delta 规则的感知机

其关键点在于使用了梯度下降的规则。

首先计算损失函数：

$$\boldsymbol{J}(\boldsymbol{w})=\frac{1}{2}\sum_i(y^{(i)}-o^{(i)})^2,\quad o^{(i)}\in\mathbb{R}.$$

然后计算梯度：

$$\frac{\partial \boldsymbol{J}}{\partial w_j}=\frac{\partial}{\partial w_j}\frac{1}{2}\sum_i(y^{(i)}-o^{(i)})^2$$

$$
\begin{aligned}
&= \frac{1}{2}\sum_i \frac{\partial}{\partial w_j}(y^{(i)} - o^{(i)})^2 \\
&= \frac{1}{2}\sum_i 2(y^{(i)} - o^{(i)})\frac{\partial}{\partial w_j}(y^{(i)} - o^{(i)}) \\
&= \sum_i (y^{(i)} - o^{(i)})\frac{\partial}{\partial w_j}(y^{(i)} - \sum_j w_j x_j^{(i)}) \\
&= \sum_i (y^{(i)} - o^{(i)})(-x_j^{(i)}),
\end{aligned}
$$

$$
\Delta w_j = -\eta\frac{\partial \boldsymbol{J}}{\partial w_j} = -\eta\sum_i (y^{(i)} - o^{(i)})(-x_j^{(i)}) = \eta\sum_i (y^{(i)} - o^{(i)})x_j^{(i)}.
$$

接下来代入更新：

$$
\boldsymbol{w} := \boldsymbol{w} + \Delta\boldsymbol{w}.
$$

相关的 Python 代码为：

```
import numpy as np


class AdalineGD(object):
    def __init__(self, eta=0.01, epochs=50):
        self.eta = eta
        self.epochs = epochs

    def train(self, X, y):
        # 初始化权值
        self.w_ = np.zeros(1 + X.shape[1])
        self.cost_ = []
        for _ in range(self.epochs):
            # 同时更新所有样本
            output = self.net_input(X)
            errors = y - output
            # 更新权值
            self.w_[1:] += self.eta * X.T.dot(errors)
            self.w_[0] += self.eta * errors.sum()
            # 记录误差
            cost = (errors**2).sum() / 2.0
            self.cost_.append(cost)
        return self

    def net_input(self, X):
        # 对输入加权求和
        return np.dot(X, self.w_[1:]) + self.w_[0]

    def predict(self, X):
        # 使用阈值函数将求和结果映射到{-1, 1}
        return np.where(self.net_input(X) >= 0.0, 1, -1)
```

delta 感知机与感知机形式求解问题中的感知机的区别在于：

- 输出 output 是一个实数，而不是之前所用的一个类别标签（±1）。
- 权值更新直接作用于所有样本，而不同于之前的逐个样本更新，这种方法也叫作“批量梯度下降”（batch gradient descent）。

分类的结果见图 3.15a，误差变化见图 3.15b。可以看出这里的误差是随着迭代次数逐渐减小，并且误差的变化比较平滑，与感知机模型求解问题中突变的误差变化差别很大。这种方法找到的决策边界处于中间的位置，具有比较好的容错性。

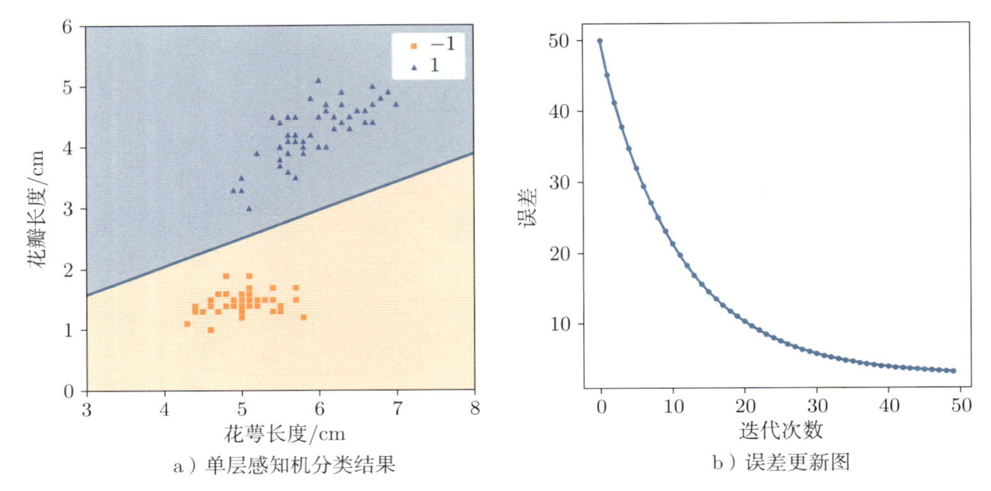

a）单层感知机分类结果 b）误差更新图

图 3.15 delta 感知机求解问题中的分类结果和误差变化

3.3.3 多输入–多输出的线性三分类问题

目标：分别在以 $(0,0),(1,3),(3,1)$ 这三个点为中心、协方差矩阵为 $\begin{bmatrix} 0.1 & 0 \\ 0 & 0.1 \end{bmatrix}$ 的二维高斯分布中各采样 100 个点作为数据集，使用单层感知机将其分为 3 类。

通过分析可以得知，可以使用如图 3.16 所示的单层感知机模型进行分类，其中输入为二维（偏置不计入），输出为三维。每个输出神经元负责将一类样本与其他两类样本分开。例如对于类别 1 的样本，第一个输出神经元的输出应为 1；而其对于类别 2、3 的样本，其输出应为 −1。其他输出神经元以此类推，例如对于类别 2 的样本，三个输出神经元的输出应分别为 −1、1、−1。

为简单起见，可以直接使用三个感知机形式求解问题部分代码中的单输出感知机实现与三输出感知机相同的效果。分类的结果见图 3.17a，误差变化见图 3.17b。随着迭代的进行，在迭代 5 次后，误差为 0，已经收敛，找到了将三类样本分开的决策边界。

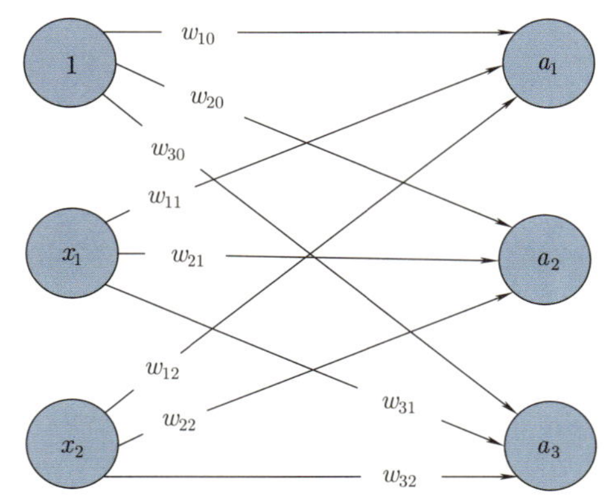

图 3.16 三输出单层感知机

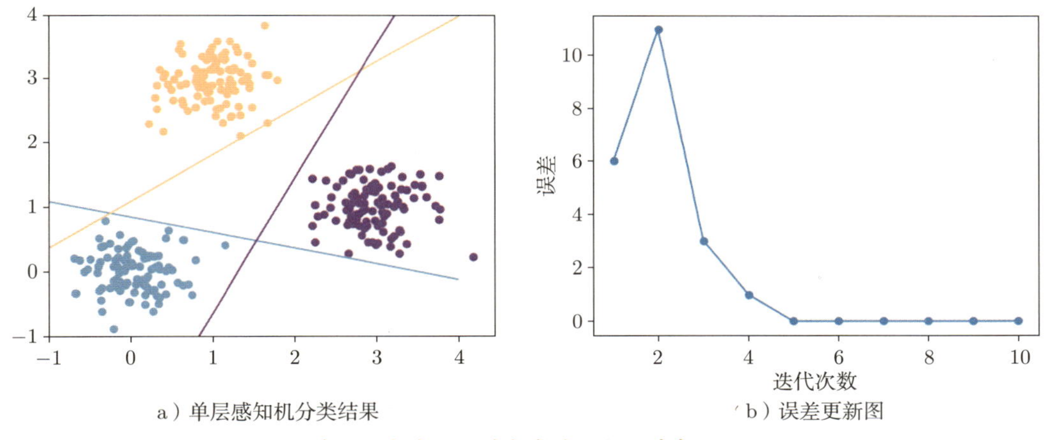

a）单层感知机分类结果　　b）误差更新图

图 3.17 线性三分类问题的分类结果和误差变化

> **思考**
>
> **为什么可以直接使用三个单输出感知机（实现方式见感知机形式求解问题部分代码）替代本例中的三输出感知机？**
>
> 可以从参数、结构等方面进行分析。

3.4 小结

本章从单个神经元过渡到多个神经元连接的感知机，在此基础上介绍了神经元不同的连接方式。之后介绍了单层感知机的发展历史，阐述了其结构、数学表达及学习算法，并证明了感知机的收敛定理。最后通过三个示例进一步加强了对单层感知机的理解。

练习

1. 简述神经元连接的不同方式以及作用。
2. 简述神经元扩展的方式以及使用场景。
3. 一个电子门为双输入（x_0, x_1）双输出（y_0, y_1），其真值表如下所示，设计一个能实现该电子门的单层感知机。

x_0	x_1	y_0	y_1
0	0	0	0
1	0	0	1
0	1	0	1
1	1	1	1

4. 了解感知机权值不同的初始化方法。
5. 最小均方算法的代价函数式（3.20）相比于式（3.13）有何优势?
6. 思考 LMS 算法的优劣势，以及对应改进措施。
7. 思考对 Iris 的完整数据集，输入和输出神经元的个数该如何设计。
8. 使用 delta 感知机对数据进行分类，正例 $(3,3),(4,3)$，负例 $(1,1),(2,-1)$。
9. 试证明若一个二分类数据集中正实例点集所构成的凸壳与负实例点集构成的凸壳互不相交，则感知机可在该数据集上收敛。其中点集 S 的凸壳的定义为封闭 S 中所有顶点的最小凸多边形。

稍事休息

Bernard Widrow 和 Marcian Hoff 在 1960 年代提出的一种线性神经网络模型——Adaline（adaptive linear neuron，自适应线性神经元）。Adaline 是感知机的一种改进版本，引入了连续值输出和线性激活函数的概念，使其适用于更广泛的应用领域。

Adaline 的核心思想是通过权重和输入特征的线性组合来计算输出。与感知机的结构类似，Adaline 也有权重、阈值和偏置，但不同的是，Adaline 使用“线性激活函数”这样的恒等函数来传递线性组合的结果，而不像感知机一样使用阶跃函数等激活函数进行非线性变换。Adaline 在训练时通常使用均方误差作为损失函数，使用梯度下降算法来最小化预测输出与实际输出之间的误差。

Adaline 适用于回归问题、连续值预测任务、二元分类问题和自适应滤波器领域的信号处理、错误消除、控制系统等。Adaline 虽然只能解决线性可分问题，但它的出现在神经网络的发展中起到了重要的作用，也为后续更复杂的神经网络模型的发展奠定了基础。

第 4 章　多层感知机

单层感知机结构简单，无法解决线性不可分问题，因此需要引入多层感知机。本章首先介绍单层感知机的局限性，接着引入了基于单层感知机拓展得到的多层感知机，然后对多层感知机的基本概念和学习机制进行详细阐述，并在此基础上对多层感知机进行深入分析，最后介绍多层感知机的相关应用。

4.1　引入隐藏层的必要性

4.1.1　单层感知机的局限

单层感知机无法解决线性不可分问题，例如图 4.1 中的异或问题。其内在原因是单层感知机只有输入层和输出层，缺乏一个中间层来对输入模式进行内部表示。为解决非线性问题，可以通过增加网络层数来变相增加输入的维度，从而使输入在高维空间中线性可分。增加网络层数不仅可以解决异或问题，而且在其他复杂问题上也具有很好的非线性分类效果，如图 4.2 所示。网络层数的增加为神经网络提供了更大的灵活性，但同时导致网络参数数量的增加，因此单层感知机的学习方法不再适用于多层感知机。

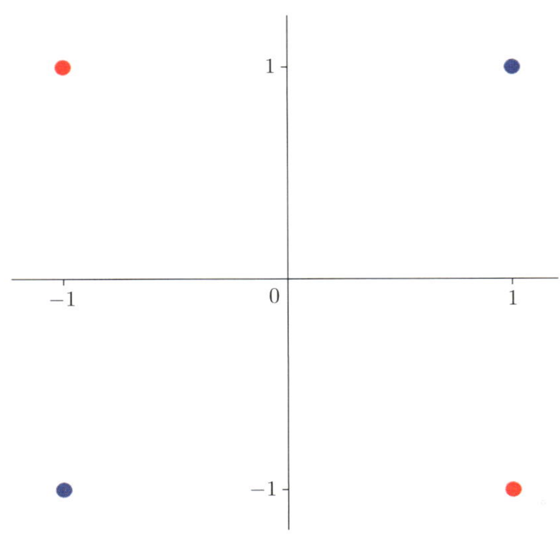

图 4.1　异或问题表示

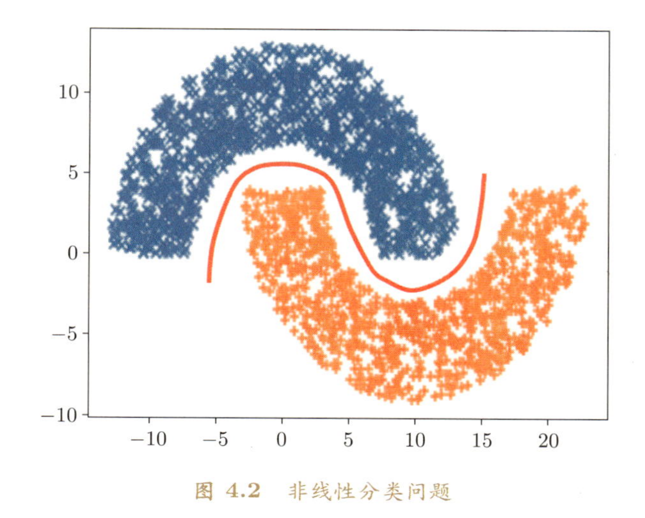

图 4.2 非线性分类问题

4.1.2 单隐藏层神经网络

在单层感知机的输入层和输出层之间增加一个中间层，可以得到一个单隐藏层神经网络，输入层和输出层之间的中间层被称为隐藏层，单隐藏层神经网络如图 4.3 所示。

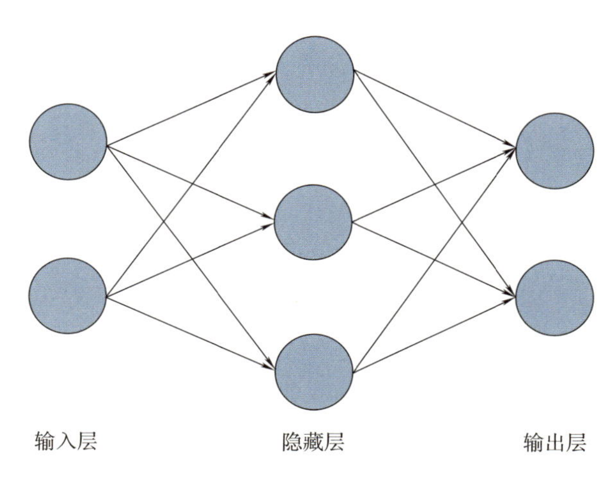

图 4.3 单隐藏层神经网络

在图 4.3 所示的神经网络中，所有信号向前传播，这种网络也被称为前馈神经网络。在图 4.3 中，输入和输出皆为二维数据，引入隐藏层之后，参数量将增加至 12 个，可以表示更复杂的函数。由输入层二维数据到隐藏层三维数据的转换，其实是中间层对输入数据提取特征的过程，因此隐藏层起到了特征检测的作用。从信号处理的角度，隐藏层接收输入层的信号并进行处理，再发送至输出层，起到了信号接收、处理与转发的作用。与单层感知机相比，多层感知机的模型结构更为复杂，参数量增加，模型的训练时间和成本也急剧上升。

隐藏层的意义一方面在于它可以通过特征抽取的方式改变数据的维度，将输入数据抽象到另一维度的空间中，使得输入数据在另一维度空间中得到拟合。另一方面，隐藏层可以通过引入非线性变换来拟合非线性关系，在隐藏层中的每个神经元都可以使用一个非线性激活函数来引入非线性性质，从而更好地拟合复杂的函数关系。

此外，隐藏层既可以将低维数据转化为高维数据，从而让原始线性不可分的数据在高维空间线性可分；同时也可以将高维数据转化为低维数据，以达到去除冗余的作用。

4.1.3 单隐藏层神经网络的数学表示

本节以图 4.3 中的单隐藏层神经网络为例，给出其数学表示。

节点集合：

$$V_G = V^{(0)} \cup V^{(1)} \cup V^{(2)}\ , \tag{4.1}$$

其中 $V^{(0)}$、$V^{(1)}$ 和 $V^{(2)}$ 分别表示输入层、隐藏层和输出层的节点集合。

连接矩阵:

$$\boldsymbol{W}^{(l)}(l=1,2)\ , \tag{4.2}$$

其中 $W^{(l)}$ 为 $V^{(l-1)} \rightarrow V^{(l)}$ 的连接强度矩阵。

输入域：

$$\mathrm{IF}: V^{(0)} = \{v_i^{(0)} | i=1,2,\cdots,n\}(n=2)\ , \tag{4.3}$$

其中 $v_i^{(0)} \in \mathbb{R}$ 表示输入层中的第 i 个节点。

输出域：

$$\mathrm{OF}: V^{(2)} = \{v_i^{(2)} | i=1,2,\cdots,m\}(m=2)\ , \tag{4.4}$$

其中 $v_i^{(2)} \in \mathbb{R}$ 表示输出层中的第 i 个节点。

神经网络：

$$\varPhi : \mathrm{IF} \rightarrow \mathrm{OF}\ , \tag{4.5}$$

神经网络可以看作从输入层到输出层的一个映射函数。

4.1.4 多隐藏层

单个隐藏层可以对输入特征进行一次特征抽取，如果有多个隐藏层就能对输入特征进行多次抽取，图 4.4 展示了含有三个隐藏层的全连接神经网络。在该神经网络中，第一个隐藏层提取了人脸图像中的边缘特征；第二个隐藏层联合了边缘特征，提取了物体的形状特征；第三个隐藏层再联合边缘和形状的特征，提取人脸数据的整体特征。事实上，所有层之间都是全连接的神经网络对输入数据的局部特征提取并不出色，神经网络设计师为此设计出卷积神经网络，可有效地提取输入特征中的局部特征。

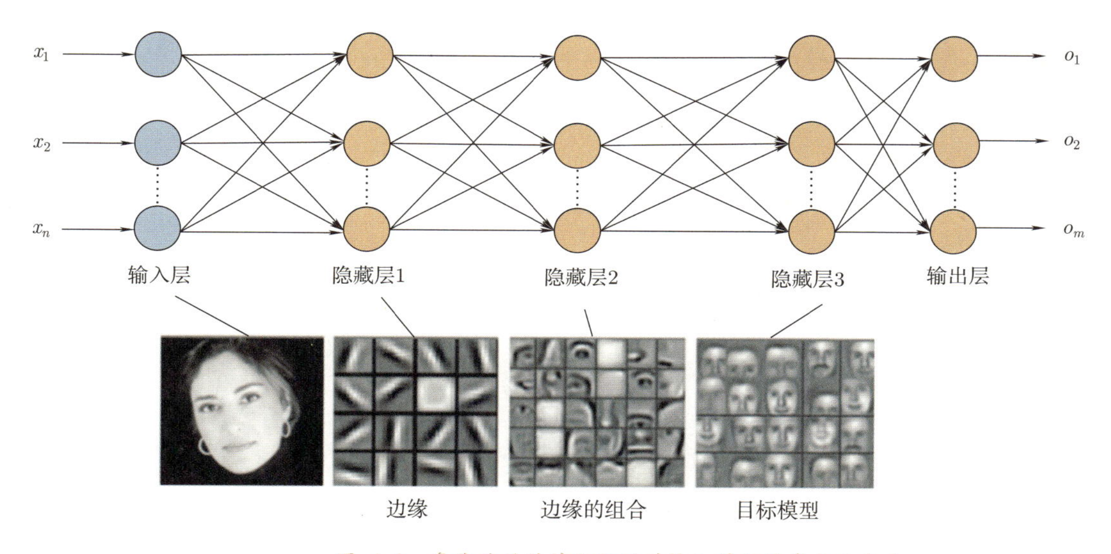

图 4.4 多隐藏层的神经网络对输入特征的多层次表示

4.2 多层感知机的基本概念

多层感知机（Multilayer Perceptron，MLP）是至少有一个隐藏层的神经网络，具有以任意精度逼近输入数据和输出数据之间任意非线性关系的能力。图 4.5 展示了一个多层感知机的拓扑结构，在这种层级结构中，各神经元分别属于不同的层，层内无连接，相邻两层之间的神经元两两相连，每个神经元模型包含一个可微的非线性激活函数。相比于单层感知机，多层感知机更深层的网络所表达的数学形式更复杂，可以通过多个非线性变换将输入数据映射到高维空间中，从而学习非线性关系，拟合更复杂的分布。

4.2.1 多层感知机的数学表示

可以使用分量、向量以及矩阵这三种形式来表达神经元的输入：

分量形式：

$$y_i = x_1 w_{1i} + x_2 w_{2i} + \cdots + x_n w_{ni} \ , \tag{4.6}$$

其中 y_i 代表第 i 个神经元对输入的整合，x_i 表示上一层的第 i 个神经元节点的特征，w_{ij} 表示上一层的第 i 个节点到该层第 j 个节点的连接强度，n 表示上一层所含神经元数量。

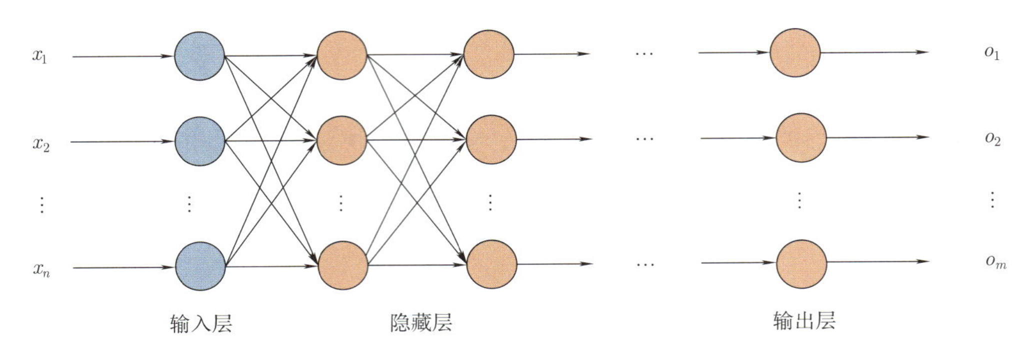

图 4.5　多层感知机结构示例

向量形式：

$$\boldsymbol{y} = \boldsymbol{W}^{\mathrm{T}}\boldsymbol{x}\ , \tag{4.7}$$

其中 $\boldsymbol{y}$ 代表该层所有神经元对输入的整合，$\boldsymbol{x}$ 表示上一层所有神经元的特征，$\boldsymbol{W}$ 表示上层神经元到该层神经元的连接强度矩阵。由公式 (4.6) 可知，$\boldsymbol{W}$ 需要经过转置再与向量 $\boldsymbol{x}$ 相乘。

矩阵形式：

$$\begin{bmatrix} y_1 \\ \vdots \\ y_n \end{bmatrix} = \begin{bmatrix} w_{11} & \cdots & w_{1n} \\ \vdots & & \vdots \\ w_{n1} & \cdots & w_{nn} \end{bmatrix}^{\mathrm{T}} \begin{bmatrix} x_1 \\ \vdots \\ x_n \end{bmatrix}\ . \tag{4.8}$$

上式中，w_{ij} 表示上一层的第 i 个节点到该层第 j 个节点的连接强度，x_i 表示上一层的第 i 个神经元节点的特征。以含有一层隐藏层的 L-M-N 神经网络（输入层有 L 个神经元，隐藏层有 M 个神经元，输出层有 N 个神经元）为例，如图 4.6 所示。

该神经网络的输入层到隐藏层的权值矩阵为：

$$\boldsymbol{W}^{(1)} \quad = \begin{bmatrix} w_{11}^{(1)} & w_{12}^{(1)} & \cdots & w_{1M}^{(1)} \\ w_{21}^{(1)} & w_{22}^{(1)} & \cdots & w_{2M}^{(1)} \\ \vdots & \vdots & & \vdots \\ w_{L1}^{(1)} & w_{L2}^{(1)} & \cdots & w_{LM}^{(1)} \end{bmatrix}_{L\times M}\ , \tag{4.9}$$

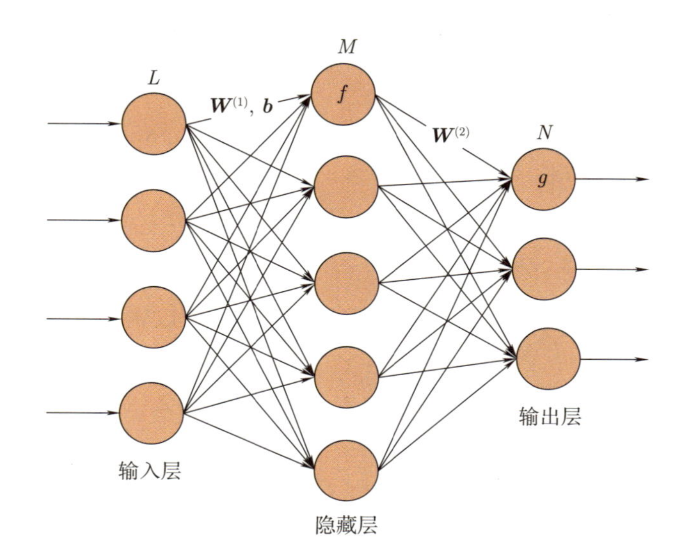

图 4.6 单隐藏层的 L-M-N 神经网络

其偏置为：

$$\boldsymbol{b} = (b_1, b_2, \cdots, b_M) \ , \tag{4.10}$$

隐藏层到输出层的权值矩阵为：

$$\boldsymbol{W}^{(2)} = \begin{bmatrix} w_{11}^{(2)} & w_{12}^{(2)} & \cdots & w_{1N}^{(2)} \\ w_{21}^{(2)} & w_{22}^{(2)} & \cdots & w_{2N}^{(2)} \\ \vdots & \vdots & & \vdots \\ w_{M1}^{(2)} & w_{M2}^{(2)} & \cdots & w_{MN}^{(2)} \end{bmatrix}_{M\times N} , \tag{4.11}$$

假设输出层神经元无偏置，输入层的数据输入为：

$$\boldsymbol{x} = (x_1, x_2, \cdots, x_L)^{\mathrm{T}} \ , \tag{4.12}$$

则第 m 个隐藏层神经元的输入为：

$$r_m = \sum_{l=1}^{L} w_{lm}^{(1)} x_l + b_m \qquad m = 1, 2, \cdots, M \ , \tag{4.13}$$

输出为：

$$o_m^{(1)} = f(r_m) \qquad m = 1, 2, \cdots, M \ , \tag{4.14}$$

第 n 个输出神经元的输入为：

$$s_n = \sum_{m=1}^{M} w_{mn}^{(2)} o_m^{(1)} \qquad n = 1, 2, \cdots, N \ , \tag{4.15}$$

输出为：

$$o_n^{(2)} = g(s_n) \qquad n = 1, 2, \cdots, N \ , \tag{4.16}$$

代入公式 (4.13) 至公式 (4.16)，第 n 个输出神经元可以表示为：

$$o_n^{(2)} = g(\sum_{m=1}^{M} w_{mn}^{(2)} f(\sum_{l=1}^{L} w_{lm}^{(1)} x_l + b_m)) \quad n = 1, 2, \cdots, N \ , \tag{4.17}$$

f 表示隐藏层神经元的激活函数，g 表示该输出神经元的激活函数。

将神经网络各层的输入和输出用向量表示为：

$$\boldsymbol{r} = (r_1, r_2, \cdots, r_M)^{\mathrm{T}} \ , \boldsymbol{s} = (s_1, s_2, \cdots, s_N)^{\mathrm{T}} \ , \boldsymbol{o}^{(2)} = (o_1^{(2)}, o_2^{(2)}, \cdots, o_N^{(2)})^{\mathrm{T}} \ , \tag{4.18}$$

网络的计算过程可表示为：

$$\boldsymbol{r} = \boldsymbol{W}^{(1)\mathrm{T}} \boldsymbol{x} + \boldsymbol{b} \ , \boldsymbol{o}^{(1)} = f(\boldsymbol{r}) \ , \boldsymbol{s} = \boldsymbol{W}^{(2)\mathrm{T}} \boldsymbol{o}^{(1)}, \boldsymbol{o}^{(2)} = g(\boldsymbol{s}) \ , \tag{4.19}$$

$$\boldsymbol{o}^{(2)} = g(\boldsymbol{W}^{(2)\mathrm{T}} f(\boldsymbol{W}^{(1)\mathrm{T}} \boldsymbol{x} + \boldsymbol{b})) \ . \tag{4.20}$$

4.2.2 多层感知机的运行

本节将介绍多层感知机的运行过程，即在已知神经网络权值参数的条件下，分析数据在网络中的传输过程。以图 4.7 中的单个隐藏神经元为例，运行过程可分为加权输入、非线性处理以及网络输出三部分。

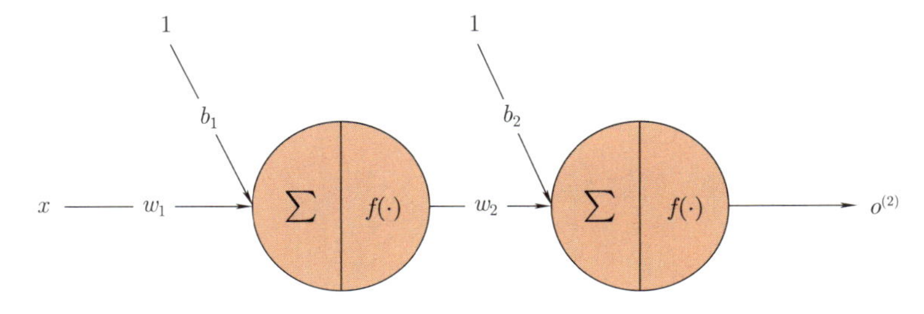

图 4.7 单个隐藏神经元网络

（1）加权输入：

$$r = b_1 + w_1 x \ , \tag{4.21}$$

权值 w_1 决定输入 x 与 r 的线性关系，b_1 可以认为是除了 x 外的所有不显式包含在模型里的输入影响，也即偏置。

（2）非线性处理：

加权的输入传递给非线性函数 f，即激活函数，以 Sigmoid 函数为例，如图 4.8 所示，则有：

$$o^{(1)} = f(r) = \frac{1}{1+\mathrm{e}^{-r}} = \frac{1}{1+\mathrm{e}^{-(b_1+w_1x)}}\ , \tag{4.22}$$

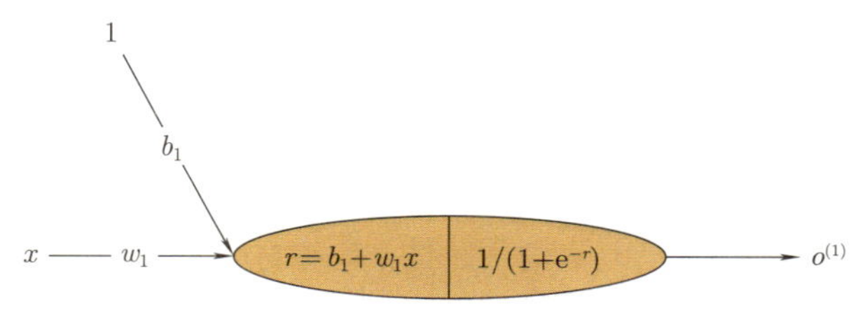

图 4.8 非线性处理

可通过调整权值，使得输入和输出间具有不同的非线性关系。

（3）网络输出：

$$s = b_2 + w_2o^{(1)} = b_2 + w_2f(b_1+w_1x)\ ,$$

$$o^{(2)} = g(s) = g(b_2+w_2f(b_1+w_1x)) = \frac{1}{1+\mathrm{e}^{-(b_2+w_2f(b_1+w_1x))}}\ . \tag{4.23}$$

g 是输出层的激活函数，这里同样以 Sigmoid 函数为例，二分类任务中常用 Sigmoid 函数作为输出层的激活函数。单一神经元的拟合能力是有限的，可以通过增加隐藏神经元的数目或隐藏层的层数来提高网络的拟合能力。在训练时，可对每个神经元分别调整权值，共同拟合期望函数。同时，激活函数可将网络中的信号限制在一定范围，更符合计算机的运算与存储机制。

4.2.3 示例：异或问题

本节通过实际的例子来解释多层感知机的运行过程。在图 4.9 所示的神经网络中，权值已经确定，可以通过该网络来解决异或问题，图 4.9b 为其分类区域。

分析该模型在不同输入下的输出，其中 f_1 和 f_2 表示模型隐藏层的两个神经元对应的激活函数，f_3 表示模型输出层神经元对应的激活函数，其计算为：

$$f_n(u) = \begin{cases} 1, & u \geqslant 0 \\ 0, & u < 0 \end{cases}.$$

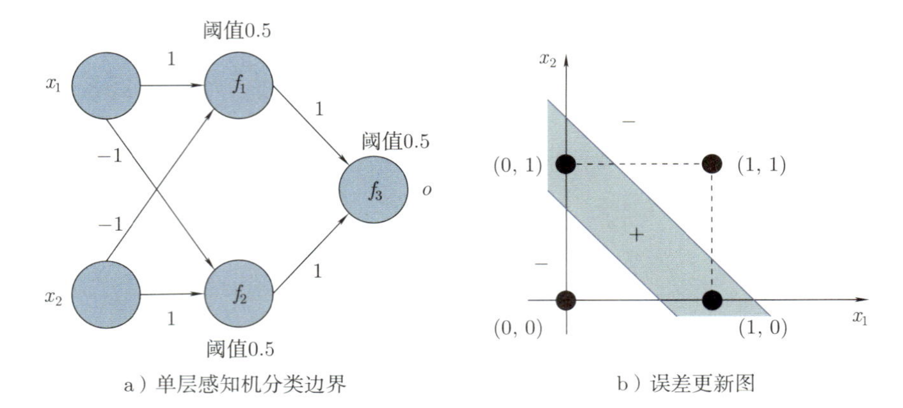

a）单层感知机分类边界　　b）误差更新图

图 4.9 异或问题

输入为 (0, 0) 时：

$$f_1(0 \times 1 + 0 \times -1 - 0.5) = 0\ ,$$

$$f_2(0 \times -1 + 0 \times 1 - 0.5) = 0\ ,$$

$$o = f_3(0 \times 1 + 0 \times 1 - 0.5) = 0\ .$$

输入为 (1, 0) 时：

$$f_1(1 \times 1 + 0 \times -1 - 0.5) = 1\ ,$$

$$f_2(1 \times -1 + 0 \times 1 - 0.5) = 0\ ,$$

$$o = f_3(1 \times 1 + 0 \times 1 - 0.5) = 1\ .$$

输入为 (0, 1) 时：

$$f_1(0 \times 1 + 1 \times -1 - 0.5) = 0\ ,$$

$$f_2(0 \times -1 + 1 \times 1 - 0.5) = 1\ ,$$

$$o = f_3(0 \times 1 + 1 \times 1 - 0.5) = 1\ .$$

输入为 (1, 1) 时：

$$f_1(1 \times 1 + 1 \times -1 - 0.5) = 0\ ,$$

$$f_2(1 \times -1 + 1 \times 1 - 0.5) = 0\ ,$$

$$o = f_3(0 \times 1 + 0 \times 1 - 0.5) = 0\ .$$

4.2.4 示例：双月模型

在 $r = 10, w = 6$ 且 $d = -4$ 的双月模型中，分别使用单层感知机和多层感知机来对双月模型进行拟合，拟合效果见图 4.10。

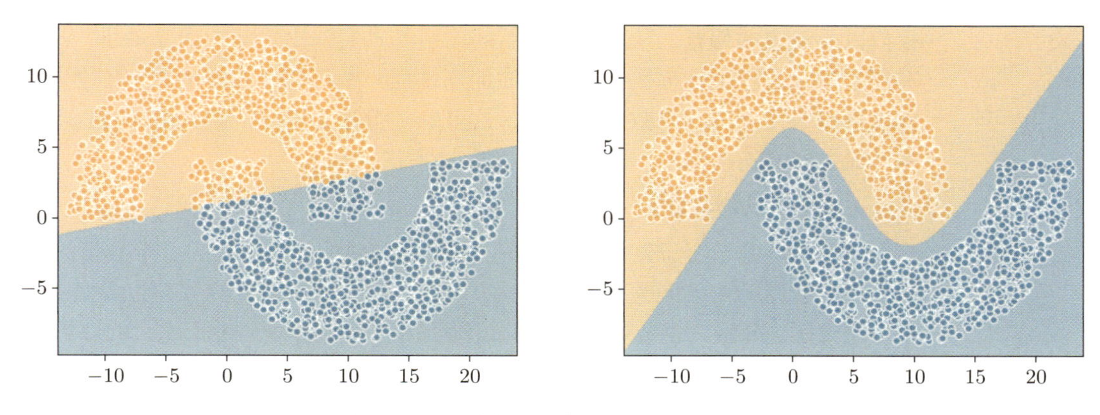

图 4.10 使用单层感知机（左）与多层感知机（右）对双月模型进行拟合

在双月模型中，$d = -4$ 代表双月之间有一个负的垂直偏移，因此，该双月模型的形状不是线性可分的。当采用单层感知机进行拟合时，由于无法找到一条直线将双月正确分离，使得线性分隔变得更加困难，此时无法获得较好的拟合效果；当采用多层感知机进行拟合时，可以通过适当调整隐藏层的神经元和激活函数来捕捉双月模型中的非线性特征，此时可获得较好的拟合效果。

4.3 多层感知机的学习

上一节介绍了多层感知机的基本概念。神经网络中最关键的部分在于如何获得参数，即神经网络的学习过程。本节主要介绍多层感知机的学习，分为以下几个部分：学习过程的基本原理、梯度下降法、反向传播算法、BP 算法的深入分析及优化。

4.3.1 基本原理

1. 学习的动机

与单层感知机相比，多层感知机最少含有一个隐藏层，这意味着其神经元的数目会比单层感知机更多。随着深度学习的流行，网络层数不断加深，多层感知机的神经元数目也越来越多。如果仍然采用早期 MP 神经元模型手工设计参数的方式，构建一个多层感知机需要耗费大量的时间和精力。此外，对于网络结构复杂的深度神经网络而言，逐个手工设计神经元的参数复杂度高，难以实现。因此，在神经元个数很多的情况下，必须通过学习的方式才能求得参数。

2. 学习的目标

学习的目标本质上是得到神经网络的参数，即网络中各神经元之间连接的权值以及对应的偏置，从而使得最后的输出与真实输出之间的误差最小。这里提到的学习过程也被称作神经网络的训练过程。事实上，人类世界中的学习过程也可以看作训练“参数”的过程，这里的“参数”就是人类大脑中神经元和神经元之间的连接强度。

3. 学习的基本思路

一种基本的学习思路是直接求解法，将求参数的问题转换为一个数学问题，即线性方程组的求解问题。求解线性方程组时需要考虑是否存在解以及解是否唯一的情况，并且在参数数目很多的情况下，直接求解法会带来庞大的计算量，所以直接求解法并不是目前神经网络学习或训练的主流思想。

第二种方法叫作迭代法，是更广为流传的一种方法。它的基本思路是：首先给所求权值赋一个初始值 $w^{(0)}$，然后通过计算更新为 $w^{(1)}$，再次计算更新为 $w^{(2)}$，一直重复这个过程，不断进行更新，直到得到一个 $w^{(n)}$。当 n 趋近于无穷时，$w^{(n)}$ 趋近于 $w^{(*)}$，这时可以称其达到收敛，具体的过程如式 (4.24) 所示：

$$w^{(0)} \to w^{(1)} \to w^{(2)} \to \cdots \to w^{(n)}, \qquad n \to \infty \text{ 时 } w^{(n)} \to w^{(*)}, \tag{4.24}$$

当 $w^{(i)}$ 中 $i \to \infty$，$w^{(i)}$ 收敛到 $w^{(*)}$ 时，其值保持不变，$w^{(*)}$ 被称作不动点。可以将上述表达式简单理解为:

$$w^{(i+1)} \leftarrow g(w^{(i)}), \qquad 1 \leqslant i \leqslant n, \tag{4.25}$$

其中 g 是一个迭代函数，可以看作学习算法。随着 i 趋近于无穷大，$w^{(i+1)}$ 和 $w^{(i)}$ 都将趋近于 $w^{(*)}$，原式变为:

$$w^{(*)} = g(w^{(*)}). \tag{4.26}$$

该迭代函数就到达了不动点，不需要继续进行迭代。在实际学习中，不一定能找到这样的不动点，所以一般在迭代时会事先确定一个迭代次数 n，当达到迭代次数或到达不动点时就终止迭代。与直接求解法将问题转化为求解线性方程组相似，迭代法把网络学习的过程转换为设计迭代函数的过程，当迭代函数确定后，相应的参数就能够通过迭代计算得到。

上述两种方法就是学习的基本思想，无论一个神经网络用什么样的方法来学习参数，基本都可以归结到这两类方法中。

4. 误差表示方式

在多层感知机中，最初的权值 $w^{(0)}$ 可以设置为任意值，按迭代法的思路理解，网络每处理一个输入数据，都将得到的实际输出与期望输出进行比较，它们之间的差值被称为误差。这里给出两种常用的误差表示方式，均方误差（Mean Square Error，MSE）和平均绝对误差（Mean Absolute Error，MAE）。其中 y_i 和 o_i 表示第 i 个神经元的期望输出和实际输出，N 是数据的总数。

$$\mathrm{MSE} = \frac{1}{N}\sum_{i=1}^{N}(y_i - o_i)^2, \tag{4.27}$$

$$\mathrm{MAE} = \frac{1}{N}\sum_{i=1}^{N}|y_i - o_i|. \tag{4.28}$$

MSE 和 MAE 是最常用的两种误差表示方法。这样的“误差”实际上有很多不同的说法，例如代价函数、误差函数、目标函数、损失函数等，无论哪种叫法，误差的表示方式实质上都是一个函数。根据不同的目标，会定义出不同的损失函数，从而影响整个网络的参数学习过程。在现阶段的神经网络研究中，很多研究者不对网络架构进行调整，而是对最后的损失函数进行调整，从而通过不同的函数反过来影响整个网络的学习。

5. 学习算法的主要步骤

整个学习算法可以归纳成以下五步：

（1）从样本集合中取一个样本 (x, y)；

（2）计算出网络的实际输出 o；

（3）计算误差 $e = y - o$；

（4）根据 e 调整每层的权值矩阵 $\boldsymbol{W}$ 和偏置向量 $\boldsymbol{b}$；

（5）对每个样本重复上述过程，直到对整个样本集来说，所有样本预测正确或误差不超过规定范围。

前两步可以理解为信号的前馈过程，通过信号的向前传播计算出网络的实际输出 o，第三步和第四步可以理解为误差的反馈过程，通过求得的误差反过来调整 $\boldsymbol{W}$ 和 $\boldsymbol{b}$，所以通常将多层感知机的训练算法称为信号前馈和误差反馈这两个过程。本节的学习算法思路、各步骤的意义和第 2 章讨论的“基于误差的学习”相同，但具体的权值调整方法存在区别，将在后文详述。

思考

以上过程中有哪些地方可以进一步研究？

- 取样过程。如何取样，是按顺序取，还是随机取样？
- 计算网络的实际输出。如何计算，如何设计激活函数，如何整合结果？
- 计算误差。如何定义损失函数？
- 调整权值矩阵和偏置矩阵。如何调整（本节重点学习的内容）？
- 重复上述过程。如何重复，是将整个样本集进行一轮计算后再进行重复还是单独针对每一个样本进行重复直到预测正确为止？换句话说，是按批量方式去重复还是按在线的方式去重复？

6. 批量学习和在线学习

在多层感知机的训练过程中，往往并不是像上述所讲的一样，每次仅从样本集中取一个样本进行计算，而是取一批样本进行计算，一批样本的具体数目根据样本集的总数进行定义。这种学习模式被称为批量学习（batch learning），而一次只学习一个样本的模式叫作在线学习（online learning），下面简单讨论一下两者之间的差异。

批量学习指在一批样本都计算完毕后，再进行权值的调整，具有高效性和稳定性的优点，同时具备统计推断的能力，适用于非线性的回归问题，但对存储要求较高。在计算过程中，批量学习可以通过并行化加速模型的训练，特别是使用 GPU 等硬件进行加速，使得训练更加高效。在训练时，还需要将这一批样本的中间计算结果都保存起来，因此对存储具有一定的要求。批量处理数据能够从整体的角度来统计推断数据的性质，根据这个特性，一般将批量学习运用在非线性回归问题中，对数据各部分进行统计分析。最后，通过将训练数据分批次输入模型，可以降低数据噪声对模型的影响，从而使训练过程更加稳定。

与批量学习相对应的是在线学习，在线学习每计算一个样本便调整一次权值。学习过程采用随机采样的方法，不容易陷入局部极值点，既能从冗余性中获利，也能追踪训练数据微小的改变，且对存储要求更低。在足够大量随机选取的初始条件下，在线学习能够得到一个总体平均的学习曲线，这里的学习曲线是指以学习次数为 x 轴，误差为 y 轴的图像，随着学习次数的增加，误差不断下降。因为选取样本的方式不同，所以批量学习和在线学习的学习曲线也不同。一般把在线学习看作一种随机方法，在足够大量随机选取的条件下，修改参数造成的影响都是很平均的，并且不容易陷入局部极值点，但前提是要对数据进行足够大量的随机选取。由于每次只学习一个样本，不需要像批量学习一样存储大量的中间过程。相较于批量处理样本这种集体行为，学习单个样本能够观察到数据本身一些小的改变，对数据的微小特性更加敏感，并且能够从冗余性中获利。当然，在线学习也存在一定的缺陷，比如违背了操作的并行性，所花费的时间较长。

4.3.2 感知机学习与逼近方法的数学分析

在介绍具体的梯度下降法之前，先从数学的层面对学习算法进行详细分析，以图 4.5 中的多层感知机为例，假定该多层感知机中输入层节点数为 L，中间层节点数为 M，输出层节点数为 N，输入层到隐藏层之间的权值矩阵为 $\boldsymbol{W}^{(1)}$，偏置向量为 $\boldsymbol{b}$, 隐藏层到输出层之间的权值矩阵为 $\boldsymbol{W}^{(2)}$，不带偏置。隐藏层激活函数为 f，输出层激活函数为 g。关于多层感知机的数学表达已在前面的章节中详细叙述，这里直接采用相关表达来对多层感知机的学习算法进行推导。

1. 插值问题

假定已知 P 个样本，用向量 $\left(\boldsymbol{x}^{(i)}, y^{(i)}\right)$ 表示，其中 $i=1,2,\cdots,P$，$\boldsymbol{x}$ 表示样本的特征，y 表示样本的标签，要求通过学习得到神经元之间的连接矩阵 $\boldsymbol{W}^{(1)}, \boldsymbol{W}^{(2)}, \boldsymbol{b}$ 使得样本的实际输出 $\boldsymbol{z}: \boldsymbol{z}^{(i)} \approx y^{(i)}$，此式严格相等是最理想的情况。

根据上述假设，从网络输入层到隐藏层的传递过程实际上就是对加权和的计算，再将加权和通过隐藏层本身的激活函数，最终获得隐藏层第 m 个神经元的输出：

$$f\left(\sum_{l=1}^{L} w_{lm}^{(1)} x_l^{(i)} + b_m\right), \tag{4.29}$$

从隐藏层到输出层的传递过程与上述过程相似，只是此时不需要再加上偏置 $\boldsymbol{b}$，那么网络的实际输出如下：

$$g\left\{\sum_{m=1}^{M} w_{mn}^{(2)} f\left(\sum_{l=1}^{L} w_{lm}^{(1)} x_l^{(i)} + b_m\right)\right\}, \tag{4.30}$$

在理想的情况下：

$$g\left\{\sum_{m=1}^{M} w_{mn}^{(2)} f\left(\sum_{l=1}^{L} w_{lm}^{(1)} x_l^{(i)} + b_m\right)\right\} = y_n^{(i)}, \qquad \begin{array}{l} n=1,\cdots,N, \\ i=1,\cdots,P. \end{array} \tag{4.31}$$

回顾 4.3.1 节提到的直接求解法，可以将输出层的 N 个神经元和 P 个样本的组合看作 $N \times P$ 个非线性方程组，该方程组共包含 $M \times L + N \times M + M$ 个未知数，分别构成神经元之间的连接矩阵 $\boldsymbol{W}^{(1)}, \boldsymbol{W}^{(2)}, \boldsymbol{b}$, 直接求解该方程组即可得到多层感知机的参数。但由于实际求解过程相当复杂，所以直接求解并不是一个很好的办法。

从几何的角度分析，因为理想情况下严格要求实际输出等于样本的标签（理想输出），所以求解神经网络参数的问题就相当于对 P 个样本点进行插值，即严格要求神经网络函数经过所有的样本点，这时的神经网络也被称为**插值器**。

2. 一致逼近问题

在实际应用中，由于过拟合问题的存在，很少将学习过程当作插值问题来看待，而是仅仅希望能够拟合这些样本点，并且允许存在一定范围内的误差。误差定义为：

$$\begin{aligned}&e_n\left(\boldsymbol{W}^{(1)},\boldsymbol{W}^{(2)},\boldsymbol{b};\boldsymbol{x}^{(i)}\right)\\&=\left|y_n^{(i)}-g\left(\sum_{m=1}^{M}w_{mn}^{(2)}f\left(\sum_{l=1}^{L}w_{lm}^{(1)}x_l^{(i)}+b_m\right)\right)\right|,\quad \begin{array}{l}n=1,\cdots,N,\\ i=1,\cdots,P,\end{array}\end{aligned} \tag{4.32}$$

上式中将实际输出与理想输出的绝对值误差记作 $e_n\left(\boldsymbol{W}^{(1)},\boldsymbol{W}^{(2)},\boldsymbol{b};\boldsymbol{x}^{(i)}\right)$，若按直接表示法要求严格相等，则

$$e_n\left(\boldsymbol{W}^{(1)},\boldsymbol{W}^{(2)},\boldsymbol{b};\boldsymbol{x}^{(i)}\right)=0, \tag{4.33}$$

但现在不再要求严格相等，而允许存在一定的误差。定义误差的容许界限为 $e_n^{(i)}$，即可得到下式：

$$e_n\left(\boldsymbol{W}^{(1)},\boldsymbol{W}^{(2)},\boldsymbol{b};\boldsymbol{x}^{(i)}\right)\leqslant e_n^{(i)},\quad \begin{array}{l}n=1,\cdots,N,\\ i=1,\cdots,P.\end{array} \tag{4.34}$$

这里的 N 仍然是输出层神经元的维数，P 是样本的个数。在实际操作过程中，通常使用一个共同的容许误差 $e=e_n^{(i)}$ 代替每一个分量的容许误差。

从几何角度分析，此时求解神经网络的过程不再要求函数经过所有的样本点，而是在容许一定误差的前提下尽量逼近样本点，这时的神经网络被称为**一致逼近器**。

3. 最小二乘逼近问题

在绝对误差的基础上再进行均方计算就得到了均方误差，定义均方误差为：

$$E\left(\boldsymbol{W}^{(1)},\boldsymbol{W}^{(2)},\boldsymbol{b};\boldsymbol{x}^{(i)}\right)=\frac{1}{2}\sum_{n=1}^{N}\left\{e_n\left(\boldsymbol{W}^{(1)},\boldsymbol{W}^{(2)},\boldsymbol{b};\boldsymbol{x}^{(i)}\right)\right\}^2, \tag{4.35}$$

此时求解神经网络参数可以转换为优化下式：

$$
\begin{aligned}
&\min_{(\boldsymbol{W}^{(1)},\boldsymbol{W}^{(2)})}\sum_{i=1}^{P}E\left(\boldsymbol{W}^{(1)},\boldsymbol{W}^{(2)},\boldsymbol{b},\boldsymbol{x}^{(i)}\right)\\
=&\min_{(\boldsymbol{W}^{(1)},\boldsymbol{W}^{(2)})}\frac{1}{2}\sum_{i=1}^{P}\sum_{n=1}^{N}\left\{e_n\left(\boldsymbol{W}^{(1)},\boldsymbol{W}^{(2)},\boldsymbol{b};\boldsymbol{x}^{(i)}\right)\right\}^2,
\end{aligned}
\tag{4.36}
$$

再将公式 (4.30) 代入上式并展开可以得到：

$$
\begin{aligned}
&\min_{(\boldsymbol{W}^{(1)},\boldsymbol{W}^{(2)})}\sum_{i=1}^{P}E\left(\boldsymbol{W}^{(1)},\boldsymbol{W}^{(2)},\boldsymbol{b},\boldsymbol{x}^{(i)}\right)\\
=&\min_{(\boldsymbol{W}^{(1)},\boldsymbol{W}^{(2)})}\frac{1}{2}\sum_{i=1}^{P}\sum_{n=1}^{N}\left[y_n^{(i)}-g\left\{\sum_{m=1}^{M}w_{mn}^{(2)}f\left(\sum_{l=1}^{L}w_{lm}^{(1)}x_l^{(i)}+b_m\right)\right\}\right]^2.
\end{aligned}
\tag{4.37}
$$

上述均方误差问题通常被称为最小二乘问题，在这种情况下，神经网络被称为**最小二乘逼近器**。通过上述三个例子可以发现不同的定义方式使得神经网络具有不同的意义。

4. 最小最大逼近问题

在一致逼近问题的条件下，通常希望共同的容许误差 e 尽可能小，于是一致逼近问题可以转化为：

$$
\min_{(\boldsymbol{W}^{(1)},\boldsymbol{W}^{(2)},\boldsymbol{b})}\max_{n,i}e_n\left(\boldsymbol{W}^{(1)},\boldsymbol{W}^{(2)},\boldsymbol{b};\boldsymbol{x}^{(i)}\right).\tag{4.38}
$$

这里的最大指的是误差中的最大值，而最小指的是希望误差的最大值尽可能小，求解神经网络参数就可以视为一个最小最大逼近问题。此时，神经网络被称为**最小最大逼近器**。

5. 其他表示方式

与一致逼近问题相似，最小二乘问题也可做进一步的转化，改写的表达式如下：

$$
\min_{(\boldsymbol{W}^{(1)},\boldsymbol{W}^{(2)},\boldsymbol{b})}\max_{i}E\left(\boldsymbol{W}^{(1)},\boldsymbol{W}^{(2)},\boldsymbol{b};\boldsymbol{x}^{(i)}\right),\tag{4.39}
$$

也可以改写为以下形式：

$$
\min_{(\boldsymbol{W}^{(1)},\boldsymbol{W}^{(2)},\boldsymbol{b})}\sum_{i=1}^{p}\max\left\{E\left(\boldsymbol{W}^{(1)},\boldsymbol{W}^{(2)},\boldsymbol{b},\boldsymbol{x}^{(i)}\right)-e^{(i)},0\right\},\tag{4.40}
$$

上述式子表示当计算得到的均方误差大于容许误差时，将这部分均方误差累积起来求一个最小值，若样本计算出的均方误差本身小于容许误差，则不做处理。

还可以改写成以下形式，表示仅对大于均方误差的最大的样本误差进行优化，其余不做处理：

$$\min_{(\boldsymbol{W}^{(1)},\boldsymbol{W}^{(2)},\boldsymbol{b})} \max_{i} \max\left\{E\left(\boldsymbol{W}^{(1)},\boldsymbol{W}^{(2)},\boldsymbol{b};\boldsymbol{x}^{(i)}\right)-e^{(i)},0\right\}. \tag{4.41}$$

通过上述分析不难发现，设计不同的损失函数会对网络参数 $(\boldsymbol{W}^{(1)},\boldsymbol{W}^{(2)},\boldsymbol{b})$ 产生不同的影响。例如，均方误差在输入值距中心值较远时会产生较大的梯度，因此对异常值更加敏感，不够稳健；而绝对误差虽然梯度稳定，但是在中心点处无法求导，不方便求解。

4.3.3 梯度下降法

梯度下降法是最经典的神经网络学习算法之一。反向传播算法在梯度下降法的思想上运用了一些数学技巧，因此为了更好地理解反向传播算法，本节对梯度下降法做简单分析。

1. 梯度下降法的概念

梯度下降法是一种求全局最小的常用方法。以图 4.11 为例来对梯度下降法的基本过程进行说明。图 4.11 是一个三维函数的单极值优化问题，求解极值点的过程可以看作一个下山的过程，无论从什么地方开始，只要从最陡峭的方向向下走，就能够到达最终的最低点，也就是它的极值点。而函数中最陡峭的方向就是梯度的方向，梯度实际就是多元函数的微分：从函数图像角度解释，梯度即某点的切线的斜率；从数学角度解释，梯度即函数的变化率。

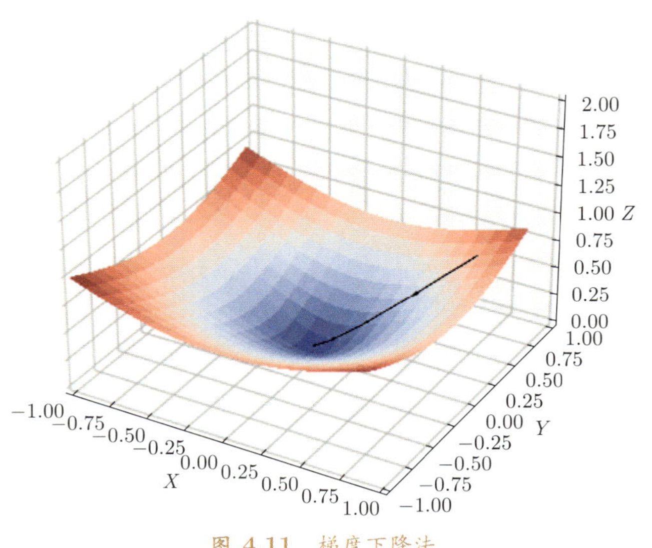

图 4.11 梯度下降法

在单变量的函数中，梯度就是函数的微分，代表着函数在某个给定点的切线的斜率。而在多变量函数中，梯度是一个向量，向量有方向，梯度的方向就指出了函数在给定点上升最快的方向，而优化时需要朝着下降最快的方向，也就是负梯度的方向，所以梯度下降法需要在梯度上加上负号。

2. 梯度下降法的基本公式

梯度下降法的基本公式为：

$$\Theta^{(1)} = \Theta^{(0)} - \alpha \nabla J(\Theta), \tag{4.42}$$

这里的 J 是关于 Θ 的函数，也就是前面提到的损失函数。当前所处位置为 $\Theta^{(0)}$，即起始点，目标是从起始点走到 J 的最小值处，也就是山底。首先确定前进的方向为梯度的反方向 $-\nabla J(\Theta)$，然后走一段距离的步长 α，就到达了点 $\Theta^{(1)}$。

在实际的梯度下降过程中，α 被称为学习率或步长，意味着可以通过 α 来控制每一步走的距离。α 的选择不当会导致无法正常学习。见图 4.12，α 太小可能导致迟迟走不到最低点或无法跳出局部极小点；α 太大可能导致错过最低点，无法稳定收敛。

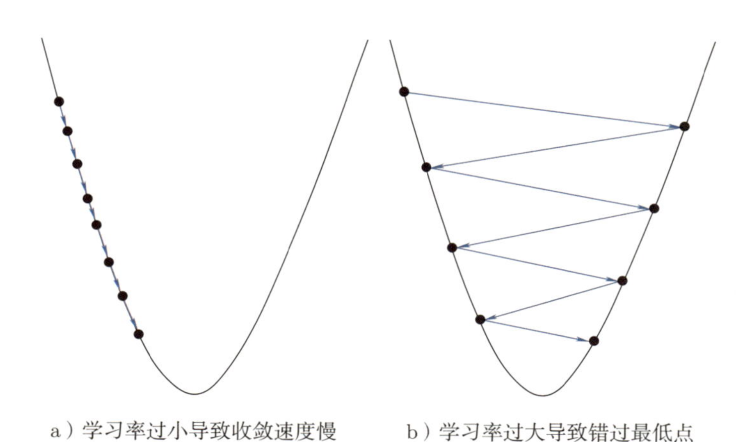

a）学习率过小导致收敛速度慢　　b）学习率过大导致错过最低点

图 4.12　学习率分析

如今，学习率的选择已经成为一个专门的领域，许多科研工作都围绕如何挑选合适的学习率而展开，本书将在第 5 章中对学习率进行详细的分析。

3. 示例: 给定函数的梯度下降

在了解梯度下降法的概念及基本公式后，本节通过讲解两个简单的示例来进一步理解梯度下降法。

设单变量函数为 $J(\theta) = \theta^2$，假设起点 $\theta^0 = 1$，学习率 $\alpha = 0.4$。函数的梯

度为 $J'(\theta)=2\theta$，根据梯度下降公式 $\Theta^{(1)}=\Theta^{(0)}-\alpha\nabla J(\Theta)$，迭代过程为：

$$
\begin{aligned}
&\theta^{(0)}=1,\\
&\theta^{(1)}=\theta^{0}-\alpha\times J'\left(\theta^{0}\right)=1-0.4\times 2=0.2,\\
&\theta^{(2)}=\theta^{1}-\alpha\times J'\left(\theta^{1}\right)=0.2-0.4\times 0.4=0.04,\\
&\theta^{(3)}=0.008,\\
&\theta^{(4)}=0.0016.
\end{aligned}
$$

示意图见图 4.13。

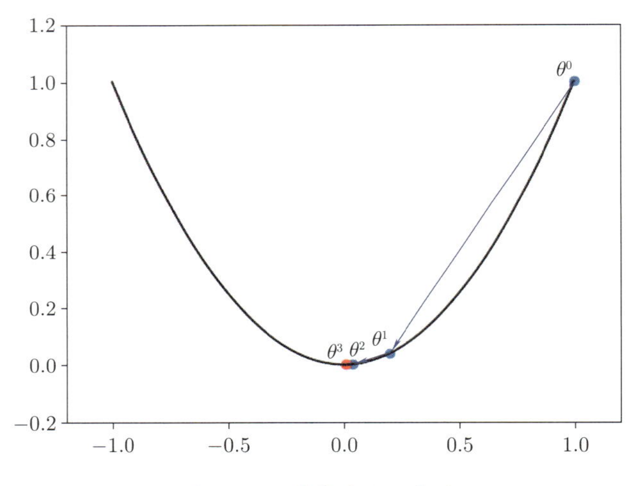

图 4.13 迭代过程示意图

设多变量函数为 $J(\Theta)=\theta_1^2+\theta_2^2$，假设起点 $\Theta^{(0)}=(1,3)$，学习率 $\alpha=0.1$。函数梯度为 $\nabla J(\Theta)=\langle 2\theta_1,2\theta_2\rangle$，根据梯度下降的公式 $\Theta^{(1)}=\Theta^{(0)}-\alpha\nabla J(\Theta)$，迭代过程为:

$$
\begin{aligned}
&\Theta^{(0)}=(1,3),\\
&\Theta^{(1)}=\Theta^{0}-\alpha\nabla J(\Theta)=(1,3)-0.1\times(2,6)=(0.8,2.4),\\
&\Theta^{(2)}=(0.8,2.4)-0.1\times(1.6,4.8)=(0.64,1.92),\\
&\Theta^{(3)}=(0.512,1.536),\\
&\Theta^{(4)}=(0.4096,1.2288),\\
&\quad\cdots
\end{aligned}
$$

4. 误差函数的表示方式

在梯度下降法中，最常见的误差计量方式为：

$$E=\frac{1}{2}(Y-O)^2. \tag{4.43}$$

此时，梯度下降法需要遵循两个原则：

（1）每次更新权值矩阵 $\boldsymbol{W}$，都应该使得误差 E 下降，或使得权值矩阵 $\boldsymbol{W}$ 向最优解靠近，如果误差无法下降，就终止对于权值的更新。

（2）希望能够以最快的速度找到最优解。

误差 E 对于权值矩阵 $\boldsymbol{W}$ 的梯度如下所示，其中 $\boldsymbol{b}$ 为偏置向量，f 为激活函数：

$$\frac{\partial E}{\partial \boldsymbol{W}}=\frac{\partial\left(\frac{1}{2}(Y-O)^2\right)}{\partial \boldsymbol{W}}=(Y-O)\frac{\partial(Y-O)}{\partial \boldsymbol{W}}=(Y-O)\frac{\partial(Y-f(\boldsymbol{W}^{\mathrm{T}}\boldsymbol{X}+\boldsymbol{b}))}{\partial \boldsymbol{W}}, \tag{4.44}$$

权值矩阵 $\boldsymbol{W}$ 的更新应该沿着梯度相反的方向进行：

$$\Delta\boldsymbol{W}=-\alpha\frac{\partial E}{\partial \boldsymbol{W}}=\alpha(Y-O)f'(\boldsymbol{W}^{\mathrm{T}}\boldsymbol{X}+\boldsymbol{b})\boldsymbol{X}, \tag{4.45}$$

同理，对于偏置向量 $\boldsymbol{b}$ 也可以做同样的分析，得到：

$$\frac{\partial E}{\partial \boldsymbol{b}}=-(Y-O)f'(\boldsymbol{W}^{\mathrm{T}}\boldsymbol{X}+\boldsymbol{b}), \tag{4.46}$$

$$\Delta\boldsymbol{b}=-\alpha\frac{\partial E}{\partial \boldsymbol{b}}=\alpha(Y-O)f'(\boldsymbol{W}^{\mathrm{T}}\boldsymbol{X}+\boldsymbol{b}). \tag{4.47}$$

4.3.4 反向传播算法

由于单层感知机只能解决线性可分问题，不适用于大部分场景，因此学习能力更强的多层感知机应运而生。但随着层数的增加，网络参数越来越多，此时继续使用单层感知机的学习规则来学习多层感知机是比较困难的。本节探讨利用反向传播算法来学习多层前馈神经网络模型的参数。反向传播算法的学习过程包含了正向传播和反向传播两个过程，其中正向传播的是信息，反向传播的是误差。

输入信息通过输入层、隐藏层并最终传向输出层的过程叫作正向传播。输出层最后得到的结果可能与期望的输出之间存在误差，常以误差的均方和作为目标函数。选择不同的目标函数，神经网络最终的学习结果也不同，因此要根据实际应用问题选择不同的目标函数。

在得到误差后，就进入反向传播的阶段。反向传播实际上就是误差从输出层反过来逐层经过隐藏层传播到输入层的过程。在反向传播的过程中，逐层求出目标函数对各神经元权值的偏导数，构成目标函数对权值向量的梯度，进而更新权值。对于每个神经元上的权值，按照以下两步进行更新：

（1）基于误差推导出权值的梯度 $\dfrac{\partial E}{\partial w}$。

（2）将梯度乘以学习率并取负后加到原权值上，即

$$\Delta w = -\alpha \frac{\partial E}{\partial w}, \tag{4.48}$$

$$w \leftarrow w + \Delta w. \tag{4.49}$$

这本质上就是梯度下降法，将误差进行反向传播，整个网络的学习在更新权值的过程中完成。当误差达到 0 或者小于某个阈值 ϵ 时，网络学习结束。

1. BP 算法过程

下面以图 4.14 中的多层感知机为例来描述反向传播算法的具体计算过程，该例的输入 $\boldsymbol{x} = (x_1, x_2)$ 有两维。多层感知机中神经元的细节如图 4.15 所示，图中神经元左半部分对输入与权值加权求和得到 z，右半部分对 z 激活后输出。下面将对前向传播、反向传播以及权值更新这三个过程进行详细的描述。

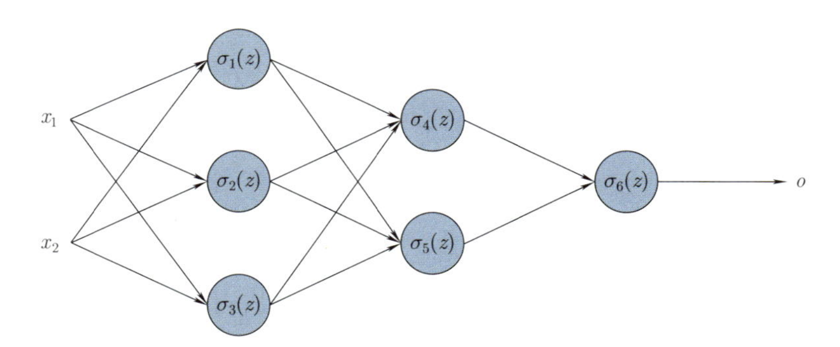

图 4.14 示例网络

前向传播阶段

前向传播阶段从训练集中的两个输入信号开始，在这个阶段（见图 4.16）可以确定每个网络层中的每个神经元的输出信号值。其中 $w_{(x_m)n}$ 代表网络输入 x_m 和神经元 n 之间的连接权值，o_n 代表神经元 n 的输出信号。

上一层神经元的输出信号继续通过隐藏层传播（见图 4.17）。其中 w_{mn} 代表输入神经元 m 和输出神经元 n 之间的连接权值，o_n 代表神经元 n 的输出信号。

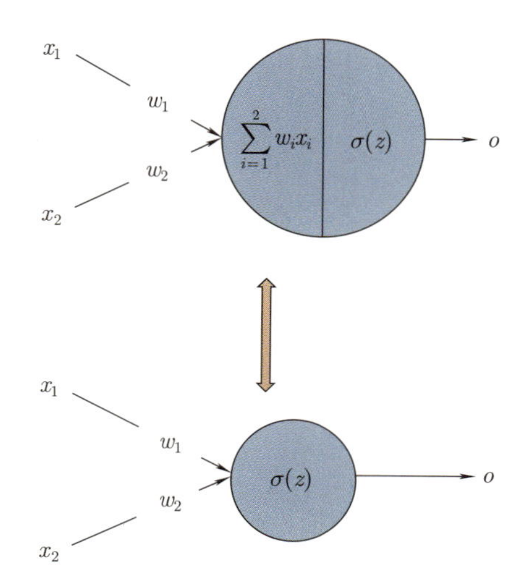

图 4.15 神经元内部

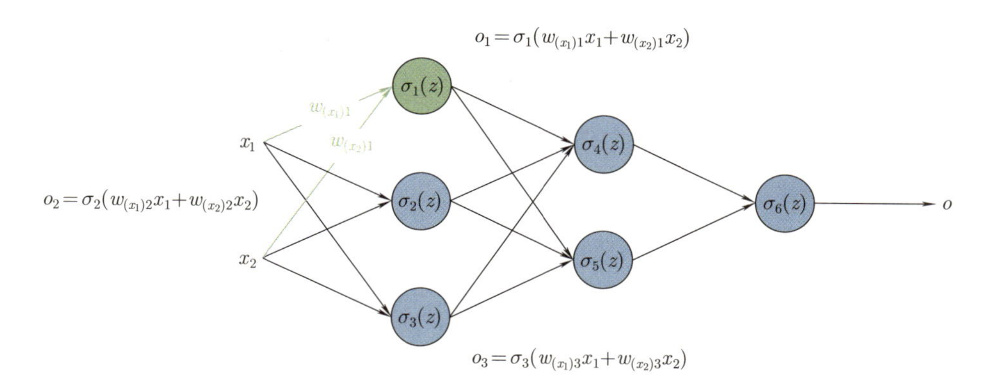

图 4.16 前向传播第一层隐藏层的计算

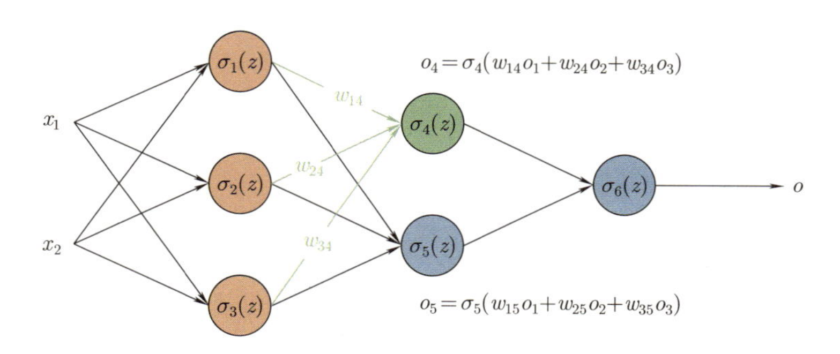

图 4.17 前向传播第二层隐藏层的计算

最后传播到输出层，得到输出 o，如图 4.18 所示。至此，前向传播阶段完成。

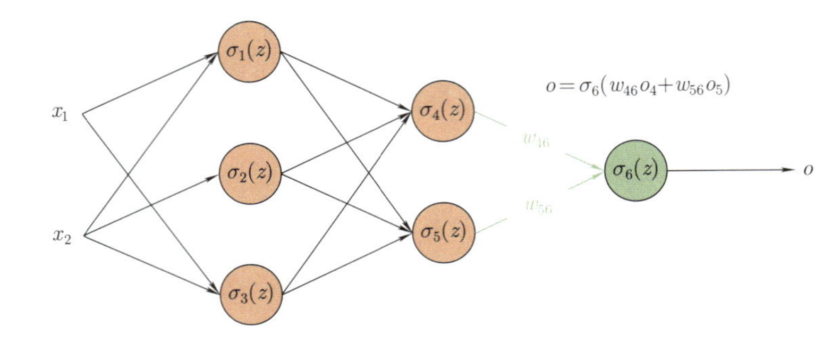

图 4.18 前向传播输出层的计算

反向传播阶段

前向传播得到的计算输出 o 和训练集的真实标签 y 会存在一定的误差：

$$E=\frac{1}{2}(y-o)^2\ . \tag{4.50}$$

为了表示方便，定义误差信号：

$$\delta_n=-\frac{\partial E}{\partial z_n}=-\frac{\partial E}{\partial o_n}\frac{\partial o_n}{\partial z_n}=-\frac{\partial E}{\partial o_n}\frac{\mathrm{d}\sigma(z_n)}{\mathrm{d}z_n}=-\frac{\partial E}{\partial o_n}\sigma^{'}(z_n), \tag{4.51}$$

其中，$z_n=\sum\limits_i w_{in}o_i$ 是神经元 n 的加权和，$o_n=\sigma(z_n)$ 是神经元 n 的输出信号。反向传播就是传播误差信号 δ_n，所以首先要计算输出层的误差信号，然后将其反向传播，再依次计算隐藏层的误差信号（见图 4.19）。

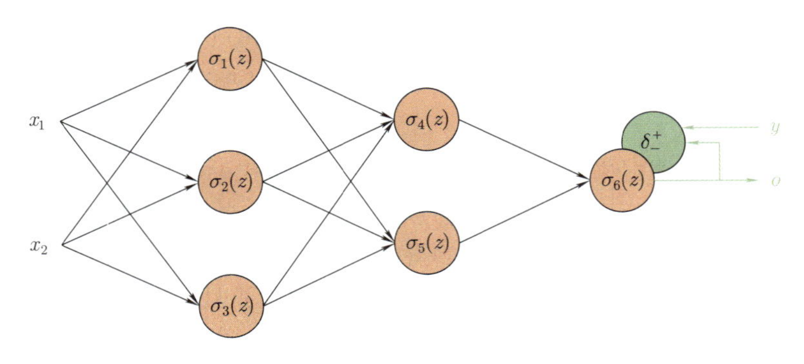

图 4.19 计算隐藏层误差信号

为表示方便，本书把 $\sigma_1,\sigma_2,\cdots,\sigma_6$ 写作 σ，输出层误差信号如下：

$$\delta=-\frac{\partial E}{\partial o}\sigma^{'}(z_6)=-\frac{\partial\frac{1}{2}(y-o)^2}{\partial o}\sigma^{'}(z_6)=(y-o)\sigma^{'}(z_6)\ . \tag{4.52}$$

然后反向传播 δ，求上个隐藏层的误差信号 δ_4 和 δ_5，对于神经元 4 而言，其前向传播过程如图 4.20 所示。

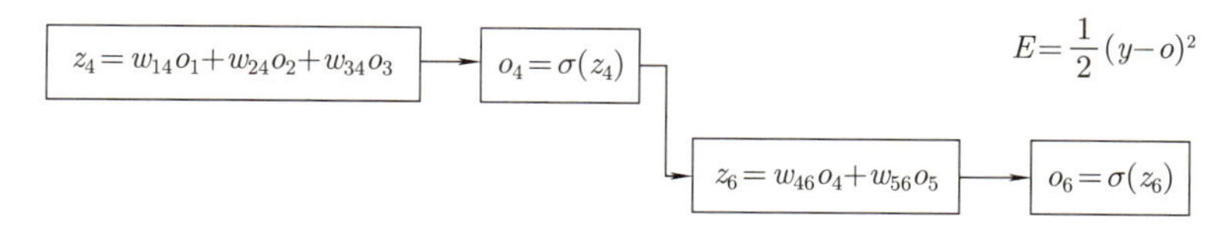

图 4.20 神经元 4 的前向传播

根据该过程使用链式法则可以得到：

$$\frac{\partial E}{\partial o_4}=\frac{\partial E}{\partial o}\frac{\partial o}{\partial z_6}\frac{\partial z_6}{\partial o_4}=-(y-o)\sigma^{'}(z_6)\frac{\partial(w_{46}o_4+w_{56}o_5)}{\partial o_4}=-(y-o)\sigma^{'}(z_6)w_{46}\ , \tag{4.53}$$

将式 (4.52)、式 (4.53) 代入式 (4.51) 得到神经元 4 的误差信号：

$$\delta_4=-\frac{\partial E}{\partial o_4}\sigma^{'}(z_4)=(y-o)\sigma^{'}(z_6)w_{46}\sigma^{'}(z_4)=\delta w_{46}\sigma^{'}(z_4)\ , \tag{4.54}$$

同样，可以得到神经元 5 的误差信号：

$$\delta_5=\delta w_{56}\sigma^{'}(z_5)\ . \tag{4.55}$$

有了 δ_4 与 δ_5，继续反向传播得到每个神经元的误差信号 $\delta_1,\delta_2,\delta_3$，如图 4.21 所示。

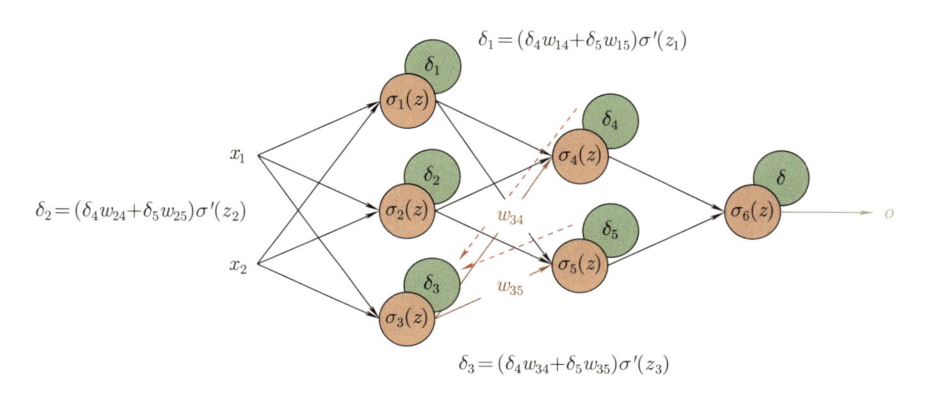

图 4.21 隐藏层第一层的误差信号

可以看到反向传播每一步都要计算 σ'，所以对于神经元的激活函数要设计一个容易计算导数的函数，如果每次计算都很难，会导致网络的反向传播十分缓慢，从而降低训练效率。现在常用的激活函数如 Sigmoid、ReLU 等，其导数计算都很简便。

权值更新

(1) $z_n = \sum\limits_i w_{in} o_i$ 是神经元 n 的加权和。

(2) $o_n = \sigma(z_n)$ 是神经元 n 的输出信号。

(3) $\delta_n = -\dfrac{\partial E}{\partial z_n}$ 是神经元 n 的误差信号。

(4) 用梯度下降法更新权值，可得 $w'_{mn} = w_{mn} + \Delta w_{mn}$，其中 $\Delta w_{mn} = -\alpha \dfrac{\partial E}{\partial w_{mn}}$。

(5) 通过链式法则，可得 $\dfrac{\partial E}{\partial w_{mn}} = \dfrac{\partial E}{\partial z_n} \dfrac{\partial z_n}{\partial w_{mn}} = -\delta_n \dfrac{\partial \sum\limits_i w_{in} o_i}{\partial w_{mn}} = -\delta_n o_m$。

(6) 综上，可得 $w'_{mn} = w_{mn} + \alpha \delta_n o_m$。

总结

整个 BP 算法的流程总结见算法 2。

算法 2 BP 算法流程

1: 初始化权值 w
2: **while** 模型未收敛 **do**
3:   **while** 对每一个样本 (x, y) **do**
4:     计算网络输出 o
5:     计算网络输出误差 E
6:     计算 w 的梯度 $\dfrac{\partial E}{\partial w}$
7:     调整各层权值 $w = w - \alpha \dfrac{\partial E}{\partial w}$
8:   **end while**
9: **end while**

2. 示例：BP 算法计算

这里以一个简单的示例来具体演示 BP 算法的过程，初始网络见图 4.22。

在该示例中，训练样本为 $x = [0.02, 0.05], y = [0.72, 0.28]$。随机初始化权值矩阵，$\boldsymbol{W}^{(1)}$ 为 $w_{(x_1)1} = 0.10, w_{(x_1)2} = 0.25, w_{(x_2)1} = 0.30, w_{(x_2)2} = 0.40$；$\boldsymbol{W}^{(2)}$ 为 $w_{13} = 0.25, w_{14} = 0.65, w_{23} = 0.43, w_{24} = 0.55$。神经元的激活函数为 $\sigma(z) = \dfrac{1}{1 + \mathrm{e}^{-z}}$，学习率为 $\alpha = 0.1$。

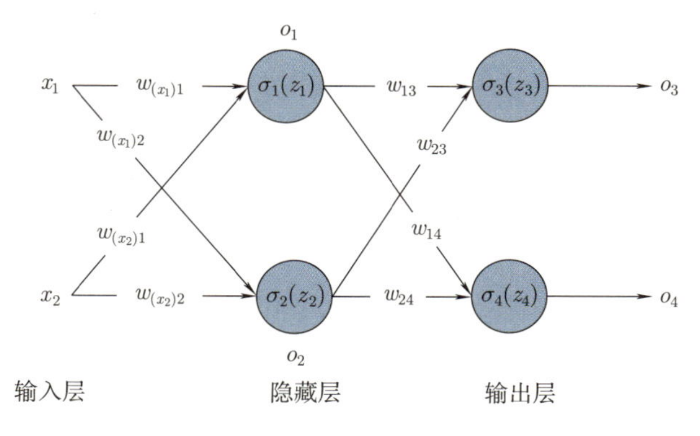

图 4.22 初始网络

前向传播阶段

前向计算: $z_1 = w_{(x_1)1}x_1 + w_{(x_2)1}x_2 = 0.10 \times 0.02 + 0.30 \times 0.05 = 0.017$,

$o_1 = \dfrac{1}{1+\mathrm{e}^{-z_1}} = \dfrac{1}{1+\mathrm{e}^{-0.017}} = 0.5042$, $z_3 = w_{13}o_1 + w_{23}o_2 = 0.25 \times 0.5042 + 0.43 \times 0.5062 = 0.3437$,

……

前向传播的计算见图 4.23。

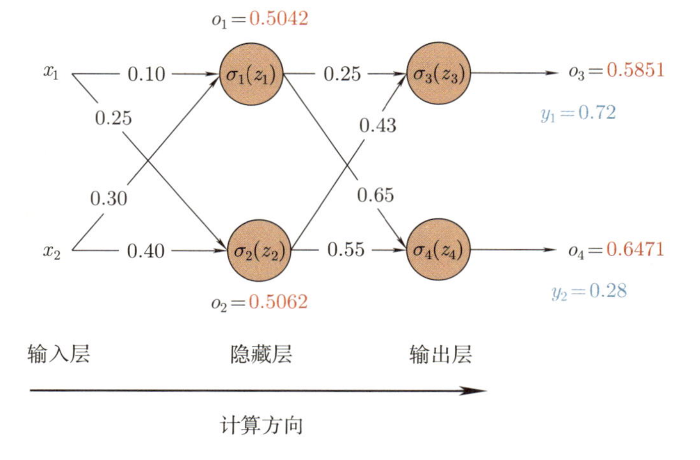

图 4.23 前向传播的计算

反向传播阶段

计算误差信号:

$$\frac{\partial o_j}{\partial z_j} = \frac{\partial\left(\dfrac{1}{1+\mathrm{e}^{-z_j}}\right)}{\partial z_j} = o_j(1-o_j),$$

$\delta_3 = (y_1 - o_3)o_3(1 - o_3) = (0.72 - 0.5851) \times 0.5851 \times (1 - 0.5851) = 0.0327,$

$\delta_4 = (y_2 - o_4)o_4(1 - o_4) = (0.28 - 0.6471) \times 0.6471 \times (1 - 0.6471) = -0.0838,$

……

调整各层权值：

$w_{13}^+ = w_{13} + \alpha\delta_3 o_1 = 0.25 + 0.1 \times 0.0327 \times 0.5042 = 0.2516,$

$w_{(x_1)1}^+ = w_{(x_1)1} + \alpha o_1(1 - o_1)(\delta_3 w_{13} + \delta_4 w_{14})x_1 = 0.1 + 0.1 \times 0.5042 \times (1 - 0.5042) \times (0.0327 \times 0.25 - 0.0838 \times 0.65) \times 0.02 = 0.0999,$

……

反向传播与权值更新的计算见图 4.24。

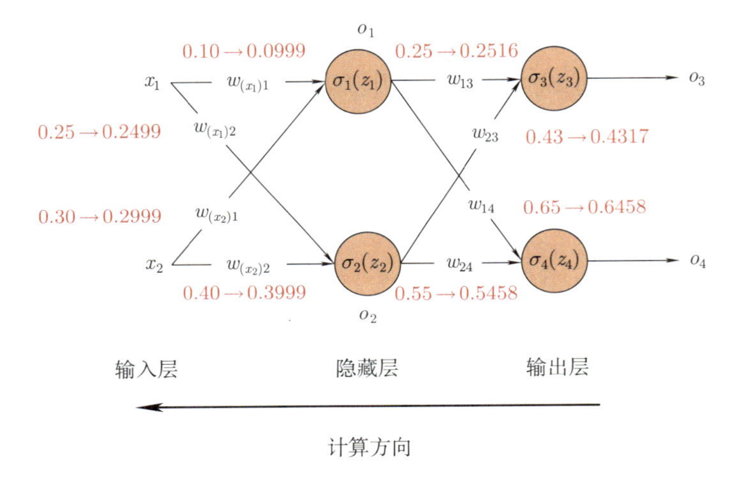

图 4.24 反向传播与权值更新的计算

训练结果

第二次前向结果相比第一次前向结果更靠近目标输出，误差更小 E : $0.0765 \rightarrow 0.0761$；

当经过 1000 轮训练之后，误差减小到 3.515e−4，输出为 (0.7085, 0.3039)。

4.3.5 反向传播算法分析

下面以一个单输入单隐藏层单输出网络（见图 4.25）为例更深入地分析 BP 算法，其中，x 是输入，t 是真值，y 是第一层网络输出，z 是第二层网络输出，a_0、a_1、b_0、b_1 是权值。

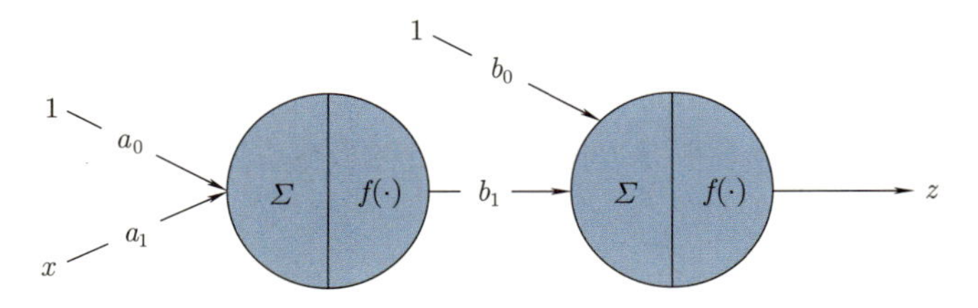

图 4.25 单输入单隐藏层单输出网络

该网络的前向计算过程如下：

$$u = a_0 + a_1 x, \tag{4.56}$$

$$y = f(u) = \frac{1}{1+\mathrm{e}^{-u}} = \frac{1}{1+\mathrm{e}^{-(a_0+a_1x)}}\ , \tag{4.57}$$

$$v = b_0 + b_1 y, \tag{4.58}$$

$$z = f(v) = \frac{1}{1+\mathrm{e}^{-v}} = \frac{1}{1+\mathrm{e}^{-\left(b_0+b_1\frac{1}{1+\mathrm{e}^{-(a_0+a_1x)}}\right)}}\ , \tag{4.59}$$

$$E = \frac{1}{2}(z-t)^2 = \frac{1}{2}\left\{\frac{1}{1+\mathrm{e}^{-\left(b_0+b_1\frac{1}{1+\mathrm{e}^{-(a_0+a_1x)}}\right)}} - t\right\}^2. \tag{4.60}$$

初始化参数见表 4.1。

表 4.1 初始化参数

a_0	a_1	b_0	b_1	x	t
0.3	0.2	−0.1	0.4	0.7853	0.707
				1.571	1.00

1. 输出神经元权值分析

下面对误差与输出神经元的权值之间的关系进行分析。根据链式法则，误差关于输出神经元的权值的偏导为：

$$\frac{\partial E}{\partial b} = \frac{\partial E}{\partial z}\cdot\frac{\partial z}{\partial v}\cdot\frac{\partial v}{\partial b}. \tag{4.61}$$

下面分别对链式法则分解式中的每一项进行分析。

$\dfrac{\partial E}{\partial z}$ 代表误差对网络输出的偏导，这里使用均方误差作为示例，均方误差关于网络输出求微分可得:

$$\frac{\partial E}{\partial z} = z - t, \tag{4.62}$$

误差与网络输出的关系见图 4.26，图中箭头表示误差相对于网络输出的斜率，也就是误差对网络输出的导数值。当网络输出大于 t 时，导数值为正，此时将连接强度减去学习率乘导数值，使网络输出减少以更接近 t，最终达到网络输出值靠近目标值的目的。

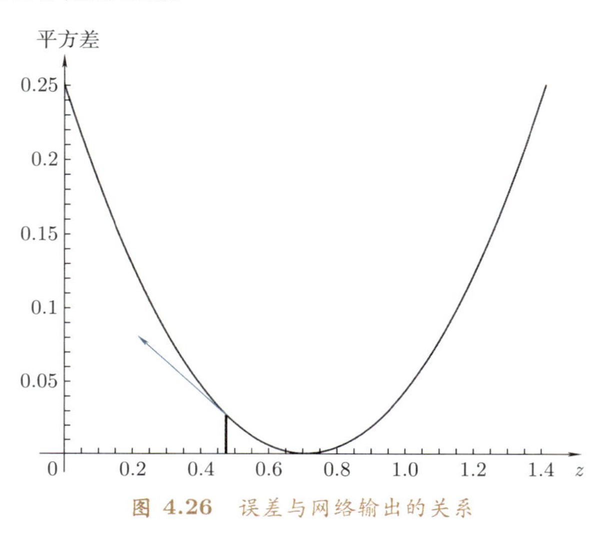

图 4.26 误差与网络输出的关系

$\dfrac{\partial z}{\partial v}$ 代表网络输出对输出神经元的加权和 v 的变化的偏导，可以写成：

$$\frac{\partial z}{\partial v}=\left(\frac{1}{1+\mathrm{e}^{-v}}\right)'=\frac{\mathrm{e}^{-v}}{(1+\mathrm{e}^{-v})^2}, \tag{4.63}$$

已知 $1+\mathrm{e}^{-v}=\dfrac{1}{z}$，则 $\dfrac{\partial z}{\partial v}=z(1-z)$，网络输出对于输出神经元加权和 v 的关系如图 4.27 所示。

该函数导数图像见图 4.28。

从图 4.28 中可以看到，网络输出对输出神经元的加权和 v 的导数值在 $v=0$ 时最高。Sigmoid 函数常被用于逻辑回归模型，用于建立二分类器。一般来说激活值 $z(v)$ 大于 0.5 为正类，小于 0.5 为负类。加权和 v 越接近 0, 激活值 $z(v)$ 越接近 0.5，则分类器无法明确区分这两个类别，我们不希望发生这种情况。因此加权和 v 等于 0 时导数值达到最高是符合对分类器的需求的。

$\dfrac{\partial v}{\partial b_1}$ 代表加权和 v 对输出神经元权值的变化的导数，可以写成：

$$\frac{\partial v}{\partial b_1}=y, \tag{4.64}$$

$$\frac{\partial v}{\partial b_0}=1. \tag{4.65}$$

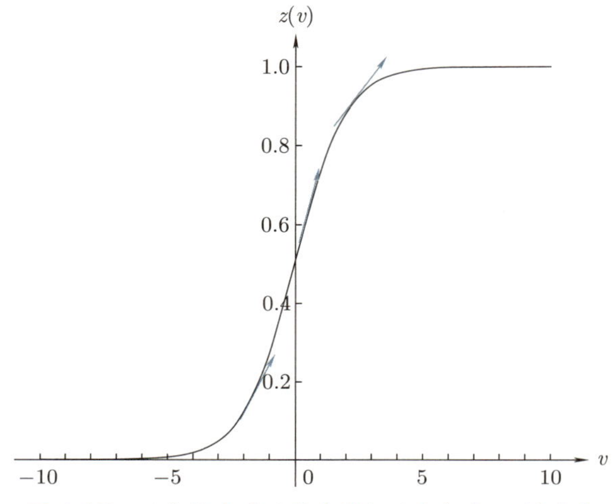

图 4.27 网络输出对于输出神经元加权和 v 的关系

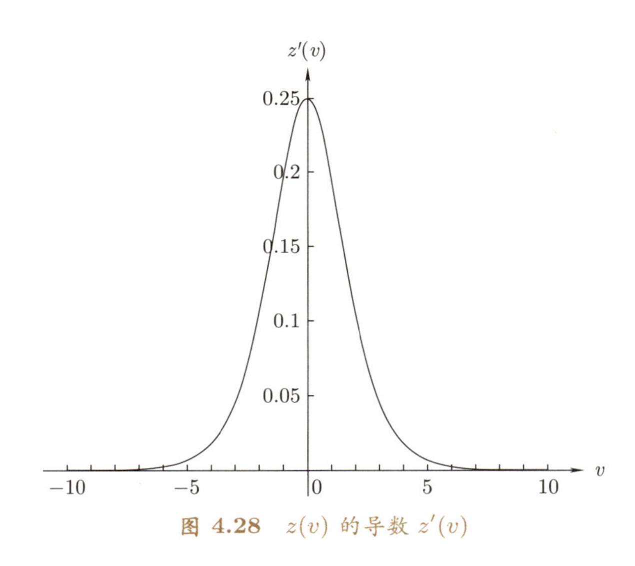

图 4.28 $z(v)$ 的导数 $z'(v)$

根据链式法则式（4.61）可以看到，由权值的变化导致了 v 的变化，由 v 的变化导致了 z 的变化，由 z 的变化导致了 E 的变化。最终，将上述几个偏导汇集起来就得到了由权值的变化而导致 E 的变化要求的梯度 $\left\langle\frac{\partial E}{\partial b_0},\frac{\partial E}{\partial b_1}\right\rangle$。注意，导数 $\frac{\partial E}{\partial b_0}$ 和 $\frac{\partial E}{\partial b_1}$ 是标量，它只提供了一个维度的信息，即函数在某一点上的变化率。梯度 $\left\langle\frac{\partial E}{\partial b_0},\frac{\partial E}{\partial b_1}\right\rangle$ 是一个向量，它包含了函数在每个输入变量方向上的偏导，因此它提供了多个维度的信息。

$$\frac{\partial E}{\partial b_0} = (z-t)z(1-z) \triangleq p, \tag{4.66}$$

$$\frac{\partial E}{\partial b_1} = (z-t)z(1-z)y \triangleq py. \tag{4.67}$$

算法的目标是寻找使平方误差最小的 b_0 与 b_1，均方误差与 b_0 和 b_1 关系如图 4.29 所示。

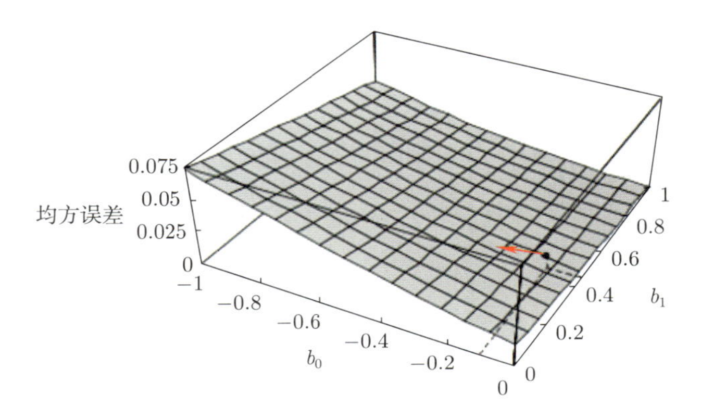

图 4.29 b_0 和 b_1 与均方误差的关系

如果将 b_1 固定为 0，可以得到此时 b_0 与平方误差的关系，如图 4.30 所示。

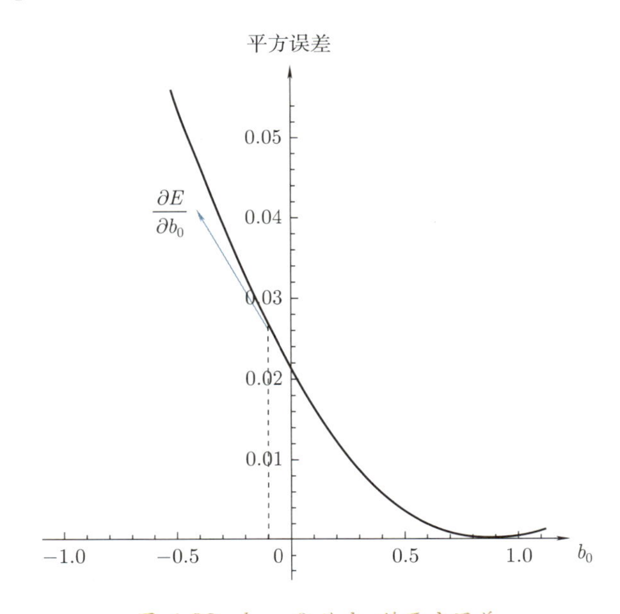

图 4.30 $b_1 = 0$ 处 b_0 的平方误差

如果将 b_0 固定为 -0.1，可以得到此时 b_1 与平方误差的关系，如图 4.31 所示。

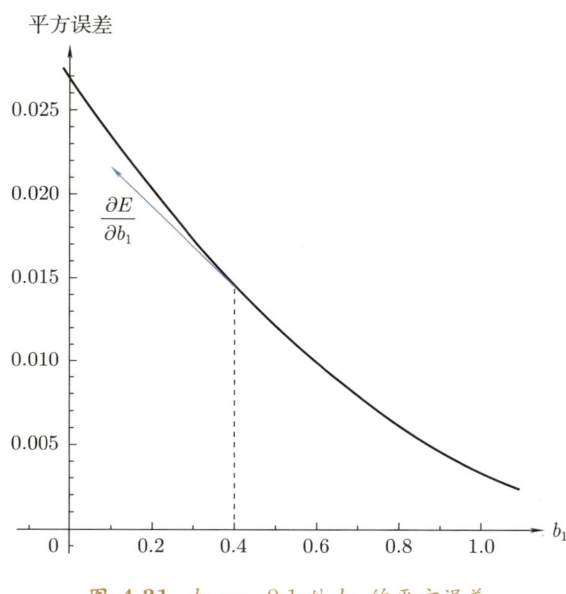

图 4.31 $b_0 = -0.1$ 处 b_1 的平方误差

2. 隐藏神经元权值分析

根据链式法则，对误差与隐藏神经元权值的关系进行分析：

$$\frac{\partial E}{\partial a} = \left(\frac{\partial E}{\partial z} \cdot \frac{\partial z}{\partial v} \cdot \frac{\partial v}{\partial y}\right) \cdot \frac{\partial y}{\partial u} \cdot \frac{\partial u}{\partial a}. \tag{4.68}$$

求 $\left(\frac{\partial E}{\partial z} \cdot \frac{\partial z}{\partial v} \cdot \frac{\partial v}{\partial y}\right)$。

已知 $v = b_0 + b_1 y$，得：

$$\frac{\partial v}{\partial y} = b_1, \tag{4.69}$$

在输出神经元权值分析中，已由式 (4.62)、式 (4.63) 及式 (4.66)，得

$$\frac{\partial E}{\partial z} \cdot \frac{\partial z}{\partial v} = p, \tag{4.70}$$

所以

$$\frac{\partial E}{\partial z}\cdot\frac{\partial z}{\partial v}\cdot\frac{\partial v}{\partial y}=pb_1. \tag{4.71}$$

求 $\frac{\partial y}{\partial u}$。

$$\frac{\partial y}{\partial u}=y(1-y). \tag{4.72}$$

求 $\frac{\partial u}{\partial a}$。

$$\frac{\partial u}{\partial a_1}=x, \tag{4.73}$$

$$\frac{\partial u}{\partial a_0}=1. \tag{4.74}$$

最后，将式 (4.71)、式 (4.72)、式 (4.73) 和式 (4.74) 代入式 (4.68)，最终得到误差关于隐藏神经元权值的偏导：

$$\frac{\partial E}{\partial a_0}=pb_1y(1-y)\triangleq q, \tag{4.75}$$

$$\frac{\partial E}{\partial a_1}=pb_1y(1-y)x\triangleq qx, \tag{4.76}$$

同样地，可以将 a_0 和 a_1 与误差之间的关系可视化，见图 4.32。

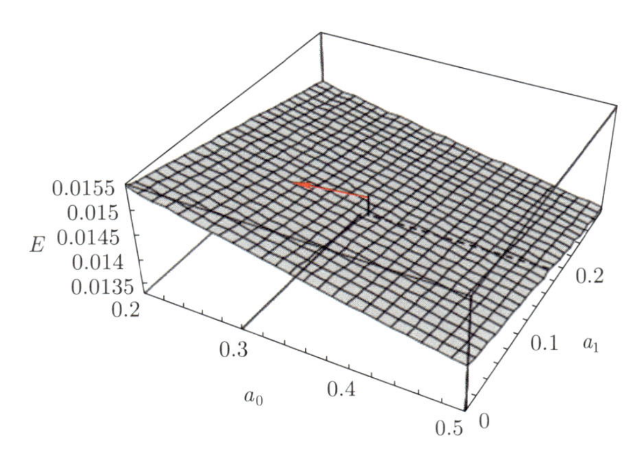

图 4.32 a_0 和 a_1 与误差的关系

如果固定 $a_0=0.3$，可以得到此时 a_1 与平方误差的关系（见图 4.33）。

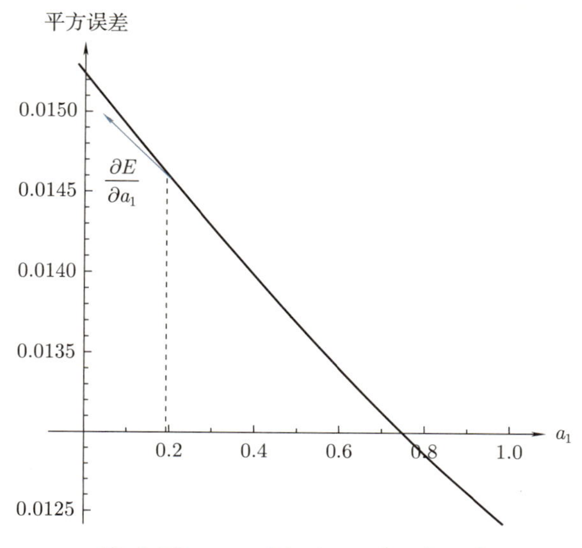

图 4.33 $a_0 = 0.3$ 处 a_1 的平方误差

如果固定 $a_1 = 0.2$，可以得到此时 a_0 与平方误差的关系（见图 4.34）。

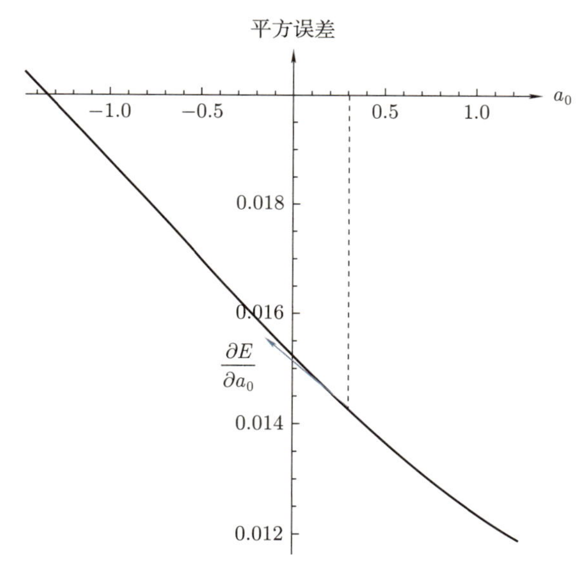

图 4.34 $a_1 = 0.2$ 处 a_0 的平方误差

3. BP 算法特点

BP 算法具有以下特点：

- 进行简单的局部计算。即单个神经元所实现的计算仅仅受到与它直接连接的神经元的影响，不会跨层受到影响。局部计算具有生物上的合理性；单个神经元的计算不会改变整个网络的权值变化，容错性更好；可以并行处理。

- 对于在线学习，实现的是权值空间的随机梯度下降。
- 计算复杂度与权值的数量之间是线性关系。如果要降低神经网络的计算复杂度，就要减少权值的数量。目前流行的分支——神经网络压缩，其目的就是减少权值的数量。
- 容易陷入局部极小值，这是由于梯度下降法本身的问题导致的。理想情况下误差函数是凸函数，但是实际情况中误差函数可能是非凸的，此时网络很容易落入到局部极小值点，因此如何跳出局部极小点是一个值得研究的问题。
- 容易陷入鞍点。鞍点是指函数在某个方向上是局部最小值，而在另一个方向上是局部最大值的点。在鞍点处，梯度为零，这意味着梯度下降算法无法继续朝着更低的方向前进，因为梯度下降算法依赖于梯度的方向来更新参数。

回顾

在深度神经网络中，根据链式法则，梯度会随着层数的增加而连续地乘以每一层的权重矩阵的导数。如果激活函数的导数范围大于 1，那么梯度在每一层都会被放大，导致梯度爆炸的问题。这会导致参数更新过大，模型不稳定，甚至无法收敛。相反，如果激活函数的导数范围小于 1，那么梯度在每一层都会被缩小，导致梯度消失的问题。这会导致参数更新过小，模型无法学习到有效的特征表示，也无法收敛到理想的解决方案。

考虑 Sgn、Sigmoid、Tanh 等激活函数的导数值范围。

思考

大规模数据通常要求更大更深的网络，而优化深度 MLP 是一个棘手的问题，因为深度 MLP 优化中存在着梯度消失、梯度爆炸、易陷入局部极小值点、学习速度慢等一系列问题。在大规模数据环境下，应该如何将 MLP 用于实际问题呢？

可以从激活函数、正则化方法、合适的优化器选择等角度进行考虑。

4.3.6 反向传播算法改进

BP 算法在具备优势的基础上，也存在很多劣势，比如 BP 算法的训练耗时长，特别是在深度学习时代，这种缺点更加明显。在数据量较小的情况下，可能出现过拟合或者欠拟合现象。

除此之外，BP 算法还有如下缺点：

- 当前的 BP 算法属于在线学习，在每次学习后都对当前样本的误差最小，可能导致网络震荡或者不稳定。
- 不同样本的更新效果可能相互“抵消”。BP 算法在进行在线学习时每次训练使用不同的样例，这可能会导致这些样例的更新效果相互抵消，从而导致 BP 算法收敛较慢。
- BP 网络接收样本的顺序对训练结果有较大影响，它更“偏爱”较后出现的样本。而给样本安排适当的顺序是非常困难的。

因此，需要针对 BP 算法各种各样的缺点，进行相应的改进。

1. 累积 BP 算法

累积 BP 算法的基本思想是以批量的方式进行学习。它在整个训练集上的全局误差以一个平均水平逐渐下降，整体误差持续下降的过程使得累积 BP 算法变得更加稳定。它存储全部实例梯度并计算平均梯度，误差在这个梯度方向最小。

累积 BP 算法的数学表示：假设有 S 个样本：$(x_1, y_1), (x_2, y_2), \cdots, (x_S, y_S)$，累积 BP 算法将使用这 S 个样本的“总效果”来修改权值矩阵 $\boldsymbol{W}^{(1)}, \boldsymbol{W}^{(2)}, \cdots, \boldsymbol{W}^{(L)}$：

$$\Delta w_{ij}^{(k)} = \sum_p \Delta_p w_{ij}^{(k)}. \tag{4.77}$$

每个样本 p 都生成对应的 $\Delta_p w_{ij}$，将所有的 $\Delta_p w_{ij}$ 汇总来对权值进行更新，因此可以消除样本顺序的影响。由于在读取了整个训练集 D 后才对参数进行更新，从而降低了参数更新的频率。实际上这种降低参数更新频率的方法在联邦学习中也有应用，联邦学习需要频繁地通信，当降低更新的频率以后，对于通信的要求就大大降低了。累积 BP 算法描述如算法 3 所示。

算法 3 累积 BP 算法

1: **for** $k = 1$ to L **do**
2: 　初始化 $\boldsymbol{W}^k$
3: **end for**
4: 初始化精度控制参数 ϵ
5: 误差 $E = \epsilon + 1$

6: **while** $E > \epsilon$ **do**
7: $E = 0$
8: 对所有的 i, j, k: $\Delta w_{ij}^k = 0$
9: **while** 对 S 中每一个样本 (x_p, y_p) **do**
10: 计算出 x_p 对应的实际输出 O_p
11: 根据输出 O_p 计算出误差 E_p
12: 总误差 $E = E + E_p$
13: 对所有的 i, j: 根据相应式子计算 $\Delta_p w_{ij}^L$，L 代表输出层的层数
14: 对所有的 i, j: $\Delta w_{ij}^L = \Delta w_{ij}^L + \Delta_p w_{ij}^L$
15: $k = L - 1$
16: **while** $k \neq 0$ **do**
17: 对所有 i, j 根据相应式子计算 $\Delta_p w_{ij}^k$
18: 对所有 i, j: $\Delta w_{ij}^k = \Delta w_{ij}^k + \Delta_p w_{ij}^k$
19: $k = k - 1$
20: **end while**
21: **end while**
22: 对所有 i, j, k: $w_{ij}^k = w_{ij}^k + \Delta w_{ij}^k$
23: **end while**

图 4.35 是有两个权值情况下的累积 BP 算法优化过程的示意图，从图中可以看出权值的更新是比较稳定地向误差下降的方向进行的。

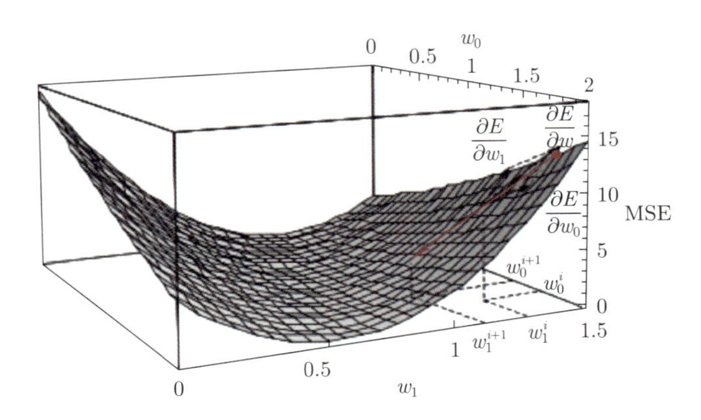

图 4.35 两个权值下的累积 BP 算法优化过程示意图

累积 BP 算法较好地解决了因为样本顺序引起的精度问题以及训练时的抖动问题，但是它是以牺牲训练速度为代价的。那么如何解决训练时间长的问题呢？一种解决方案是设置偏移量，即给每个神经元增加一个偏移量来加快它的收敛速度。但是偏移量计算比较困难，所以更普遍的方法是运用动量法（又称

为冲量法），即权值的本次修改要考虑上次修改的影响，以减少抖动问题。

2. 动量法

动量是什么？在物理中，一个物体的动量是指该物体在它的运动方向上保持运动的趋势，是物体质量和速度的乘积。在梯度下降的过程中，动量法用之前积累的动量代替真正的梯度，每次迭代的梯度可以看作加速度。如果当前梯度较大，那下一次的动量可能更大。这种方法是一种平均方法，它有助于提升梯度下降法在寻找最优解时的稳定性。但这将导致一个问题：神经网络的权值将限制在不动点上，无法进一步学习，这时网络的可塑性较弱。我们希望学习的时候找到最优解 w，希望网络足够稳定；又希望它具有足够的可塑性，可以适应当前变化的新环境。但是稳定性和可塑性之间存在矛盾，增强可塑性将会降低稳定性，反之也成立。稳定性–可塑性困境是神经网络中最经典最重要的问题之一。

动量法的本质就是增强网络的稳定性，下面列举一种经典的动量法：

$$\Delta w^{(m)} = \mu \Delta w^{(m-1)} - (1-\mu)\varepsilon d_m^w. \tag{4.78}$$

其中 m 是当前迭代轮次，$\Delta w^{(m)}$ 是权值变化，μ 是 0 和 1 之间的动量参数，ε 是学习率，d_m^w 是对权值 w 的当前全导，$\Delta w^{(m-1)}$ 是上一次迭代的更新量。

动量法是上一次更新量以及当前更新量的加权平均。如果动量参数 μ 较大，则会把上一次更新量的大部分拿来作为冲量；若动量参数 μ 较小，就只取上一次更新量的一小部分作为冲量。εd_m^w 则是当前的梯度更新量。

展开公式 (4.78)，令学习率 $\alpha = (1-\mu)\varepsilon$，则：

$$\Delta w^{(m)} = \mu \Delta w^{(m-1)} - \alpha d_m^w = -\alpha \sum_{t=1}^{m} \mu^{m-t} d_t^w. \tag{4.79}$$

上式其实是从第 1 步到第 m 步的梯度的加权累加，其中，α 代表学习率，μ^{m-t} 代表加权系数。这和之前提到的累积 BP 算法是相似的，因此累积 BP 算法其实是动量法的一个特例。

动量法可以稳定学习过程：在迭代初期，梯度方向一致，动量起加速作用，可以加快收敛速度，更快到达最优点；而在迭代后期，梯度方向不一致，网络会在收敛值的附近振荡，此时动量起减速作用，从而增加稳定性。简要来说，如果以前累积的变化与当前方向一致，动量可以加速当前权值的改变；如果以前累积的变化与当前方向相反，动量可以阻止当前权值的改变。

如图 4.36 所示，当处于距谷底一半高度时，最快的梯度下降方向指向谷底；而到达谷底后，梯度下降路径在谷底附近振荡。总而言之，动量法持续沿陡坡寻找最优解，帮助克服振荡，提升了稳定性。下面通过一个例子探究学习率 α、ε 和动量因子 μ 的影响。

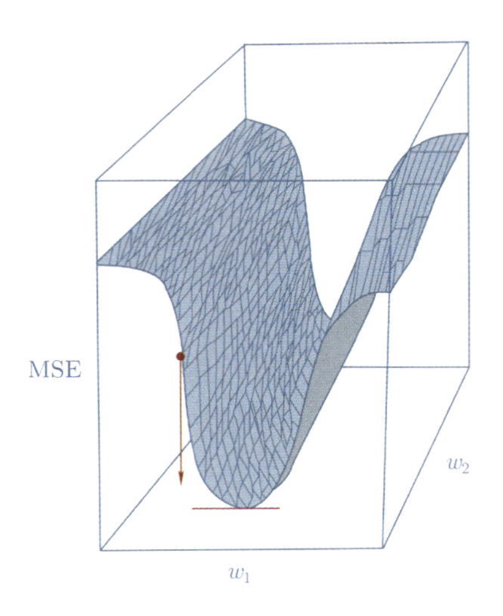

图 4.36 动量法梯度下降示意图

例：建立一个单输入单输出的、包含隐藏神经元的网络。记 x 为输入，t 为实际值，z 为预测值，如图 4.37 所示。

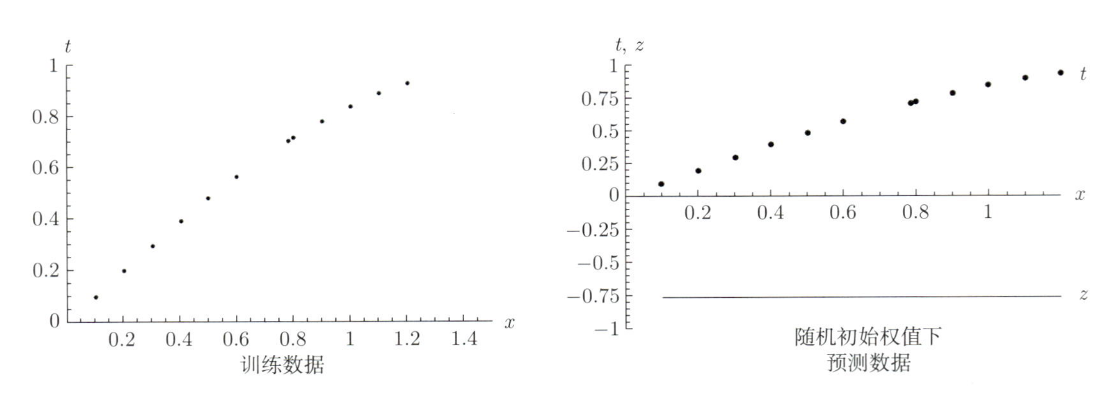

图 4.37 探究学习率和动量的影响

从图 4.37 中的右图可以看出随机初始权值的预测数据距离实际值的误差较大。

图 4.38a 中首先固定学习率，探究不同动量对网络学习造成的影响。在固定学习率为 0.1 的情况下，动量越大越好。增大学习率为 0.2 时效果显著下降。学习率为 0.1，动量为 0.9 时效果最好。图 4.38b 中固定动量为 0.9，探究学习

率的影响，最好效果在学习率为 0.1，动量为 0.9 时达到。因此在实践中，需要在学习率和动量之间寻找到平衡。

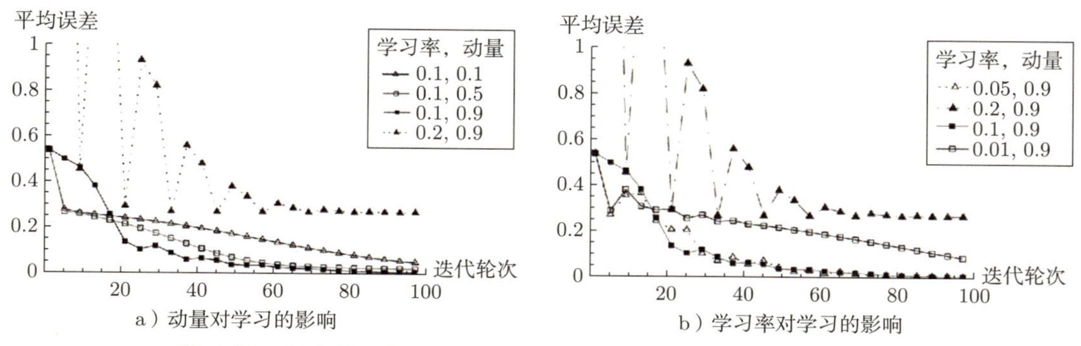

图 4.38 探究学习率和动量的影响，分别固定学习率和动量探究学习情况

图 4.39 为固定学习率为 0.1 时，图 a、图 b 和图 c 分别对应动量为 0.1、0.5 和 0.9 时的学习情况，可以看到动量为 0.9 时的学习情况最好，所以在很多现有的实现中，动量的默认值为 0.9，具体值可以根据实际情况修改。

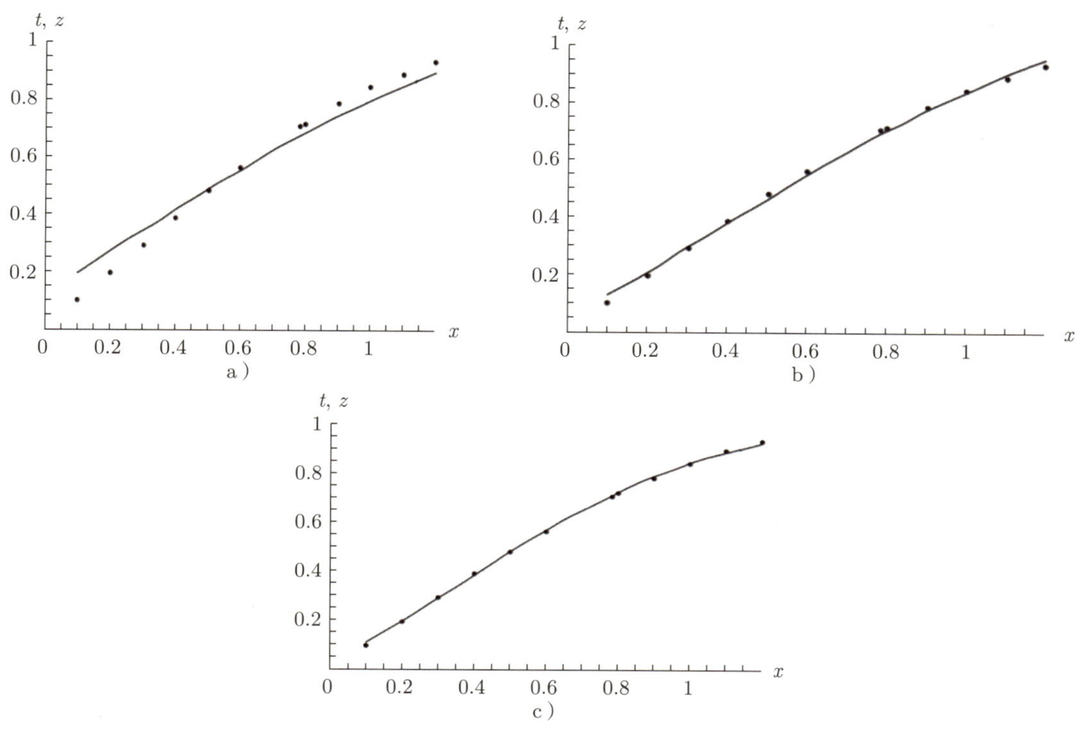

图 4.39 探究网络的学习情况：固定学习率为 0.1，改变动量

前面的内容讲述了累积 BP 和动量 BP 的改进方法，除此之外，还存在其他的改进方法，如最大信息内容法，即挑选训练误差最大的样本而非采取全部样本，使用的样本与以前使用过的样本有根本的差别。

思考

如何进一步改进 BP 算法?

- 学习率与稳定性之间的矛盾。希望模型收敛得更快，因此需要更高的学习率，但是更高的学习率又会导致模型的不稳定。
- 网络结构的选择。可供选择的模型结构参数有：模型层数、每层神经元的个数、激活函数的选取等。目前新的分支——AutoML 就是用于自动选择网络最优结构的一种技术。
- 收敛性。完成收敛性理论上的分析，目前没有研究证明 BP 算法一定能够收敛。
- BP 算法容易陷入局部最小值，优化的目标是获得全局最小值。
- 稳定性-可塑性困境如何解决。可塑性代表了学习新知识的需要，可塑性的存在表明权值一直在变化，这与稳定性相悖。
- 从记忆和联想的角度来理解神经网络。人类是存在记忆与联想能力的，那么神经网络是否也能够具备这种能力？神经网络存在记忆容量，记忆容量和线性可分离域的数量有关。从记忆角度出发，局部极值点越多越好，局部极值点越多说明网络能够记忆的内容越多，如果只存在一个局部极值点则说明只能记忆一个内容，通过联想则能够恢复相关信息；而从优化的角度出发，局部极值点越少越好。可以通过增加隐藏神经元的个数来扩充记忆容量，这其实就是增量学习要研究的。
- 对知识集的要求。要求学习样本有足够的数量和密度才能保证学习效果较好。但是这个要求实际上很难满足，因此目前发展出了小样本学习、零样本学习等。
- 由采样数据恢复被采样函数，在采样函数上进行采样生成新数据，这涉及数据增强的研究。
- 隐藏层的作用分析。MLP 中的隐藏层观察输入数据的整体特征，CNN 中的隐藏层观察输入数据的局部特征，隐藏层实际上是对输入模式进行内部表示，使其具有非线性分类的能力。

以上 9 个方面都是从神经网络本身出发的相关研究方向，读者可以从这 9 个方向出发对神经网络做进一步的研究。

4.4 多层感知机的深入分析

本节首先介绍通用近似定理，阐述多层感知机强大的拟合能力，之后将介绍如何针对网络结构选择超参数。

4.4.1 通用近似定理

通用近似定理又称通用逼近定理，在数学领域中经常使用“逼近”一词，逼近是对连续函数而言的，离散数据的近似则称为“拟合”。插值要求生成的曲面严格经过所有样本点，而拟合则只要求样本点到曲面的误差尽可能小。在神经网络领域也是如此，神经网络学习出的函数与原函数越接近，学习成果越好。

通用近似定理 令 $\phi(\cdot)$ 为一个非常数、有界且单调递增的连续函数，$\mathcal{T}_D$ 是一个 D 维的单位超立方体 $[0,1]^D$，$C(\mathcal{T}_D)$ 是定义在 $\mathcal{T}_D$ 上的连续函数的集合，对于任意给定的一个函数 $f \in C(\mathcal{T}_D)$，存在一个整数 M，一组实数 $v_m, b_m \in \mathbb{R}$，以及实数向量 $\boldsymbol{w_m} \in \mathbb{R}^D$（$m = 1, 2, \cdots, M$），使得函数

$$F(\boldsymbol{x}) = \sum_{m=1}^{M} v_m \phi(\boldsymbol{w_m}^{\mathrm{T}} \boldsymbol{x} + b_m). \tag{4.80}$$

为函数 f 的近似实现，即满足：

$$\forall \boldsymbol{x} \in \mathcal{T}_D,\ |F(\boldsymbol{x}) - f(\boldsymbol{x})| < \epsilon, \tag{4.81}$$

其中 ϵ 是大于 0 的小正数。

观察 $F(\boldsymbol{x})$ 的形式，发现其实际上就是具有单隐藏层的感知机。也就是说，通用近似定理从理论上保证了如果一个神经网络具有线性输出层和至少一层隐藏层，那么只要给予网络足够数量的神经元（即定理中提到的存在一个整数 M），就可以实现以足够高精度来逼近任意一个在 $\mathbb{R}^n$ 的紧子集（有界的闭集）上的连续函数。

George Cybenko 在 1989 年最早提出了通用近似定理，并证明了激活函数为 Sigmoid 函数时定理的正确性。所以这个定理被看成是 Sigmoid 函数所具有的特殊性质。但 Kurt Hornik 在后续研究中发现，造成通用近似特性的根本原因并非 Sigmoid 函数，而是多层前馈神经网络结构。

以 $[-3,3]$ 上的正弦函数为例，其可以被两个二次函数和一个线性函数近似，即

$$F(x)=\begin{cases}\dfrac{1}{2.3}\left(x+\dfrac{\pi}{2}\right)^2-1, & -3\leqslant x<-0.5,\\ x, & -0.5\leqslant x<0.5,\\ -\dfrac{1}{2.3}\left(x-\dfrac{\pi}{2}\right)^2+1, & 0.5\leqslant x\leqslant 3.\end{cases}\tag{4.82}$$

在图 4.40 中分别绘出正弦函数及其近似函数，可以看出这两条曲线几乎重合。

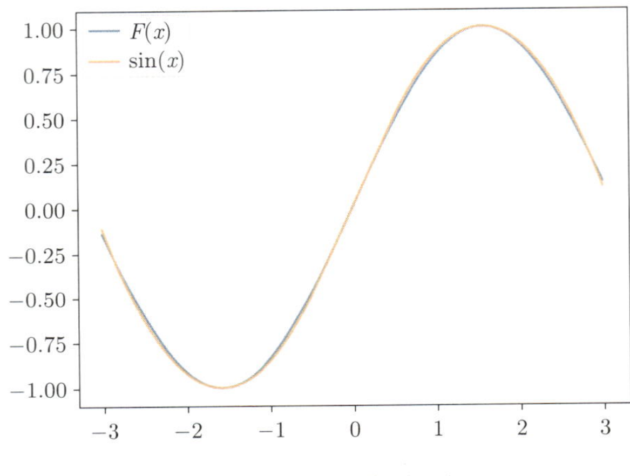

图 4.40 正弦函数的近似

此外，还可以使用“以直代曲”的思想，使分段函数的每一段都是常数函数，如图 4.41 所示，只要分段数足够多，就可以在给定的范围内合理近似函数。

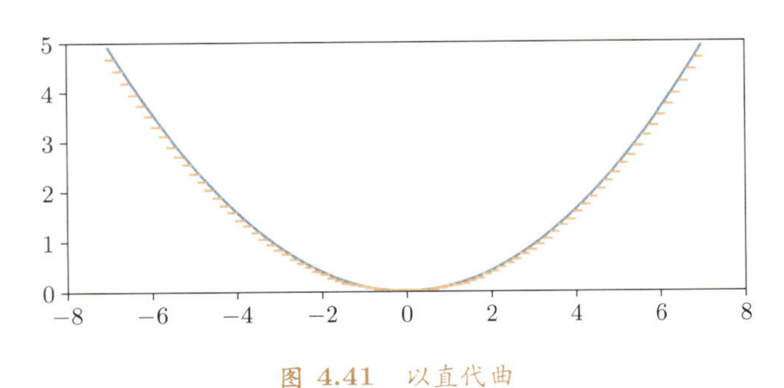

图 4.41 以直代曲

如果将神经网络中的每个神经元看作其中的一小段，则可以构建出这样的神经网络来近似原函数。如图 4.42 所示，将权值和偏置作为“门”来确定输入进入网络时哪个神经元应该被激活，一个有足够多数量神经元的神经网络可以简单地将一个函数划分为多个恒定区域来估计。

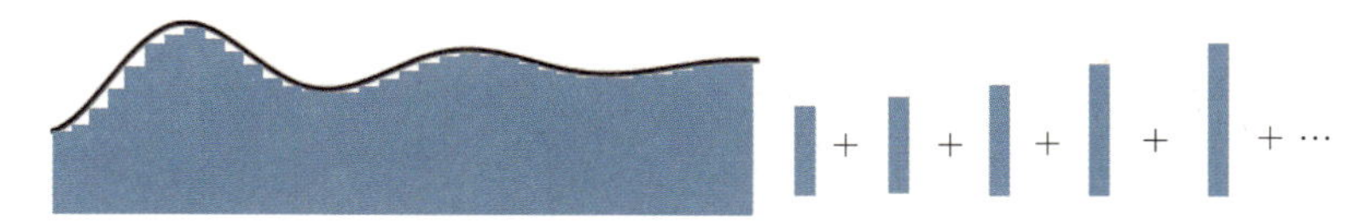

图 4.42 将原函数划分为多个恒定区域

虽然通用近似定理具有很高的理论价值，但其实用性是受限的。首先，通用近似定理是存在性定理，它为任意连续函数的逼近提供了数学基础，对于一致 ϵ 逼近，单隐藏层就足够了；但它并没有说明单隐藏层在学习时间、实现的难易程度以及泛化意义上是最优的；此外它假定被逼近的函数是给定的，并且可以用一个神经元数量无限制的隐藏层来逼近，而实际上被逼近的函数正是要求得的，而且神经元数量也不可能没有限制；单隐藏层的神经元倾向于全局相互作用，在复杂情况下，这种相互作用使得在一点上提高逼近效果时，很难不降低在其他点上的逼近效果。

为了解决单隐藏层的问题，可以采用多隐藏层结构。例如使用两个隐藏层，第一个隐藏层的一部分神经元将输入空间划分为不同的区域，另一部分神经元学习表征这些区域特点的局部特征；第二个隐藏层则将局部特征组合起来，抽取全局特征。事实上，这也是现在深度学习广泛采用的思想。

4.4.2 网络结构超参数选择

神经网络的连接权值和偏置是需要学习的“参数”，而网络结构的“超参数”一般是事先人为设定的，如输入/输出向量的维数、隐藏层的层数以及隐藏层神经元的数量。一般来说，输入层的神经元数量等于待处理数据中输入变量的数量，输出层神经元的数量等于与每个输入关联的输出的维度。困难之处在于确定合适的隐藏层的层数以及隐藏层神经元的数量。通常更深更宽的结构可以模拟更复杂的分布；但增加隐藏层的层数和隐藏层神经元数量不一定总能够提高网络精度和表达能力，有可能使网络过拟合，反而降低网络精度和表达能力。

接下来用实际例子分析这两个超参数对神经网络效果的影响。

1. 隐藏层神经元数量影响分析

异或问题

假设单个隐藏层中分别含有 1、2、3、4 个神经元，其他参数相同，对图 4.43 所示异或数据集的蓝色和橙色点进行分类。

结果如下：从图 4.44 中可以直观地看出，随着隐藏层神经元数量的增加，分类边界从开始的一条直线，变为两条直线，再变为更加复杂的曲线，而分类的正确率也逐渐提高。隐藏层神经元数量为 4 时，多层感知机已经可以将蓝色和橙色点完全分开。

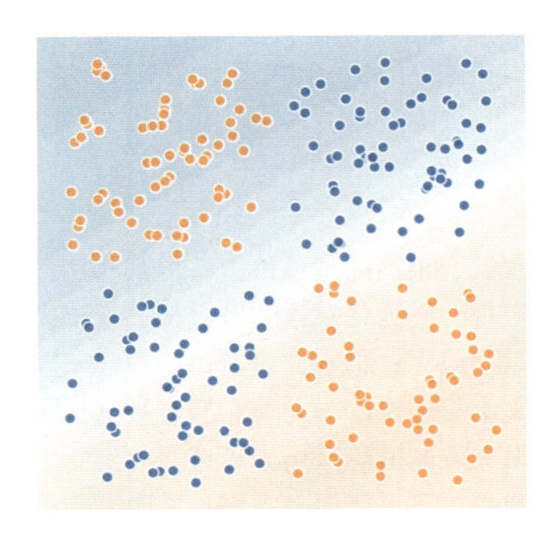

图 4.43 异或数据集

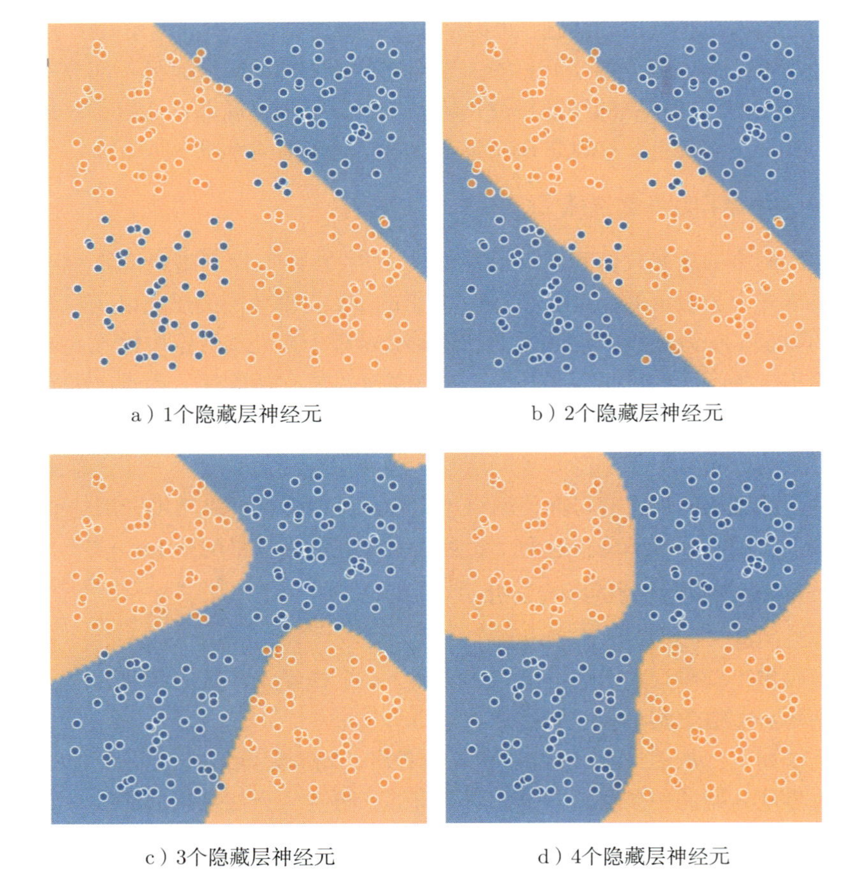

图 4.44 不同数量隐藏层神经元拟合表现

还可以从损失函数的角度来看网络效果，从表 4.2 中可以看出，随着隐藏层神经元数量的增加，训练集和测试集的损失都在下降。在测试集上损失的下降也说明了网络的泛化能力得到了提高。

表 4.2 不同数量隐藏层神经元在训练集和测试集上的损失

神经元数量	1	2	3	4
训练集损失	0.374	0.169	0.037	0.010
测试集损失	0.377	0.166	0.050	0.021

MNIST 手写数字集

以 MNIST 手写数字集为例，通过实验来对比分析隐藏层神经元数量的影响。在其他参数相同的情况下，运行隐藏层神经元数量为 10、50、100、200、2000 的单隐藏层感知机，对比实验效果。

从表 4.3 中可以看出，神经元数量由 10 增加到 50 时，准确率提升了 14.48%，提升效果显著；而由 50 增加到 100 时，准确率仅提升了 0.32%；由 200 增加到 2000 时，准确率反而降低了 0.53%。一般来说，随着隐藏层神经元数量的增加，多层感知机的准确率越来越高；隐藏层神经元数量增加到一定程度后，训练难度增大但对准确率的提升变得很小，会造成计算负担与结果提升不对等的现象；如果隐藏层神经元数量过多，出现过拟合，反而会使测试集准确率下降。

表 4.3 不同数量隐藏层神经元在手写数字集上的表现

神经元数量	10	50	100	200	2000
错误样本数	181	44	41	40	45
准确率	80.87%	95.35%	95.67%	95.77%	95.24%

隐藏神经元的作用是从样本中提取并存储其内在规律，每个神经元有若干个权值，而每个权值都是增强网络映射能力的一个参数。在隐藏层中使用太少的神经元，会使得网络从样本中获取信息的能力较差，不足以概括和体现训练集中的样本规律，导致欠拟合（underfitting）；隐藏层中的神经元过多，可能学到样本中非规律性的内容（如噪声等），导致过拟合（overfitting），降低泛化能力，另外，隐藏层中过多的神经元会增加训练时间，增大计算负担。所以，选择合适的隐藏层神经元数量是至关重要的。

2. 隐藏层层数影响分析

双螺旋线

在其他参数相同的情况下，分别选用 1、2、3、4 层隐藏层，使用多层感知机对图 4.45 所示双螺旋线数据集的蓝色和橙色点进行分类。结果如图 4.46 所示。

图 4.45 双螺旋线数据集

从图 4.46 及表 4.4 中可以得到与之前类似的结论。随着隐藏层层数的增加，分类边界变得更加复杂且准确。而多层感知机在训练集和测试集上的损失也在降低，隐藏层层数为 4 时达到了较理想的效果。

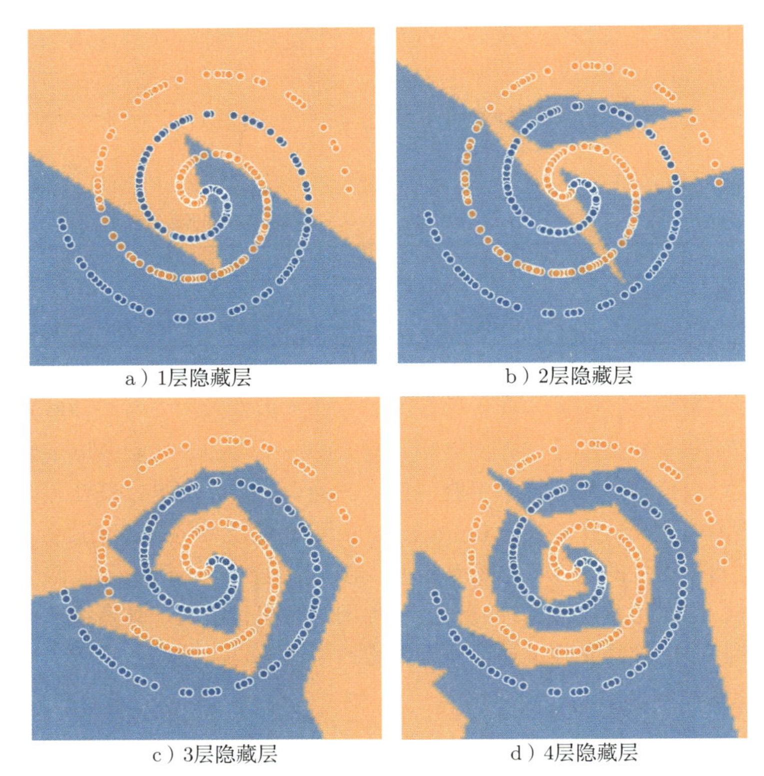

图 4.46 不同层数隐藏层拟合表现

表 4.4 不同层数隐藏层在训练集和测试集上的损失

隐藏层层数	1	2	3	4
训练集损失	0.454	0.345	0.008	0.000
测试集损失	0.4595	0.340	0.052	0.031

MNIST 手写数字集

同样地，以 MNIST 手写数字数据集为例，探究其他参数相同而隐藏层层数为 1、2、3、4 的多层感知机在该数据集上的分类表现。

从表 4.5 可以看出，与之前探究隐藏层神经元数量的影响类似，随着层数的增加，多层感知机的准确率通常越来越高；但隐藏层层数增加到一定数量后，训练难度增大但对准确率的提升变小，甚至出现准确率下降的情况。

表 4.5 不同层数隐藏层在手写数字集上的表现

隐藏层层数	1	2	3	4
错误样本数	44	36	35	42
准确率	95.35%	96.19%	96.30%	95.56%

层数越多，理论上拟合函数的能力增强，效果一般会更好。但更多的层数可能会带来过拟合问题，同时层数越深，参数会爆炸式增长，出现梯度消失或梯度爆炸现象，增加训练难度，使模型难以收敛。对于简单的数据集，一两层隐藏层通常就足够了；但对于涉及时间序列或计算机视觉的复杂数据集，则需要额外增加层数。Yann LeCun 提出的 LeNet-5 有 7 层（不包括输入层），而如今深度学习中的神经网络甚至可以达到上千层。综上所述，选择合适的隐藏层层数同样至关重要。

如何选取隐藏层神经元的数量及隐藏层的层数仍是未解决的问题，目前没有严格的理论指导。在实际应用中，需要通过不断实验来调整隐藏层及神经元的数量，即“试错法”（trial-by-error）。如果欠拟合，逐渐增加隐藏层和神经元；如果过拟合，逐渐减少层数和神经元数量。

思考

更深的网络和更宽的网络哪一个更好？

在神经网络中，更深的网络和更宽的网络都可以提高模型的表现能力，但是它们各有优缺点。

更深的网络通常可以学习到更复杂、更抽象的特征，因为深层网络可以通过多个层级的非线性变换来捕捉数据中的更高阶特征。此外，更深的网络还可以提高模型的泛化能力，因为它们具有更多的参数，可以更好地拟合复杂的数据分布。但是，更深的网络可能会面临梯度消失和梯度爆炸的问题，这可能会导致训练过程变得非常困难。

更宽的网络则具有更多的神经元，可以通过增加神经元的数量来提高模型的表现能力。更宽的网络可以学习到更多的低阶特征，这有助于模型在输入数据的不同维度上更好地分离。与更深的网络相比，更宽的网络通常更容易训练，因为它们具有更多的梯度信息，并且可以使用更大的学习率进行优化。但是，更宽的网络需要更多的计算资源和更长的训练时间，这可能会对模型的实际应用造成一定的限制。

综上所述，更深的网络和更宽的网络都可以提高模型的表现能力，但在实际应用中需要根据数据集的特征和计算资源的限制来选择合适的模型。对于较为简单的数据集，更宽的网络可能会更加适合，而对于更复杂的数据集，更深的网络可能会更加有效。

4.4.3 神经元排列方式的影响

神经元的排列方式和类型对结果会产生一定影响，本节对这种影响做出简要讨论并给出数学解释。线性神经元组成的神经网络只对输入进行线性组合，多个线性神经网络模块组合在一起能够拟合的模型还是线性模型，如果模型只含线性变换的神经元，并且以全连接的方式组织，增加神经网络的层数并不会提高神经网络的表达能力。即使改变排列方式，线性神经元组成的神经网络也无法拟合非线性函数。下面通过两个线性神经网络来解释说明。图 4.47a 和图 4.47b 所示的两个线性神经网络的神经元个数相同，但神经元排列方式不同。它们的隐藏神经元以及输出神经元的关于输入和连接权值的数学表达式如式 (4.83) 和式 (4.84) 所示，从中可以发现输出结果都是 x_1 和 x_2 的线性组合，显然无法拟合非线性函数。实际上，固定其中一个网络的参数，另一个网络都可以通过适当地选取参数使得两个网络的输出结果完全相同。即可以通过特定的参数选择使得这两个网络对相同的输入产生完全相同的输出。因此这两个线性神经网络的表达能力是相同的。

$$
\begin{aligned}
o_1 &= w_{13}x_1 + w_{23}x_2 \\
o_2 &= w_{14}x_1 + w_{24}x_2
\end{aligned}
\tag{4.83}
$$

$$o_3 = w_{35}o_1 + w_{45}o_2 = (w_{13}w_{35} + w_{14}w_{45})x_1 + (w_{23}w_{35} + w_{24}w_{45})x_2$$

$$\begin{aligned} o_1 &= w_{13}x_1 + w_{23}x_2 \\ o_2 &= w_{34}o_1 = w_{13}w_{34}x_1 + w_{23}w_{34}x_2 \\ o_3 &= w_{45}o_2 = w_{13}w_{34}w_{45}x_1 + w_{23}w_{34}w_{45}x_2 \end{aligned} \tag{4.84}$$

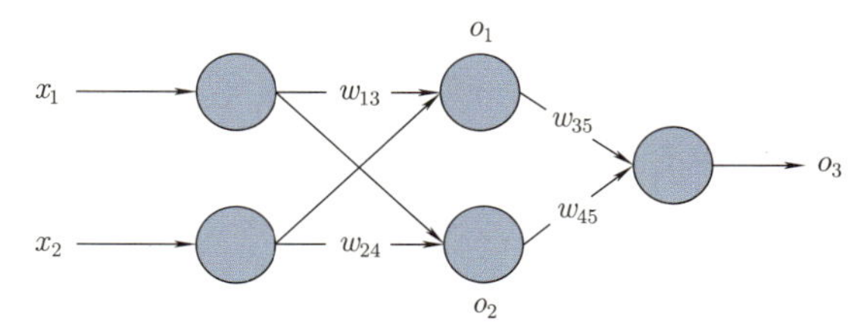

a）线性神经元排列方式1

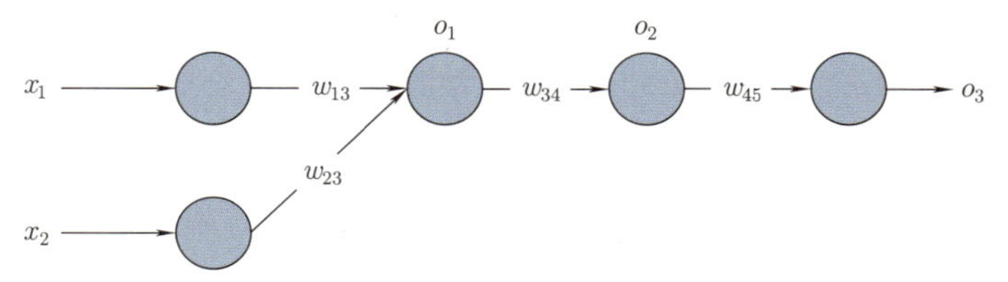

b）线性神经元排列方式2

图 4.47 线性神经网络不同排列方式示例

非线性神经网络的神经元在线性神经元的基础上引入了激活函数。在激活函数是单调函数的情况下，单一非线性神经元可以拟合任意连续单调增（减）函数。改变非线性神经网络神经元的排列方式可以改变神经网络的拟合能力。下面同样通过两个非线性神经网络来解释说明。图 4.48a 和图 4.48b 所示的两个非线性神经网络的神经元个数相同，但神经元排列方式不同。它们的隐藏神经元以及输出神经元的关于输入和连接权值的数学表达式如式 (4.85) 和式 (4.86) 所示，从中可以发现图 4.48a 的输出结果是两个关于 x 的 Sigmoid 函数的线性组合，而图 4.48b 的输出结果是关于 x 的 Sigmoid 复合函数。这两者之间是不能相互拟合的，即不能通过特定的参数选择使得两者针对相同的输入产生完全相等的输出，因此这两个非线性神经网络的表达能力是不同的。

$$\begin{aligned} z_1 &= w_{12}x \\ z_2 &= w_{13}x \\ o_1 &= f(z_1) = \frac{1}{1+\mathrm{e}^{-w_{12}x}} \end{aligned}$$

$$
\begin{aligned}
o_2 &= f(z_2) = \frac{1}{1+\mathrm{e}^{-w_{13}x}} \\
o_3 &= w_{24}o_1 + w_{34}o_2
\end{aligned} \tag{4.85}
$$

$$
\begin{aligned}
z_1 &= w_{12}x \\
o_1 &= f(z_1) = \frac{1}{1+\mathrm{e}^{-w_{12}x}} \\
z_2 &= w_{23}o_1 \\
o_2 &= f(z_2) = \frac{1}{1+\mathrm{e}^{-w_{23}o_1}} \\
o_3 &= w_{34}o_2
\end{aligned} \tag{4.86}
$$

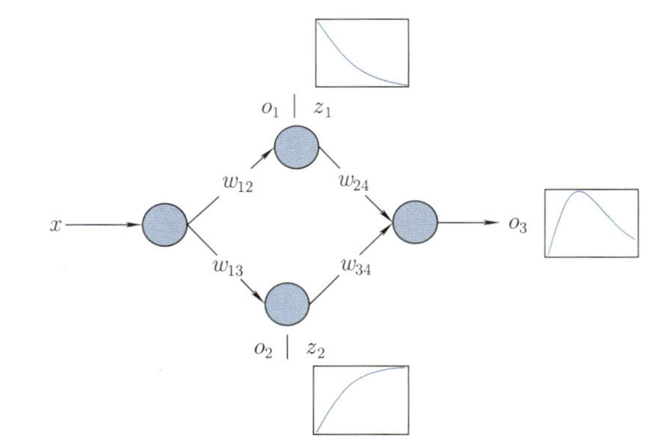

a）非线性神经元排列方式1

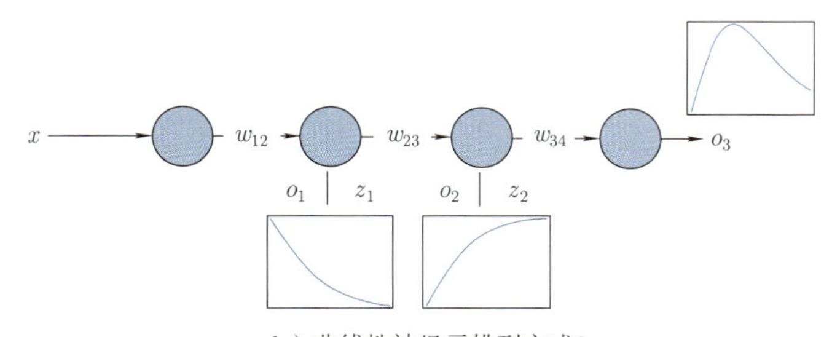

b）非线性神经元排列方式2

图 4.48　非线性神经网络不同排列方式示例

通用近似定理表明前馈神经网络只需一个包含足够多神经元的隐藏层，就能以任意精度拟合任意复杂度的函数。虽然仅有一个隐藏层的神经网络可以拟合任何一个函数，但是这样浅层的神经网络需要很多神经元，学习和泛化能力也相对较弱，对数据深层特征的表征能力较弱，无法处理复杂任务。具有多个隐藏层的深层学习神经网络，每一层的神经元数目相对较少，拥有更加优越的特征学习能力，可以通过对深层非线性网络结构和参数的优化去拟合浅层学习神经网络（即使采用大量神经元）难以逼近的复杂函数。

4.5 多层感知机的应用

在实际中通过多个框架（如 scikit-learn、MXNet、PyTorch、TensorFlow 等）提供的高级 API 可以简洁地实现多层感知机。这些框架都提供了较为详尽的官方文档，读者可利用丰富的网络资源进行学习。

4.5.1 环数据集分类任务

通过搭建单隐藏层感知机对图 4.49 所示的环数据集进行分类。其输入层有 2 个神经元，单隐藏层有 4 个神经元，输出层只有一个神经元，使用 ReLU 函数作为激活函数。

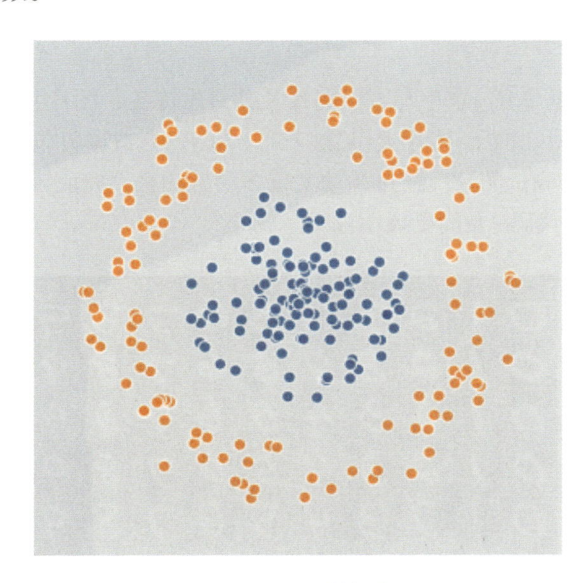

图 4.49 环数据集

经过 300 次迭代后，环数据集分类结果如图 4.50 所示。可以看到该神经网络学到了很好的分类边界，证明了多层感知机有很强大的非线性表示能力。

playground.tensorflow.org 网站以可视化的方式展示了该示例。

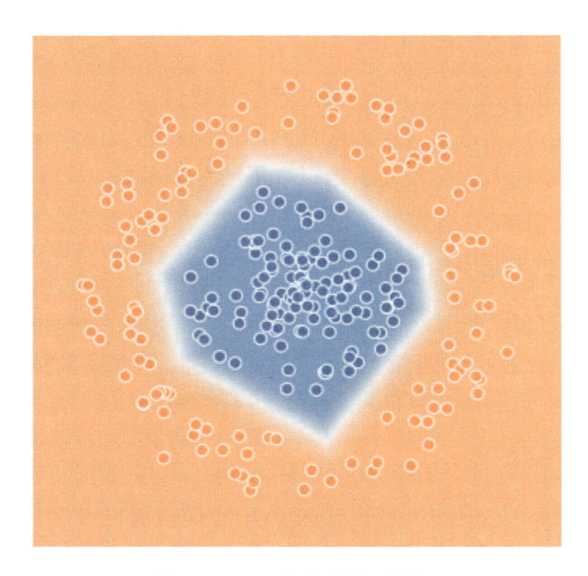

图 4.50 环数据集分类结果

4.5.2 手写数字分类任务

MNIST 数据集[一]包含手写数字图片及其对应标签，图片共有 10 类，分别对应 $0 \sim 9$（见图 4.51），图片大小 28×28。MNIST 数据集包含 60000 张训练图片和 10000 张测试图片。通过手动实现多层感知机，完成 MNIST 数据集的数字分类任务，代码[二]及简要说明如下。

图 4.51 MNIST 数据集样本

[一] 可以在 http://yann.lecun.com/exdb/mnist/下载实验数据。

[二] 具体项目代码可以在 https://cs.nju.edu.cn/rinc/publish/books.html 找到。

在分类准确率（acc）的计算公式中，$|y_{\text{true}}|$ 代表预测样本正确的数目，$|y|$ 代表总预测样本数，

$$\text{acc} = \frac{|y_{\text{true}}|}{|y|} .$$

1. 数据读取

首先创建文件夹./dataset，存放下载好的数据集。MNIST 数据集以二进制格式存储，需要将其读取并转换为 np.array 格式以便于后续处理。将数据转换为 np.array 之后，对图片和标签数据进行简要处理。

数据集组成：

- train-images-idx3-ubyte.gz: 训练集图片 (9912422 字节)
- train-labels-idx1-ubyte.gz: 训练集标签 (28881 字节)
- t10k-images-idx3-ubyte.gz: 测试集图片 (1648877 字节)
- t10k-labels-idx1-ubyte.gz: 测试集标签 (4542 字节)

```
def load_dataset():
    dataset = {}
    for key in file_dict.keys():
        if key in ['train_img', 'test_img']:
            dataset[key] = _load_img(key)

        if key in ['train_label', 'test_label']:
            dataset[key] = _load_label(key)
    # shuffle step
    index = [i for i in range(train_size)]
    random.shuffle(index)
    train_img = dataset['train_img'][index]
    train_label = dataset['train_label'][index]
    test_img = dataset['test_img']
    test_label = dataset['test_label']
    return (train_img, train_label), (test_img, test_label)
```

2. 单层感知机的创建

首先实现单层感知机，然后在此基础上构造多层感知机。在下面的代码中，多层感知机包含四个函数，分别是初始化、前向传播、反向传播与梯度更新函数。

初始化函数的功能是对单层感知机的权值和偏差进行初始化，并指定激活函数。前向传播函数将数据乘以权值矩阵后加上偏置，再经过激活函数得到输出结果，同时使用该结果计算激活函数的导数，并且使用 self.pre_output。反向传播函数有两个作用：一是计算下一层误差对本层参数的梯度，二是将误差向前一层传播。关于本层梯度与反向传播误差的计算，参照图 4.52 来理解。首先计算误差 error 对 w 的梯度，根据链式法则：

$$\frac{\partial \text{error}}{\partial w} = \frac{\partial \text{error}}{\partial o}\frac{\partial o}{\partial f}\frac{\partial f}{\partial w}.$$

右侧第一项即为损失对该层输出的导数，对应函数的传入参数 d_error_out，第二项则为激活函数求导数，该值在前向传播函数时已经计算，第三项为神经元输入线性求和之后的值对权值的导数。最后将这三项相乘即为 error 对 w 的偏导数。error 对偏置 $\boldsymbol{b}$ 的导数求法与之类似，不过由于 f 对 $\boldsymbol{b}$ 的导数为 1，所以它的值等于 error 对 f 的导数。对于反向传播误差，将该层的误差与权值矩阵转置相乘即可得到。然后反向传播函数返回该误差，用于网络中前一层的参数梯度与误差的计算。

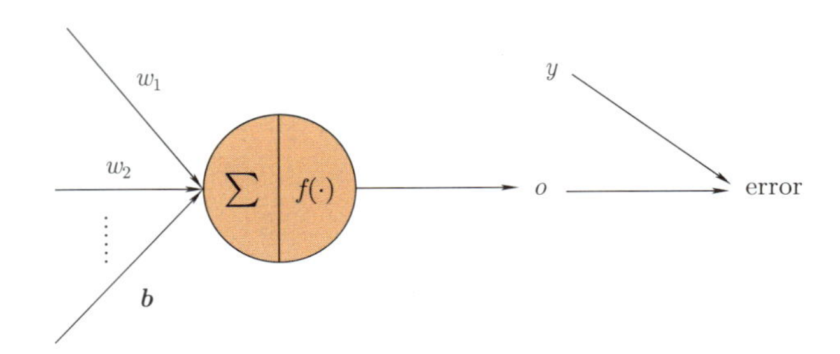

图 4.52 单层感知机梯度下降

```
class Single_Layer():
    def __init__(self, input_dim, output_dim, init_method, weight_scale,
     activate_func, regularization, l_lambda):
        self.input_dim = input_dim
        self.output_dim = output_dim
        self.w = init_w(input_dim, output_dim, init_method, weight_scale)
        self.b = init_b(output_dim, weight_scale)
        self.regularization = regularization
        self.l_lambda = l_lambda

        self.grad_z = None
        self.pre_output = None
        self.dw = None
        self.db = None

        if activate_func == "Relu":
            self.activation = Relu()
        elif activate_func == "LeakyRelu":
            self.activation = LeakyRelu()
        else:
            self.activation = Sigmoid()

    def forward(self, x):
        '''
        前向传播过程
        :param x: 输入
        :return: 返回经过激活函数后的值
        '''

        self.pre_output = x
        y = np.dot(x, self.w) + self.b
```

```
        z = self.activation(y)

        self.grad_z = self.activation.derivative(y)

        return z

    def backward(self, d_error_out):
        '''
        反向传播过程 error->out->net->w,b
        :param d_error_out: error对out求导
        :return: 返回给上一层的error对out的求导
        '''

        d_out_net = self.grad_z  # d_out_net代表out对net的求导结果
        d_net_w = self.pre_output # d_net_w代表net对w的求导结果

        d_error_net = np.multiply(d_out_net, d_error_out) # d_error_net代表error
对net的求导结果，这里应用了链式法则
        d_error_w = np.dot(d_net_w.T, d_error_net) # d_error_w代表error对w的求导
结果，这里应用了链式法则

        self.dw = d_error_w

        d_error_b = d_error_net.sum(axis=0)
        self.db = d_error_b

        d_error_out_ = np.dot(d_error_net, self.w.T) # 给下一层的error对out的求导
的结果为上一层的加权和

        return d_error_out_

    def update(self, lr):

        if self.regularization == 1: # L1正则化
            self.dw += self.l_lambda * np.mean(np.abs(self.w))
        elif self.regularization == 2: # L2正则化
            self.dw += self.l_lambda * np.sqrt(np.mean(np.square(self.w)))
        else: # 不正则化
            self.dw = self.dw

        self.w -= lr * self.dw
        self.b -= lr * self.db

        return None
```

3. 多层感知机的创建

有了单层感知机之后，构建多层感知机就比较容易了。在初始化函数中，需要传入网络每层神经元的个数，例如 [784,800,10]，这样会初始化两个单层感知机，维度分别是 [784,800] 与 [800,10]。然后在前向传播函数中，将数据通过第一层后得到的结果传递给第二层，并通过 Softmax 函数计算输出。在反向传播函数中，首先计算最后一层的误差，并调用单层感知机的反向传播函数，使用该误差计算梯度，并向前一层反向传播误差。将反向传播的误差传递给前一层

后，计算前一层的梯度和误差。当所有梯度计算结束后，调用各个层的参数更新函数来更新网络的参数。

```
class Multi_Layer():
    def __init__(self, layer_dim_list, init_method, weight_scale, activate_func,
     loss_func, lr, regularization, l_lambda):
        self.layer_list = []
        self.lr = lr
        self.regularization = regularization

        for i in range(len(layer_dim_list)-1):
            input_dim = layer_dim_list[i]
            output_dim = layer_dim_list[i+1]
            self.layer_list.append(Single_Layer(input_dim, output_dim,
     init_method, weight_scale, activate_func, regularization, l_lambda))
        self.layer_num = len(self.layer_list)

        if loss_func == 'MSE':
            self.loss_func = MeanSquaredLoss()
        else:
            self.loss_func = CrossEntropyLoss()

    def forward(self, input, target):
        input = input.reshape(input.shape[0], -1)
        out = input
        for layer in self.layer_list:
            out = layer.forward(input)
            input = out

        loss = self.loss_func(out, target)

        return out, loss

    def backward(self, predict, target):
        d_error_out = self.loss_func.derivative(predict, target)

        for idx in range(self.layer_num-1, -1, -1): # 从后往前进行梯度更新
            d_error_out = self.layer_list[idx].backward(d_error_out)

        for layer in self.layer_list: # SGD更新每层的权值
            layer.update(self.lr)
```

4. 反向传播算法

构建完多层感知机之后，就可以开始训练它了。首先，初始化网络：

```
MLP_net = Multi_Layer(layer_dim_list = layer_dim, init_method = init_method,
                    weight_scale = weight_scale,activate_func =
 activate_func,
                    loss_func = loss_func, lr = lr,regularization =
 regularization,
                    l_lambda = l_lambda)
```

在初始化多层感知机时，需要指定网络的结构、权值初始化方式、激活函数、损失函数、是否正则化以及正则化项的权值系数。然后开始训练，以下面

的代码为例，对感知机进行 epoch 轮训练，并在每一轮中遍历所有样例。使用批梯度下降法进行梯度更新，就是以每 batch_size 个样例为一组，计算该组数据误差的均值用于梯度的更新。在训练过程中，通过输出网络的损失可以判断训练是否有效。

```
def train(model, train_data, test_data):
    train_loss_plot = []
    train_acc_plot = []

    best_train_acc = -99
    best_test_acc = -99

    train_img, train_label = train_data
    test_img, test_label = test_data

    train_size = train_img.shape[0]

    train_loss_list = []
    train_acc_list = []

    for i in range(epoch):
        for j in range(0, train_size, batch_size):
            start = j
            end = min(j+batch_size, train_size)
            batch_img = train_img[start : end]
            batch_label = train_label[start : end]
            out, loss = model.forward(batch_img, batch_label)
            train_acc = Accuracy(out, batch_label)

            model.backward(out, batch_label)

            train_loss_list.append(loss)
            train_acc_list.append(train_acc)

        train_loss_mean = np.mean(train_loss_list)
        train_acc_mean = np.mean(train_acc_list)

        train_loss_plot.append(train_loss_mean)
        train_acc_plot.append(train_acc_mean)

        if(train_acc_mean > best_train_acc):
            best_train_acc = train_acc_mean

        if(i%10 == 0):
            print(f'train epoch:{i} ok !')
        #print(f'train--- epoch: {i}, train loss: {train_loss_mean}, train
 acc: {train_acc_mean}')

        if((i+1) % 5 == 0):
            out, test_loss = model.forward(test_img, test_label)
            test_acc = Accuracy(out, test_label)
            if test_acc > best_test_acc:
                best_test_acc = test_acc
            #print(f'test--- epoch: {i}, test acc: {test_acc}')
    print("train done!")
```

```
    best_train_test_acc_str = '(' + '%.2f' % (best_train_acc) + ' ,' +
'%.2f' % (best_test_acc) + ')'
    draw_loss(train_loss_plot, hyperparam_str)
    draw_acc(train_acc_plot, best_train_test_acc_str, hyperparam_str)
```

4.5.3 Fashion-MNIST 分类任务

由 Zalando 旗下的研究部门提供的 Fashion-MNIST 是一个替代 MNIST 手写数字集的图像数据集。它涵盖了来自 10 种类别的共 7 万个不同商品的正面图片（如表 4.6 所示）。Fashion-MNIST 的大小、格式和训练集与测试集划分与原始的 MNIST 手写数字集完全一致。

表 4.6 Fashion-MNIST 中的类别名及示例图片

标签	类别	示例图片
0	T 恤	
1	裤子	
2	套衫	
3	裙子	
4	外套	
5	凉鞋	
6	衬衫	
7	运动鞋	
8	包	
9	踝靴	

接下来分别使用 MXNet、PyTorch 和 TensorFlow 搭建一个具有单隐藏层的多层感知机进行分类。输入是 28×28 的灰度图像，隐藏层包含 256 个神经元并使用 ReLU 激活函数进行激活，输出层包含 10 个神经元（即 10 种类别）。

MXNet：

```
from mxnet.gluon import nn
```

```
net = nn.Sequential()
net.add(nn.Dense(256, activation='relu'), nn.Dense(10))
```

PyTorch:

```
from torch import nn
net = nn.Sequential(nn.Flatten(), nn.Linear(784, 256), nn.ReLU(), nn.Linear
(256, 10))
```

TensorFlow:

```
import tensorflow as tf
net = tf.keras.models.Sequential([
    tf.keras.layers.Flatten(),
    tf.keras.layers.Dense(256, activation='relu'),
    tf.keras.layers.Dense(10)])
```

将迭代轮数设置为 10，学习率设置为 0.1，可以得到如图 4.53 所示的结果。

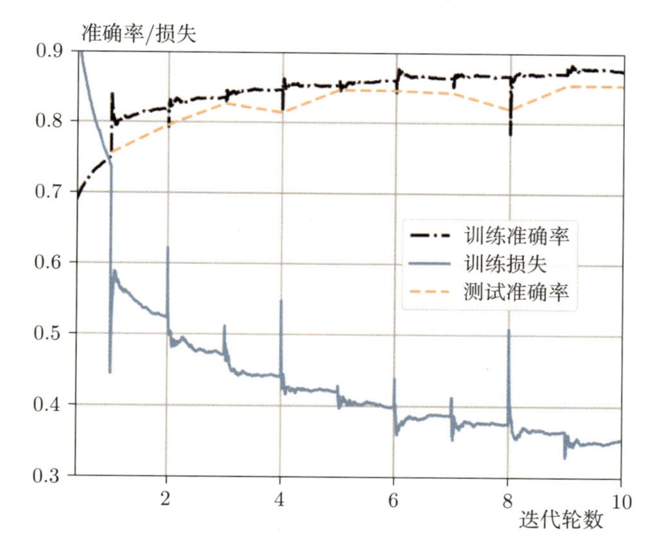

图 4.53 Fashion-MNIST 分类结果

测试准确率为 85.72%，并没有达到很高的水准。

> **思考**
>
> 根据本章知识，哪些改进可以帮助该多层感知机提升分类准确率？

4.5.4 函数拟合任务

根据通用近似定理可知，只要有足够多的参数，神经网络能够近似任意连续函数。

举例说明，函数 $t = \mathrm{e}^{-100(x-0.5)^2}$ 的函数图像如图 4.54 所示。

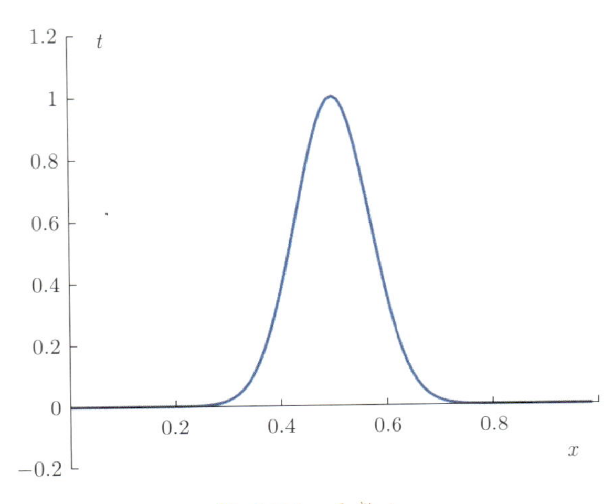

图 4.54 函数 t

下面采用一个如图 4.55 所示的单隐藏层感知机模型逼近该函数，其中隐藏层含有两个神经元且使用 Sigmoid 激活函数，输出层只含一个神经元。

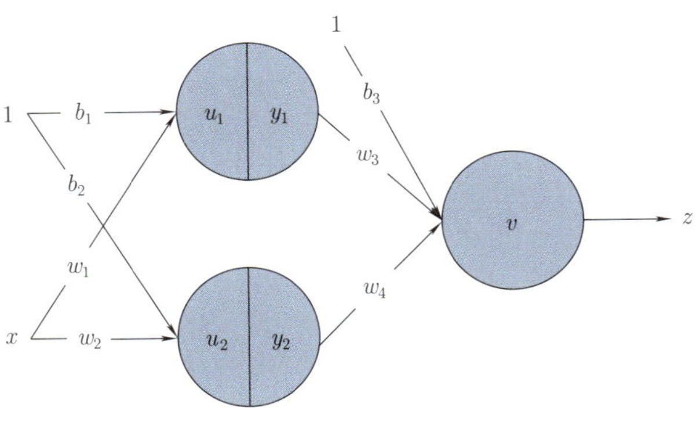

图 4.55 网络结构

图 4.55 中 x 为输入，b_1 和 b_2 分别为两个隐藏神经元的偏置，w_1 和 w_2 分别为输入到两个隐藏神经元的权值，b_3 为输出神经元的偏置，w_3 和 w_4 分别为两个隐藏神经元到输出神经元的权值。因此，该神经网络中一共有 7 个未知权值，对神经网络的训练就是对这些未知权值进行调整。

初始权值下网络的输出值和目标函数的值相差很大，通过对网络进行训练，网络中各权值会产生较大的变化。选取初始权值、训练过程中的两次中间权值和训练完成后的最终权值，这四组网络权值随训练过程的变化如表 4.7 所示。

表 4.7 权值随训练过程的变化

	b_1	b_2	w_1	w_2	b_3	w_3	w_4
初始权值	0.0	0.0	1.188	−1.295	0.002	−0.013	0.483
中间权值 1	6.093	3.058	−9.292	−8.985	−0.114	1.131	−1.128
中间权值 2	11.14	8.594	−18.834	−21.314	−0.025	1.122	−1.135
最终权值	28.258	20.088	−48.348	−48.338	0.008	0.986	−0.995

如图 4.56 所示，将中间权值与最终权值的拟合结果通过图像表示出来，可以更好地观察拟合效果。其中 L1、L2、L3 曲线分别代表中间权值 1、中间权值 2、最终权值的拟合效果。随着网络的训练，拟合结果越来越接近目标函数，网络的最终输出基本上与目标函数一致。

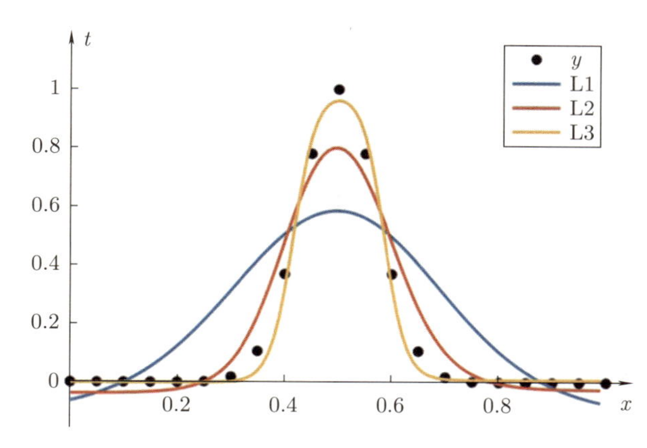

图 4.56 三组权值的拟合效果

4.5.5 曲面拟合任务

同样地，曲面也可以使用多层感知机来拟合。曲面 $z = \sin x - \cos y, x \in [-5,5], y \in [-5,5]$ 的图像如图 4.57 所示。

使用单隐藏层感知机来拟合，其中隐藏层使用 ReLU 作为激活函数。首先将隐藏层神经元的数量设为 4，训练结果如图 4.58 所示，训练完成后的模型并不能很好地拟合原始曲面 z。

从图 4.58 可以看出，4 个神经元无法很好地表示这个二维曲面，因此将隐藏层神经元的数量增加到 32 以提高网络性能，训练结果如图 4.59 所示，此时可以很好地拟合原始曲面 z。

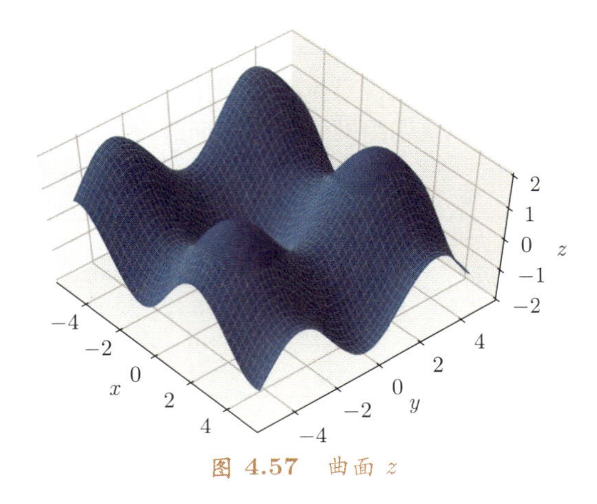

图 4.57 曲面 z

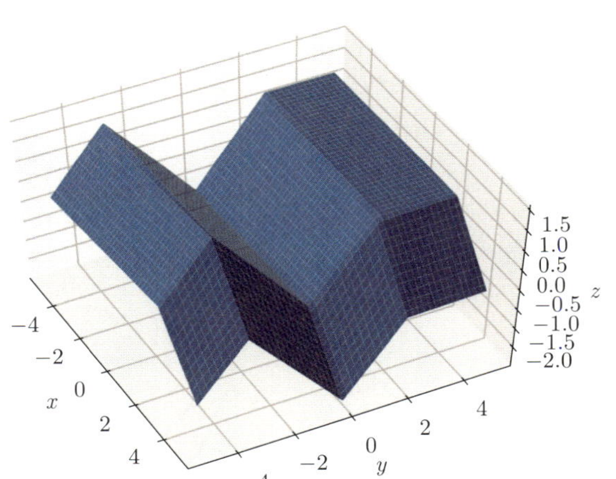

图 4.58 隐藏层神经元数量为 4 时的拟合结果

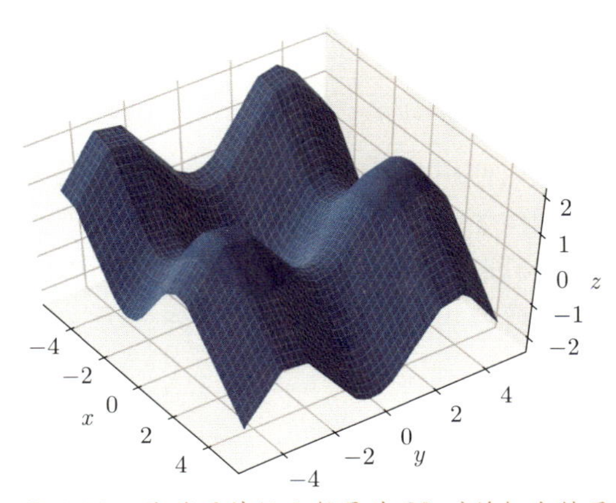

图 4.59 隐藏层神经元数量为 32 时的拟合结果

4.6 小结

本章由单层感知机的局限性引出了多层感知机，介绍了多层感知机的基本概念、学习方法、相关理论和在分类任务上的应用。其中，反向传播方法和推导过程十分重要。反向传播算法是深度学习的核心算法，理解本章多层感知机的反向传播算法是继续学习神经网络和深度学习的基础。

练习

1. 单层感知机有什么局限，造成其局限性的原因是什么，该如何解决?
2. 相对于单层感知机而言，多层感知机有什么优点，又带来了什么问题?
3. 若模型欠拟合，应该优先选择增加多层感知机的层数还是增加每层中的神经元个数，为什么?
4. 比较平均绝对误差与均方误差的优劣，了解其他误差函数。
5. 描述梯度下降的优缺点和局部最小值的定义，使用梯度下降方法优化 Himmelblau 函数：$f(x,y)=(x^2+y-11)^2+(x+y^2-7)^2$，可使用 PyTorch 框架。(Himmelblau 函数可视化代码如下。)

```
import numpy as np
import matplotlib.pyplot as plt
from mpl_toolkits.mplot3d import Axes3D
def him(x):
    return (x[0]**2+x[1]-11)**2 + (x[0]+x[1]**2-7)**2

x = np.arange(-6,6,0.1)
y = np.arange(-6,6,0.1)
X,Y = np.meshgrid(x,y)
Z = him([X,Y])

fig = plt.figure()
ax = fig.gca(projection='3d')
ax.plot_surface(X,Y,Z,cmap='rainbow')
ax.set_xlabel('x[0]')
ax.set_ylabel('x[1]')
ax.set_zlabel('f')
fig.show()
```

6. 在第 5 题的基础上，使用不同的优化器并添加动量参数 momentum，观察收敛过程以及最后的收敛结果。
7. 设计单层感知机，使其满足 $y=\sigma(Wx+b)$。(其函数定义如以下代码所示，只须完成其实现。)

```
class Layer():
    def __init__(self,input_dim,output_dim,bias=True):
        None
    def __call__(self,x,train=False):
        None
    def forward(self,x,train):
        None
    #反向传播函数
    def backward(self,error,eta):
        None
```

8. 在第 7 题的基础上，使用 Layer 类完成多层感知机的构造。(其函数定义如以下代码所示，只须完成其实现。)

```
class MLP():
    #构造函数，参数dimension为多层感知机每层的神经元个数，如[2,3,4]
    def __init__(self,dimension):
        None
    def __call__(self,x,train):
        None
     def forward(self,x,train):
        None
    #反向传播函数
    def backward(self,error,eta):
        None
```

9. 通过自己实现的两层神经网络，完成对 $\cos(2\pi x)$ 函数的拟合，并绘制出效果图。(提示：通过取样余弦函数上坐标点形成数据集进行训练。)
10. 通过自己实现的单隐藏层多层感知机来完成 Fashion-MNIST 数据集分类，给出训练过程和测试过程的准确率及损失函数变化曲线。(部分示例代码如下所示。)

```
# 导入数据集
import torch
import torchvision
import torchvision.transforms as transforms
train_data = torchvision.datasets.FashionMNIST(root='~/data',train=True,
     download=True,transform=transforms.ToTensor())
test_data = torchvision.datasets.FashionMNIST(root='~/data',train=False,
     download=True,transform=transforms.ToTensor())
# 创建多层感知机
num_inputs, num_outputs, num_hiddens = 784, 10, 256
W1 = torch.normal(0, 0.01, (num_inputs, num_hiddens), dtype=torch.float,
     requires_grad=True)
b1 = torch.zeros(num_hiddens, dtype=torch.float,requires_grad=True)
W2 = torch.normal(0, 0.01, (num_hiddens, num_outputs), dtype=torch.float
     ,requires_grad=True)
b2 = torch.zeros(num_outputs, dtype=torch.float,requires_grad=True)
def linear(x,W1,W2,b1,b2):
    h = relu(torch.matmul(x.view(-1,num_inputs),W1)+b1)
    return torch.matmul(h.view(-1,num_hiddens),W2)+b2
```

11. 在上题基础上，通过增加和减少隐藏层神经元的个数，分别给出训练过程和测试过程的准确率及损失函数曲线，分析变化原因。
12. 在上题基础上，通过增加和减少隐藏层的层数，分别给出训练过程和测试过程的准确率及损失函数曲线，分析变化原因。

稍事休息

1988 年，Broomhead、Lowe、Moody 和 Darken 最早将径向基函数用于神经网络设计。RBF（Radial Basis Function，径向基函数）神经网络是一类常用的三层前馈网络，既可用于函数逼近，也可用于模式分类。与其他类型的人工神经网络相比，RBF 网络有生理学基础，具有结构简单、学习速度快、逼近性能优良和泛化能力强等特点。

RBF 神经网络是一种三层神经网络，包括输入层、隐藏层、输出层。从输入空间到隐藏层空间的变换是非线性的，而从隐藏层空间到输出层空间的变换是线性的。

其中 RBF 神经网络的隐藏层包含一组基函数，通常使用径向基函数作为激活函数。径向基函数是以中心为基准的函数，通常采用高斯函数、逆多二次函数等其他类似的函数。每个基函数的中心表示了隐藏层神经元对输入数据的响应程度，而函数的宽度（或方差）控制了响应程度的衰减速度。这意味着不同的基函数对输入数据的不同部分有不同的敏感度。

用 RBF 作为隐单元的“基”构成隐藏层空间，这样就可以将输入向量直接映射到隐藏层空间，而不需要通过权连接。当 RBF 的中心点确定以后，这种映射关系也就确定了。而隐藏层空间到输出空间的映射是线性的，即网络的输出是隐单元输出的线性加权和，此处的权即为网络可调参数，也就是权值。其中，隐藏层的作用是把向量从低维度的 p 维映射到高维度的 h 维，这样低维度线性不可分的情况到高维度就可以变得线性可分了，这主要体现了核函数的思想。这样，网络由输入到输出的映射是非线性的，而网络输出对可调参数而言却又是线性的。网络的权值就可由线性方程组直接解出，从而大大加快学习速度并避免局部极小问题。

总之，RBF 神经网络以其高度非线性、自适应性、训练效率高、维度适应性强、适用于分类和回归、鲁棒性强、易于解释以及可控的网络规模等优点，成为处理复杂非线性问题时的有力工具。它能够灵活应对多种应用，同时具备良好的数据拟合和泛化能力，在实际问题中具有广泛的应用潜力。

第 5 章　神经网络模型优化

神经网络的性能取决于训练数据和模型结构,其中任何一方面出了问题,都有可能使模型效果变差。神经网络模型优化是深度学习中非常重要的一环，对于提高模型的性能和泛化能力具有重要的意义。

常见的数据问题包括数据的不同维度差异过大以及类别不平衡等。假设存在一组水电用量数据，其中用水量取值范围在 2000 到 2300 之间，用电量的取值范围在 40 到 67 之间，用水量和用电量数值的平均值相差较大且数量级差异明显，直接用作训练数据会导致收敛速度变慢，这就是典型的数据不同维度差异过大问题。类别不平衡是指训练数据中不同类别的数据量相差过大。假设存在 1520 份肺癌训练数据，其中患肺癌的人数为 18 人，占比 1.18%；其余为非肺癌患者，人数为 1502，占比 98.82%。不难看出，两种类别的数据比例严重失衡，不平衡的训练数据会使模型倾向于将样本分类为非肺癌患者，使得对肺癌患者样本的分类准确率下降。

常见的模型问题包括过拟合（欠拟合）、梯度爆炸（消失）以及模型过大导致难以训练等。下面以一个例子来说明模型的过拟合（欠拟合）问题。设计一个模型拟合图 5.1 所示的数据。由于只有 5 组数据，如果用线性函数 $\theta_0+\theta_1x$ 拟合数据，如图 5.1a 所示，可以发现数据是偏离模型的，出现了欠拟合问题；如果用 4 次函数拟合数据，如图 5.1b 所示，模型完全拟合训练数据，但是当新数据产生时，模型预测的结果容易偏离实际值，即出现过拟合问题；当模型以二次函数拟合数据时，如图 5.1c 所示，模型在训练数据上的偏差较小，同时新产生的数据也不会偏离模型太多，此时可以认为模型很好地拟合了训练数据且泛化性能强。

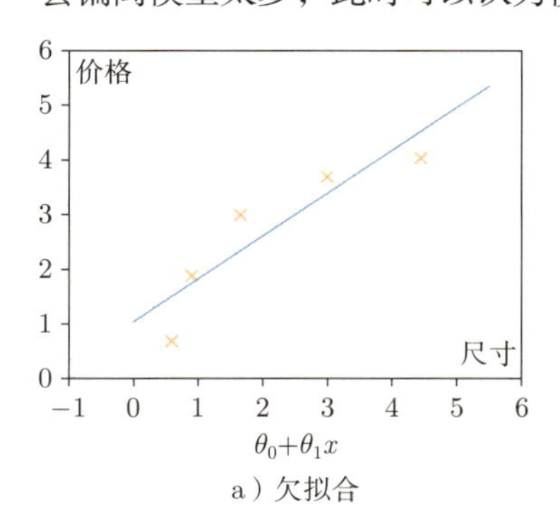

a）欠拟合

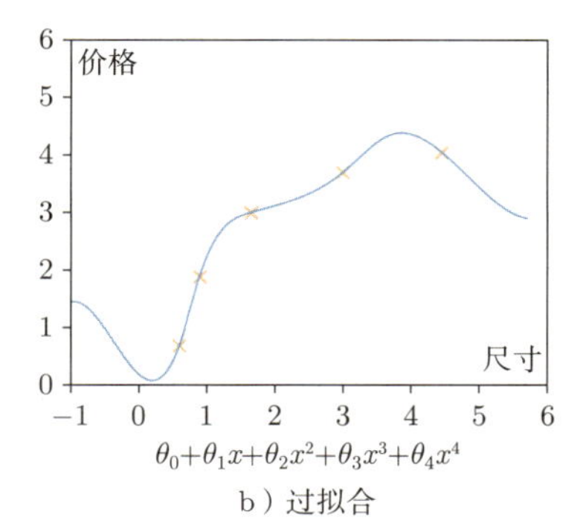

b）过拟合

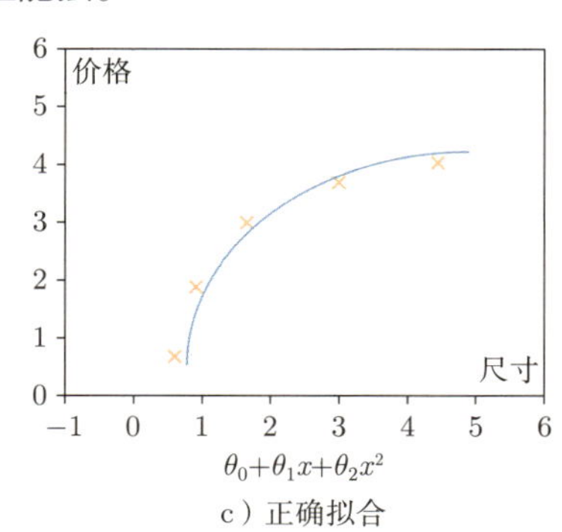

c）正确拟合

图 5.1　模型拟合效果

本章会针对神经网络中出现的模型和数据问题，从学习率、损失函数、正则化、归一化、参数初始化和网络预训练六个方面介绍神经网络模型优化的常用方法。

5.1 学习率

5.1.1 学习率的影响

在梯度下降算法中，根据梯度更新参数时会乘以一个常数 η，即学习率或步长。学习率的大小直接影响模型的训练速度和性能。η 设置过小，会导致收敛速度太慢或者无法跳出局部极小值点；而 η 设置过大，又会导致错过最优解，使得模型无法稳定收敛。

表 5.1 以手写数字数据集为例，展示了不同学习率对模型识别准确率的影响。在本例中，固定随机梯度下降法的迭代次数为 2000 次，将学习率依次设置为 0.0001、0.001、0.01、0.1、0.2 和 0.5。观察实验结果可以发现，模型准确率随学习率的增大呈现先增大后减小的结果。学习率较小时，由于收敛速度很慢，模型在 2000 次迭代内不能收敛，使得准确率明显偏低，因此较小的学习率需要和更大的迭代次数配合使用；然而当学习率超过一定程度后准确率开始下降，这是因为过大的学习率会让模型跳过最优解而无法收敛。

表 5.1 不同学习率在手写数字数据集上的识别准确率

学习率	0.0001	0.001	0.01	0.1	0.2	0.5
错误数量	229	46	43	32	40	89
准确率	75.79%	95.13%	95.45%	96.62%	95.77%	90.59%

图 5.2 展示了使用不同学习率时梯度下降的影响。如图 5.2a 所示，过小的学习率使得每次迭代下降时的步长较小，到达最低点需要更多的迭代次数；合适的学习率如图 5.2b 所示，同时考虑准确率和迭代次数两个方面，用更少的时间到达了最低点；图 5.2c 则展示了过大的学习率可能会导致模型不断跳过最低点，难以收敛。

5.1.2 常见的学习率选择方法

固定的学习率存在种种问题且不够灵活，如果能动态调整学习率，理论上可以在减少迭代次数的同时达到较高的准确率。常见的学习率调整方法可以分为以下四类：

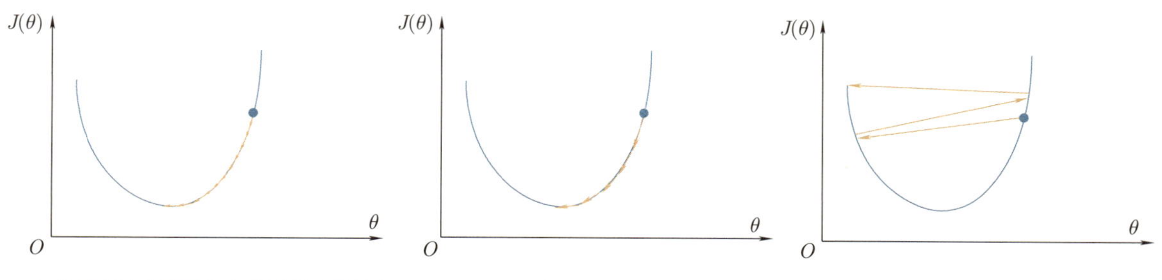

a）学习率过小需要多次更新到达最低点　b）学习率适中迅速到达最低点　c）学习率过大引起剧烈更新导致发散

图 5.2 学习率对梯度下降的影响

- 学习率衰减。在模型开始训练时，采用较大的学习率，然后逐步降低学习率。分段常数衰减、逆时衰减、指数衰减和余弦衰减均属于此类调整方法。
- 学习率预热。首先将学习率设置为较小值，在训练的前期逐步提高学习率到一个预设的值，到达预设值之后再逐步降低学习率。逐渐预热方法属于此类调整方法。
- 周期性学习率调整。学习率的大小呈现周期性变化，如循环学习率和带热重启的随机梯度下降法。
- 自适应学习率调整。自适应是深度学习中比较常用的学习率调整方法，如 AdaGrad、RMSProp 和 Adam。

本节将依次介绍上述学习率调整方法。

1. 学习率衰减

学习率衰减 (learning rate decay) 方法在最开始设置一个较大的学习率来保证收敛速度，随着迭代次数的增加，逐步降低学习率，避免因错过最小值而出现振荡，这种学习率调整方式也被称为学习率退火 (learning rate annealing)。假设初始学习率为 η_0，第 t 次迭代时学习率衰减为 η_t。学习率衰减方法包括分段常数衰减、逆时衰减、指数衰减、自然指数衰减和余弦衰减，可以根据需要选择不同的衰减方法。

分段常数衰减　如图 5.3 所示，在经过 $T_1, T_2, \cdots, T_n$ 次迭代后，学习率分别减小为 $\eta_1, \eta_2, \cdots, \eta_n$，每个阶段的 T_i 和 η_i 可以根据经验进行设置。分段常数衰减的优点是可以在不同阶段设置不同的学习率，实现更精细的调参，增加训练的灵活性。其缺点也显而易见，分段常数衰减要求设计者有足够的经验来选择 T 和 η，如果 T 和 η 选取得不好，模型的性能可能较差。

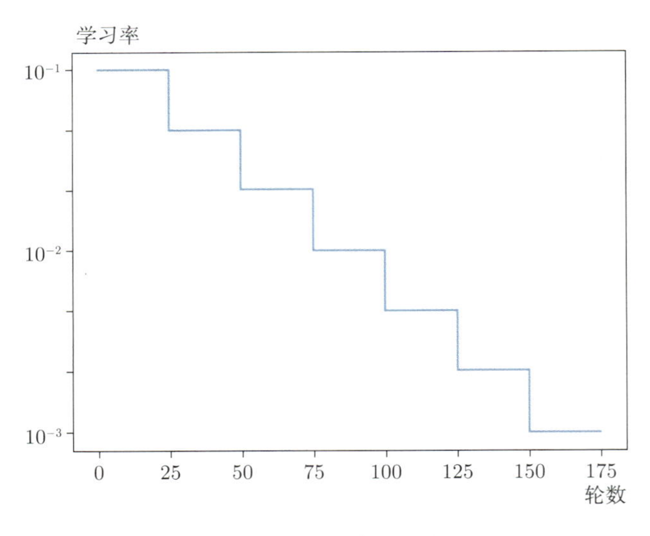

图 5.3 分段常数衰减

其他学习率固定衰减方法 学习率按照固定的公式进行衰减。

逆时衰减:

$$\eta_t = \eta_0 \frac{1}{1+\beta \times t}. \tag{5.1}$$

指数衰减:

$$\eta_t = \eta_0 \beta^t. \tag{5.2}$$

自然指数衰减:

$$\eta_t = \eta_0 \exp(-\beta \times t). \tag{5.3}$$

余弦衰减:

$$\eta_t = \frac{1}{2}\eta_0 \left(1+\cos\left(\frac{t\pi}{T}\right)\right). \tag{5.4}$$

上述衰减方法中，t 表示时间，β 是超参数，随着时间增大，学习率均不断减小，具体选择哪种衰减方法需要视问题而定。

2. 学习率预热

学习率衰减需要在初始阶段设置一个较大的学习率来加快训练，但是初始学习率设置过大会导致模型不稳定。针对这个问题，学习率预热方法在初始几次迭代时先采用较小的学习率训练，待梯度下降到一定程度后，再恢复到初始设置的较大学习率。可以将学习率预热过程比作人类学习的过程，面对全新知识时，人类需要慢慢了解，当积累到一定程度之后就可以适当提高学习新知识的速度。

逐渐预热 在初始阶段，逐渐预热方法的学习率如公式 (5.5) 所示，其中 t 为时间，T 为预先设定的预热迭代次数，η_0 为初始学习率。逐步预热的完整过程如图 5.4 所示，在初始阶段，学习率从 0 开始逐步增加，经历 T 轮迭代之后，学习率预热完成，恢复到初始值 η_0，之后就可以选择一种学习率衰减方法来逐步降低学习率。

$$\eta_t = \frac{t}{T}\eta_0,\ 1 \leqslant t \leqslant T. \tag{5.5}$$

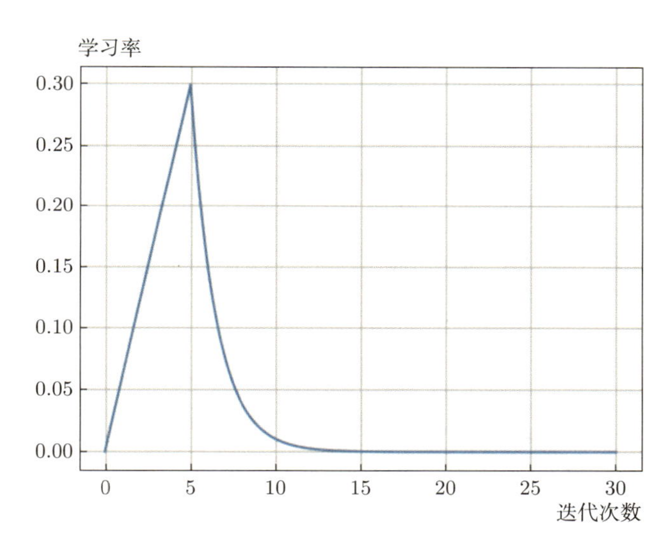

图 5.4 学习率预热

3. 周期性学习率调整

随机梯度下降法可能会陷入局部极小值点或鞍点，为了跳出局部极小值点或鞍点，需要增大学习率。虽然这可能会使模型无法稳定收敛，但是能找到更好的局部最优解。周期性学习率调整就是一种跳出局部极值点和鞍点的方法，下面介绍两种周期性学习率调整方法，分别是循环学习率 (cyclical learning rate，CLR) 和带热重启的随机梯度下降法 (stochastic gradient descent with warm restart，SGDR)。

循环学习率调整 让学习率在一个区间内周期性增大或者减小。图 5.5 为三角循环学习率示意图，学习率呈三角形周期变化，每个循环周期的长度相等，记为 $2\Delta T$。在前 ΔT 步内，学习率线性增大；后 ΔT 步内，学习率线性减小。

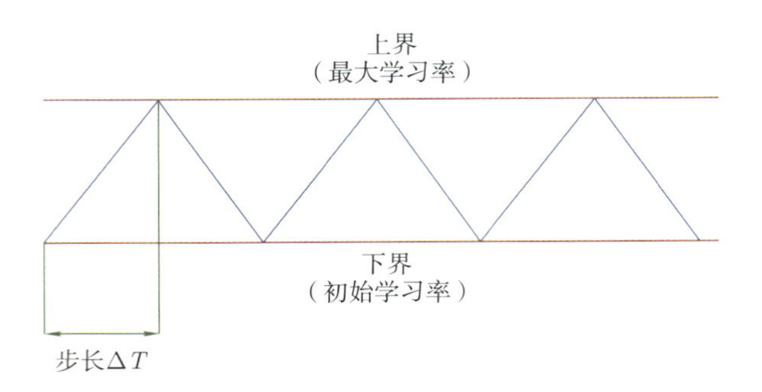

图 5.5 三角循环学习率

下面以一个示例直观地展示循环学习率调整的效果。如图 5.6 所示，在 CIFAR-10 数据集上，分别采用传统学习率更新法、指数学习率更新法和循环学习率调整法，统计准确率随迭代次数的变化。传统学习率更新法需要 70000 次迭代才能达到 81.4% 的准确率，而循环学习率调整法只需要 25000 次迭代就可以达到同样的准确率。

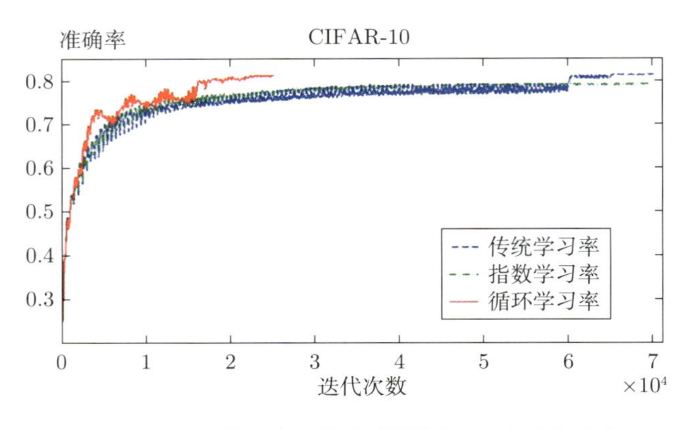

图 5.6 循环学习率调整在 CIFAR-10 上的准确率

带热重启的随机梯度下降 每间隔一定迭代次数后，将学习率重新初始化为预设值，开始新一轮衰减。设间隔迭代次数为 T_0，即每隔 T_0 次迭代后，学习率均会恢复到预设值。设周期扩大因子为 T_{mult}，即每次热重启会使周期长度扩大为上一周期的 T_{mult} 倍。

固定周期进行热重启如图 5.7a 所示，周期 $T_0 = 100$，预设学习率为 1.0，每隔 T_0 次迭代后，学习率会恢复到 1.0，随后再缓慢下降。扩大周期进行热重启如图 5.7b 所示，扩大因子 $T_{\text{mult}} = 2$，每轮循环的周期长度等于上一轮循环周期长度的 2 倍。

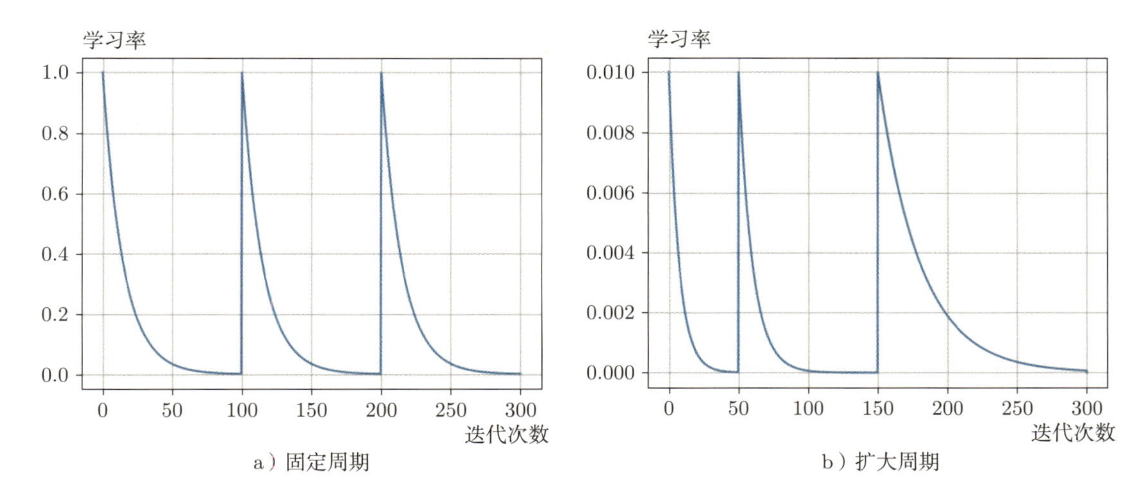

图 5.7 SGDR 学习率变化

图 5.8 是 SGDR 和传统学习率衰减在 CIFAR-10 数据集上所得到的实验结果，与传统学习率衰减方法相比，SGDR 方法在保证相近甚至更好性能的基础上，迭代次数减少到了原来的 25%～50%。

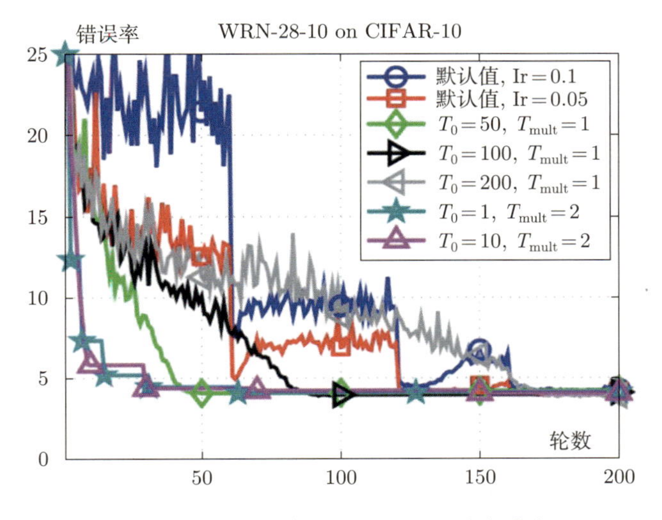

图 5.8 SGDR 在 CIFAR-10 上的准确率

4. 自适应学习率调整

前面介绍的学习率调整方法对模型中的所有参数一视同仁，设置好初始学习率 η_0 后，按照对应的方法完成学习率更新，再按照同一个学习率更新所有参数。但是不同参数对模型的影响是不同的，相同的学习率不一定适合所有参数的更新，为每个参数设置不同的学习率又过于烦琐。考虑到这些问题，研究人员提出了自适应学习率调整方法，根据参数空间的不同自适应地调整学习率，包括自适应梯度（adaptive gradient，AdaGrad）、均方根传播（root mean square propagation，RMSProp）和自适应矩估计（adaptive momentum estimation，Adam）等。

AdaGrad 在训练过程中对不同参数分别计算累积梯度平方和，用于更新对应的学习率。AdaGrad 方法的详细流程如算法 4 所示，对于梯度变化比较大的参数，累积平方梯度 γ_t 更大，学习率下降更快，即高频特征使用较小的学习率；与之相反，对于梯度变化比较小的参数，累积平方梯度 γ_t 更小，学习率下降更慢，即低频特征使用较大的学习率。同时因为累积梯度的影响，学习率不断衰减，满足靠近极值点时需要设置较小学习率的要求。AdaGrad 的缺点也来自学习率不断衰减的特点，在早期迭代过程中，过快的衰减可能会导致后期收敛动力不足，使得 AdaGrad 算法无法获得满意的结果。

算法 4 AdaGrad 算法

输入： 全局学习率 ε
初始化参数 θ
小常数 δ，通常设为 10^{-8} （用于被小数除时的数值稳定）
初始化累计变量 $\gamma=0$
输出： 更新后的模型参数 θ_t

1: **while** 误差大于设定值或未达到最大迭代次数 **do**
2: 从训练集中选取全部样本 $\{x_1,x_2,\cdots,x_m\}$，对应目标为 $\{y_1,y_2,\cdots,y_m\}$。
3: 计算当前梯度：$g_t \leftarrow \frac{1}{m}\nabla_{\theta_1}\sum_i L\left(f_{\theta_i}\left(x_i\right),y_i\right)$
4: 计算累积平方梯度：$\gamma_t \leftarrow \gamma_{t-1}+g_t\odot g_t$ （其中 $\odot$ 表示元素间乘法）
5: 计算参数更新：$\Delta\theta_t=-\frac{\varepsilon}{\delta+\sqrt{\gamma_t}}\odot g_t$
6: 应用参数更新：$\theta_t \leftarrow \theta_{t-1}+\Delta\theta_t$
7: **end while**

RMSProp 在 AdaGrad 算法的基础上，用指数加权移动平均代替累积平方梯度和，避免了 AdaGrad 算法中学习率不断下降导致的过早衰减问题，如公式 (5.6) 所示。RMSProp 算法（见算法 5）引入了衰减因子 ρ。在迭代过程中，学习率的更新由历史梯度信息和当前梯度信息加权得到，因此学习率可能增加也可能减小，缓解了累计梯度导致的学习率大幅度减小的问题，防止学习过早结束。

$$\gamma \leftarrow \rho\gamma+(1-\rho)g\odot g. \tag{5.6}$$

算法 5 RMSProp 算法

输入： 全局学习率 ε，衰减速率 ρ

初始化参数 θ

小常数 δ，通常设为 10^{-6} (用于被小数除时的数值稳定)

初始化累计变量 $\gamma = 0$

输出： 更新后的模型参数 θ_t

1: **while** 误差大于设定值或未达到最大迭代次数 **do**

2: 从训练集中选取全部样本 $\{x_1, x_2, \cdots, x_m\}$，对应目标为 $\{y_1, y_2, \cdots, y_m\}$。

3: 计算当前梯度：$g_t \leftarrow \dfrac{1}{m}\nabla_{\theta_1}\sum_i L\left(f_{\theta_i}\left(x_i\right), y_i\right)$

4: 计算指数加权移动平均：$\gamma_t \leftarrow \rho\gamma_{t-1} + (1-\rho)g_t \odot g_t$

5: 计算参数更新：$\Delta\theta_t = -\dfrac{\varepsilon}{\sqrt{\gamma_t}+\delta} \odot g_t$

6: 应用参数更新：$\theta_t \leftarrow \theta_{t-1} + \Delta\theta_t$

7: **end while**

Adam 融合了动量法和 RMSProp 的思想，使用动量作为参数更新的方向，并引入了偏差修正机制，以在不同的参数更新阶段自适应地调整学习率。Adam 算法见算法 6。

算法 6 Adam 算法

输入： 全局学习率 ε，动量参数 β_1, β_2

初始化参数 θ

小常数 δ，通常设为 10^{-8} (用于被小数除时的数值稳定)

初始化一阶动量 $m_0 = 0$, 二阶动量 $v_0 = 0$

初始化时间步 $t = 0$

输出： 更新后的模型参数 θ_t

1: **while** 误差大于设定值或未达到最大迭代次数 **do**

2: 从训练集中选取全部样本 $\{x_1, x_2, \cdots, x_m\}$，对应目标为 $\{y_1, y_2, \cdots, y_m\}$。

3: 计算当前梯度：$g_t \leftarrow \dfrac{1}{m}\nabla_{\theta_1}\sum_i L\left(f_{\theta_i}\left(x_i\right), y_i\right)$

4: 更新一阶动量：$m_t \leftarrow \beta_1 m_{t-1} + (1-\beta_1)g_t$

5: 更新二阶动量：$v_t \leftarrow \beta_2 v_{t-1} + (1-\beta_2)g_t \odot g_t$

6: 计算偏差修正后的一阶动量：$\widehat{m}_t \leftarrow m_t/(1-\beta_1^t)$

7: 计算偏差修正后的二阶动量：$\widehat{v}_t \leftarrow v_t/(1-\beta_2^t)$

8: 计算参数更新：$\Delta\theta_t = -\dfrac{\varepsilon\widehat{m}_t}{\sqrt{\widehat{v}_t}+\delta}$

9: 应用参数更新：$\theta_t \leftarrow \theta_{t-1} + \Delta\theta_t$

10: **end while**

值得一提的是，不同方法在实际任务上的效果并不是一成不变的，需要针对特定任务进行选择。

思考

四类学习率调整方法各有什么优缺点?

- 收敛速度。分析不同学习率调整策略对模型训练收敛速度的影响。一些方法可能加速初期的收敛，而其他方法可能更注重在训练后期的精细调整。
- 性能稳定性。考虑不同策略在训练过程中的稳定性，包括对初始化参数选择的敏感性和在训练过程中的性能波动。
- 调整复杂度和灵活性。分析实施每种策略的复杂性，包括所需的超参数调整程度和策略本身的灵活性。
- 对于局部最小值的处理。评估这些策略在帮助模型逃离局部最优解方面的能力。

5.2 损失函数

网络预测值和实际值之间的差值称为“误差”，如公式 (5.7) 所示，o 是预测值，y 是实际值，δ 是误差。损失函数是衡量网络预测值和实际值之间差异的函数，记为 $L(y,o)$。神经网络的训练目标就是更好地拟合数据，反映到损失函数上就是最小化损失函数。因此可以通过损失函数来指导模型训练并且度量模型的好坏。神经网络训练的本质就是不断优化损失函数，好的损失函数可以在相同的模型结构上获得更优秀的性能。

$$\delta = L(y,o). \tag{5.7}$$

5.2.1 回归损失函数

1. 平均绝对误差损失

平均绝对误差 (MAE) 损失的计算见公式 (5.8)，其中 $f(x)$ 是预测值，y 是实际值。**MAE 对异常点鲁棒性好，不会扩大异常点对误差的影响。**在梯度更新过程中，MAE 始终保持着稳定的梯度值，但是 MAE 在最低点附近存在突变，不利于模型收敛，MAE 的梯度变化情况如图 5.9 所示。

$$L(y,f(x)) = |f(x) - y|. \tag{5.8}$$

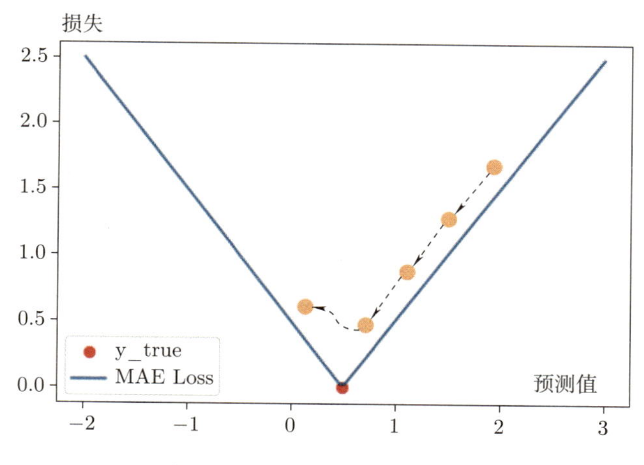

图 5.9 MAE 的梯度变化情况

2. 均方误差损失

均方误差 (MSE) 损失的计算见公式 (5.9)，其中 $f(x)$ 是预测值，y 是实际值。MSE 对于异常点鲁棒性差，任意一个异常点经过公式 (5.9) 计算后，会扩大误差。因此相较于 MAE，MSE 对异常点更加敏感。MSE 在迭代过程中的梯度值和当前状态有关，MSE 的梯度随着更新过程逐渐减小，符合离最低点越近更新越慢的原则，MSE 的梯度变化情况如图 5.10 所示。

$$L(y, f(x)) = (f(x) - y)^2. \tag{5.9}$$

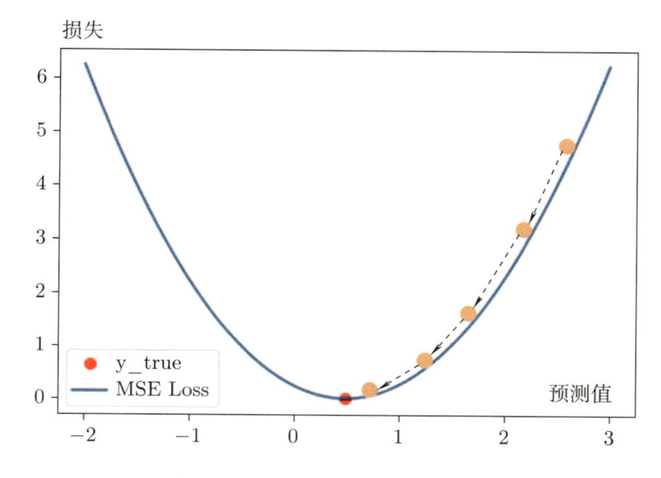

图 5.10 MSE 的梯度变化情况

3. Huber 损失

Huber 损失结合了 MAE 损失和 MSE 损失的优点，公式如下:

$$L(y,f(x))=\begin{cases}\dfrac{1}{2}(f(x)-y)^2 & ,|f(x)-y|\leqslant\delta,\\[2ex] \delta|f(x)-y|-\dfrac{1}{2}\delta^2 & ,|f(x)-y|>\delta,\end{cases}\tag{5.10}$$

其中 δ 是人工确定的超参数。在误差较小时，Huber 损失等价于 MSE 损失；在误差较大时，Huber 损失等价于 MAE 损失，Huber 损失随预测值的变化情况如图 5.11 所示。Huber 损失的缺点是需要人工指定超参数 δ。

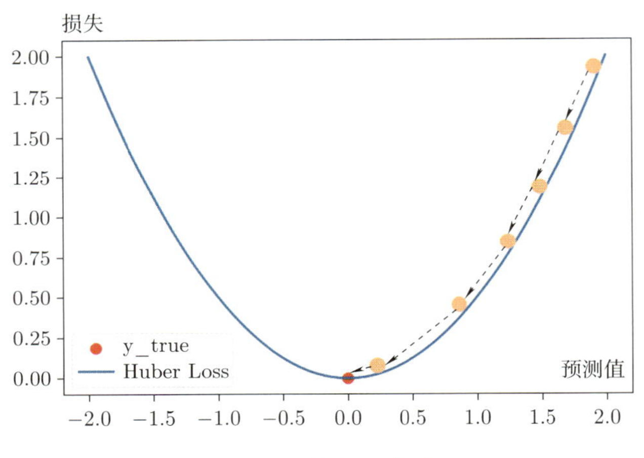

图 5.11 Huber 损失

5.2.2 分类损失函数

1. 交叉熵损失

分类神经网络的最后一层通常包含 Softmax 函数:

$$\sigma(z_i)=\frac{\mathrm{e}^{z_i}}{\sum\limits_{k=1}^{K}\mathrm{e}^{z_k}},\ i=1,2,\cdots,K,\tag{5.11}$$

其中 z 为上一层的输出值，z 经过 Softmax 函数可以得到每个类别的预测概率，利用获得的预测概率即可计算交叉熵损失。交叉熵损失越小，表示预测的概率越接近真实概率分布。

假设存在 n 个样本数据，包含 K 个类别，网络的输出为 $\hat{y}_1,\cdots,\hat{y}_k$，即每个样本属于 K 个类别的概率。真实值 (label) 采用独热编码表示，具体形式为

一个 K 维向量，若目标真实类别为第 i 类，则对应的独热编码第 i 维的值为 1，其余维度的值为 0。单个样本的交叉熵损失为：

$$\begin{aligned}\text{loss} &= -(y_1 \log \hat{y}_1 + \cdots + y_k \log \hat{y}_k) \\ &= -y_i \log \hat{y}_i \\ &= -\log \hat{y}_i,\end{aligned} \tag{5.12}$$

n 个样本的平均交叉熵损失为：

$$L = -\frac{1}{n}\sum_{i=1}^{n}\sum_{j=1}^{K} y_{ij} \log \hat{y}_{ij}. \tag{5.13}$$

2. 示例：损失函数对比

存在一组训练数据，包括三种可预测类别，分别为猫、狗和猪。假设存在两个参数不同的模型，模型的预测值和对应的真实值如表 5.2 所示。可以发现模型 1 和模型 2 对前两个样本均预测正确，对第三个样本预测错误，但是模型 2 对前两个样本预测正确的概率更高，并且在错误预测的样本上的偏差也更小。下面将分别以分类错误率损失、均方误差和交叉熵损失作为损失函数来判断模型在样本上的表现。

表 5.2 模型预测值和真实值

模型 1		
预测	真实	是否正确
0.3 0.3 0.4	0 0 1（猪）	正确
0.3 0.4 0.3	0 1 0（狗）	正确
0.1 0.2 0.7	1 0 0（猫）	错误
模型 2		
预测	真实	是否正确
0.1 0.2 0.7	0 0 1（猪）	正确
0.1 0.7 0.2	0 1 0（狗）	正确
0.3 0.4 0.3	1 0 0（猫）	错误

分类错误率损失定义为：

$$\text{分类错误率} = \frac{\text{分类错误样本数}}{\text{总样本数}},$$

模型 1 的分类错误率损失为：

$$\text{分类错误率} = \frac{1}{3},$$

模型 2 的分类错误率损失为：

$$\text{分类错误率} = \frac{1}{3},$$

模型 1 和模型 2 的分类错误率损失相等，但是直观上模型 2 是优于模型 1 的，因此分类错误率损失并不能很好地反映这两个模型的实际效果。

5.2.1 节提到的 MSE 也可以作为分类损失用于评价模型的效果。模型 1 的均方误差损失为 0.81，模型 2 的均方误差损失为 0.34，MSE 可以捕捉到当前模型 2 的参数优于模型 1。

模型 1 的均方误差损失计算如下：

$$\begin{aligned}
\text{样本 1 loss} &= (0.3-0)^2+(0.3-0)^2+(0.4-1)^2 = 0.54,\\
\text{样本 2 loss} &= (0.3-0)^2+(0.4-1)^2+(0.3-0)^2 = 0.54,\\
\text{样本 3 loss} &= (0.1-1)^2+(0.2-0)^2+(0.7-0)^2 = 1.34,\\
\text{MSE} &= \frac{0.54+0.54+1.34}{3} = 0.81.
\end{aligned}$$

模型 2 的均方误差损失计算如下：

$$\begin{aligned}
\text{样本 1 loss} &= (0.1-0)^2+(0.2-0)^2+(0.7-1)^2 = 0.14,\\
\text{样本 2 loss} &= (0.1-0)^2+(0.7-1)^2+(0.2-0)^2 = 0.14,\\
\text{样本 3 loss} &= (0.3-1)^2+(0.4-0)^2+(0.3-0)^2 = 0.74,\\
\text{MSE} &= \frac{0.14+0.14+0.74}{3} = 0.34.
\end{aligned}$$

交叉熵损失的定义见式 (5.13)，模型 1 的交叉熵损失为 1.37，模型 2 的交叉熵损失为 0.64。很明显，交叉熵损失也能很好地反映模型 1 和模型 2 的差异。

模型 1 的交叉熵损失计算如下：

$$\begin{aligned}
\text{样本 1 loss} &= -(0\times\log 0.3+0\times\log 0.3+1\times\log 0.4) = 0.91,\\
\text{样本 2 loss} &= -(0\times\log 0.3+1\times\log 0.4+0\times\log 0.3) = 0.91,\\
\text{样本 3 loss} &= -(1\times\log 0.1+0\times\log 0.2+0\times\log 0.7) = 2.30,\\
L &= \frac{0.91+0.91+2.3}{3} = 1.37.
\end{aligned}$$

模型 2 的交叉熵损失计算如下：

$$\text{样本 1 loss} = -(0 \times \log 0.1 + 0 \times \log 0.2 + 1 \times \log 0.7) = 0.36,$$

$$\text{样本 2 loss} = -(0 \times \log 0.1 + 1 \times \log 0.7 + 0 \times \log 0.2) = 0.36,$$

$$\text{样本 3 loss} = -(1 \times \log 0.3 + 0 \times \log 0.4 + 0 \times \log 0.3) = 1.20,$$

$$L = \frac{0.36 + 0.36 + 1.2}{3} = 0.64.$$

3. 示例：损失函数对训练过程的影响

假设存在一个单输入单输出的神经元，输入为 1，目标输出为 0。设置初始权值和偏置为 2，此时输出为 0.98，观察模型训练过程中损失函数的变化。

分别以均方误差损失和交叉熵损失作为损失函数，在 300 次迭代后模型的效果如图 5.12 所示。可以发现，采用均方误差损失在初始阶段损失值下降缓慢，权值和偏置变化小，而交叉熵损失前期损失值下降更快。神经元权值和偏置的学习速度基本是由损失函数的导数 $\frac{\partial L}{\partial w}$ 和 $\frac{\partial L}{\partial b}$ 决定的，不同损失函数的导数存在差异，因此设计一个合适的损失函数可以加快模型的收敛速度。

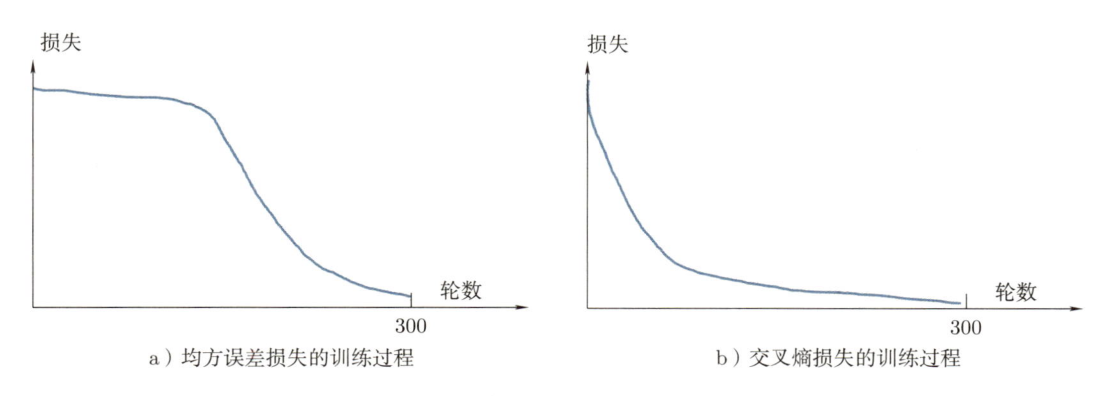

a）均方误差损失的训练过程　　b）交叉熵损失的训练过程

图 5.12　不同损失函数的训练过程

下面对均方误差损失和交叉熵损失的训练速度进行分析。为了方便求导，均方误差损失函数定义为：

$$L = \frac{(y - o)^2}{2},$$

其中 o 是神经元的输出，$x = 1$ 是训练输入，$y = 0$ 是目标输出。训练输入和神经元输出对应如下：

$$o = \sigma(z),$$

$$z = wx + b.$$

使用链式法则计算权值和偏置的偏导数并代入 $x=1$ 和 $y=0$，得到：

$$\begin{aligned}\frac{\partial L}{\partial w} &= (o-y)\sigma'(z)x \\ &= o\sigma'(z)x,\end{aligned}$$

$$\begin{aligned}\frac{\partial L}{\partial b} &= (o-y)\sigma'(z) \\ &= o\sigma'(z),\end{aligned}$$

$\sigma(z)$ 函数这里使用 Sigmoid。交叉熵损失函数可以定义为：

$$L = -\frac{1}{n}\sum_x [y\ln o + (1-y)\ln(1-o)],$$

对应的权值偏导数为：

$$\begin{aligned}\frac{\partial L}{\partial w} &= -\frac{1}{n}\sum_x\left(\frac{y}{\sigma(z)} - \frac{(1-y)}{1-\sigma(z)}\right)\frac{\partial o}{\partial w} \\ &= -\frac{1}{n}\sum_x\left(\frac{y}{\sigma(z)} - \frac{(1-y)}{1-\sigma(z)}\right)\sigma'(z)x \\ &= \frac{1}{n}\sum_x \frac{\sigma'(z)x}{\sigma(z)(1-\sigma(z))}(\sigma(z)-y) \\ &= \frac{1}{n}\sum_x x(\sigma(z)-y).\end{aligned}$$

交叉熵损失函数的权值学习速度取决于 $\sigma(z)-y$，在训练初始阶段，模型预测值和真实值差异大，使得权值的偏导数更大，学习速度也更快，避免了均方误差的“学习缓慢”问题。

思考

当预测误差较小时，使用 MSE 损失函数可能会存在什么问题？

MSE 损失函数在误差较小时，其梯度也会变得非常小。这可能导致在梯度下降过程中出现梯度消失的现象，从而使得模型训练变得非常缓慢或者提前停止更新。

5.3 正则化

5.3.1 泛化能力

泛化能力是指模型从其训练数据中学习并抽象出普遍适用的规则和模式的能力，以便这些规则和模式可以有效地应用于新的、未见过的数据。泛化能力强的模型，可以捕获训练数据中的必要模式并提供对未知数据的可靠预测。

根据模型的泛化能力，可以将模型分为欠拟合、好拟合和过拟合，如图 5.13 所示。黑色曲线为模型学习到的结果，欠拟合是由于模型比较简单，无法学习到数据的特性，不能充分拟合数据而导致偏差过大。过拟合则是由于模型过于复杂，参数过多或者训练数据过少，噪声过多。过拟合的模型会拟合噪声从而弱化泛化能力。好拟合则是模型能够充分学习到数据的特性，并且不会拟合于数据中的噪声。

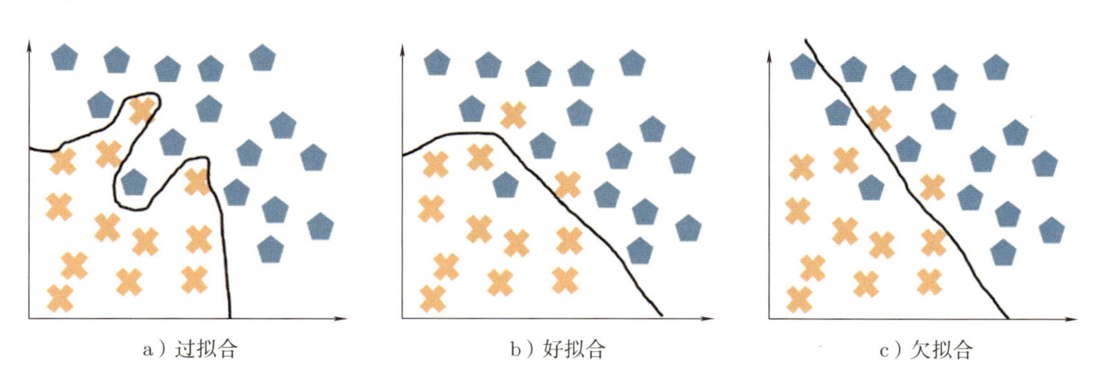

a）过拟合　　b）好拟合　　c）欠拟合

图 5.13 模型拟合

1. 如何评价泛化能力

模型的泛化能力可以从偏差 (bias) 和方差 (variance) 这两个角度来衡量。**偏差衡量了模型预测值和实际值之间的偏离关系**，即模型在样本上拟合得好不好。**方差描述了模型在整体数据上表现的稳定性**，即在训练集和验证集上表现是否一致。

下面用一个例子说明偏差和方差的具体含义。如表 5.3 所示，情况 1 中训练集和验证集错误率均很高，表明此时模型本身性能不够好。情况 2 中训练集和验证集错误率接近，但是训练集的错误率比较高，说明模型预测值和实际值之间偏差较大，此时为高偏差、低方差，模型欠拟合。情况 3 中训练集误差率较低，但是验证集误差率和训练集差距较大，说明模型在整体上表现并不稳定，此时为低偏差、高方差，模型过拟合。情况 4 中训练集和验证集误差率都很低，说明此时模型拟合效果较好。

表 5.3　偏差和方差

情况	1	2	3	4
训练集错误率	16%	13%	2%	4%
验证集错误率	35%	17%	13%	5%

情况 1：高偏差，高方差（差模型）
情况 2：高偏差，低方差（欠拟合）
情况 3：低偏差，高方差（过拟合）
情况 4：低偏差，低方差（好模型）

2. 如何保证泛化能力

图 5.14 中蓝色曲线为过拟合，黄色直线为好拟合。过拟合的本质是模型学习能力太强，学到了样本中的噪声。浅蓝色曲线变化十分剧烈，在变化剧烈的区间内，导数值很大，同时由于自变量可以是任意值，因此权值 w 的绝对值比较大。可以通过减小权值 w 的绝对值来降低网络的复杂度，缓解模型的过拟合问题。与过拟合相反，欠拟合的本质是模型学习比较粗糙，没有学习到希望学习到的知识。

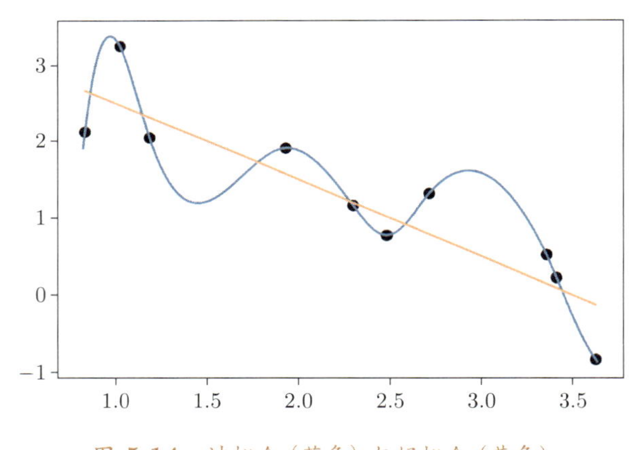

图 5.14　过拟合（蓝色）与好拟合（黄色）

神经网络的灵活性来自隐藏神经元，随着隐藏神经元数量的增多，网络的权值变化增大，网络灵活性也随之增强。因此，为了避免过拟合，需要减小神经网络的灵活性，而为了避免欠拟合，又必须有足够多的神经元保证模型的学习能力。为了找到最优的神经元个数，通常会预先设定较多的神经元，防止欠拟合的情况，然后可以通过正则化方法降低模型的复杂度，从而解决过拟合问题，提升泛化能力。

5.3.2 常见的正则化方法

正则化 (regularization) 表示一类通过限制模型复杂度，避免过拟合，提高泛化能力的方法。只要是能限制模型复杂度，避免过拟合的方法，都可以归为正则化方法。常见的正则化方法包括 $L1$ 和 $L2$ 正则化、丢弃法、提前停止等。

1. $L1$、$L2$ 正则化

$L1$ 正则化，即在损失函数中引入 $L1$ 范数：

$$\|\boldsymbol{x}\|_1=\sum_i \|x_i\|. \tag{5.14}$$

$L2$ 正则化，即在损失函数中引入 $L2$ 范数：

$$\|\boldsymbol{x}\|_2=\left(\sum_i \|x_i\|^2\right)^{\frac{1}{2}}. \tag{5.15}$$

神经网络的优化目标为：

$$\arg\min_{\theta}\frac{1}{N}\left(\sum_i^N L(y_i,f(x_i,\boldsymbol{\theta}))\right), \tag{5.16}$$

其中 $L(.)$ 为损失函数，$f(.)$ 为待学习的神经网络，$\boldsymbol{\theta}$ 为网络的参数，N 为样本数量。结合 $L1$ 正则化后的优化目标为：

$$\arg\min_{\theta}\frac{1}{N}\left(\sum_i^N L(y_i,f(x_i,\boldsymbol{\theta}))+\lambda\|\boldsymbol{\theta}\|\right), \tag{5.17}$$

其中 λ 为正则化系数，修改后的优化目标要求 $\boldsymbol{\theta}\to 0$。每次更新 $\boldsymbol{\theta}$ 时，假设学习率为 α：

$$\begin{aligned}\boldsymbol{\theta} &:= \boldsymbol{\theta}-\alpha \mathrm{d}\boldsymbol{\theta}\\ &= \boldsymbol{\theta}-\frac{\alpha}{N}\left(\frac{\partial L}{\partial \boldsymbol{\theta}}+\lambda \mathrm{Sgn}(\boldsymbol{\theta})\right)\\ &= \boldsymbol{\theta}-\frac{\alpha}{N}\frac{\partial L}{\partial \boldsymbol{\theta}}-\frac{\alpha\lambda}{N}\mathrm{Sgn}(\boldsymbol{\theta}),\end{aligned} \tag{5.18}$$

其中指示函数 $\mathrm{Sgn}(\boldsymbol{\theta})$ 定义为：

$$\mathrm{Sgn}(\boldsymbol{\theta})=\begin{cases}1,\ \boldsymbol{\theta}>0;\\ 0,\ \boldsymbol{\theta}=0;\\ -1,\ \boldsymbol{\theta}<0.\end{cases} \tag{5.19}$$

可以看出，在模型的更新过程中参数 $\boldsymbol{\theta}$ 不断减小，使得更多 $\boldsymbol{\theta}$ 变为 0，整体权值矩阵更加稀疏，抑制过拟合问题。$L2$ 正则化与之类似，加入 $L2$ 正则化后的优化目标为：

$$\arg\min_{\boldsymbol{\theta}} \frac{1}{N}\left(\sum_{i}^{N} L(y_i, f(x_i, \boldsymbol{\theta})) + \lambda\boldsymbol{\theta}^2\right), \tag{5.20}$$

每次更新参数 $\boldsymbol{\theta}$ 时，更新公式为：

$$\begin{aligned}\boldsymbol{\theta} &:= \boldsymbol{\theta} - \alpha \mathrm{d}\boldsymbol{\theta} \\ &= \boldsymbol{\theta} - \frac{\alpha}{N}\left(\frac{\partial L}{\partial \boldsymbol{\theta}} + 2\lambda\boldsymbol{\theta}\right) \\ &= \left(1 - \frac{2\alpha\lambda}{N}\right)\boldsymbol{\theta} - \alpha\frac{\partial L}{N\partial \boldsymbol{\theta}}.\end{aligned} \tag{5.21}$$

由于 $\boldsymbol{\theta}$ 的范围在 0 到 1 之间，每次更新时，权值逐渐减小，趋向于 0。相较于 $L1$ 正则化，$L2$ 正则化并不会让参数变为 0，而是逐渐减小。以图 5.15 中二维权值的正则化为例，在同一等值线上，$L1$ 正则化与等值线相交的点位于坐标轴上，从而使得其中一个参数变为 0；而 $L2$ 与等值线相交的点不在坐标轴上，因此不能让参数变为 0。

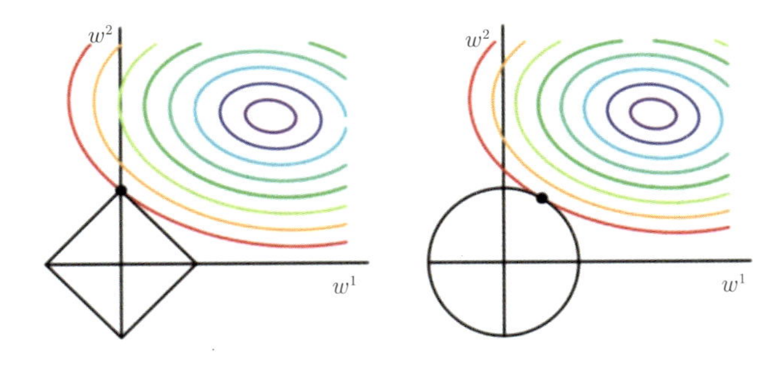

图 5.15 $L1$ 和 $L2$ 正则化的原理

图 5.16 展示了 $L1$ 和 $L2$ 正则化的函数及其对应的导数。对于 $L1$ 正则，无论正则化项的大小如何（0 除外），每次梯度更新时，梯度为 1 或 −1，导致 $L1$ 稳定向 0 靠近。对于 $L2$ 正则，随着变量靠近 0，其梯度逐渐减小。最终，$L1$ 正则可能为 0，$L2$ 正则却几乎不可能，所以带 $L1$ 正则项训练的模型更容易得到稀疏解。

下面通过一个示例来介绍 $L1$ 和 $L2$ 正则化。在二维空间中，存在一组数据点，被划分为四个点集，包括两种类别。如图 5.17 所示，浅色数据点为训练集，深色数据点为验证集，实验模型为包含一个隐藏层的神经网络，隐藏层包含 5 个神经元，激活函数为 ReLU 函数。由于训练数据偏少，网络学到的分布容易偏离正确的分布，出现过拟合问题。我们进行了不采用正则项化、采用 $L1$ 正则化和采用 $L2$ 正则化三组实验。

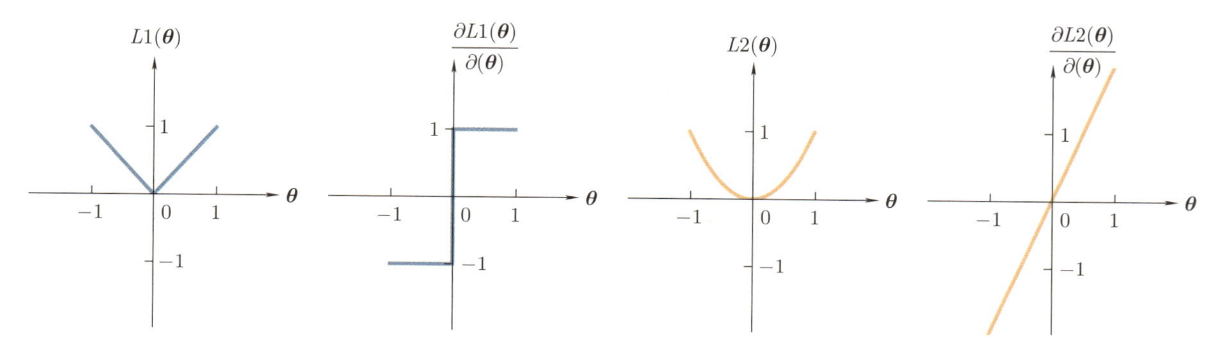

图 5.16 $L1$ 和 $L2$ 正则化函数及其对应导数

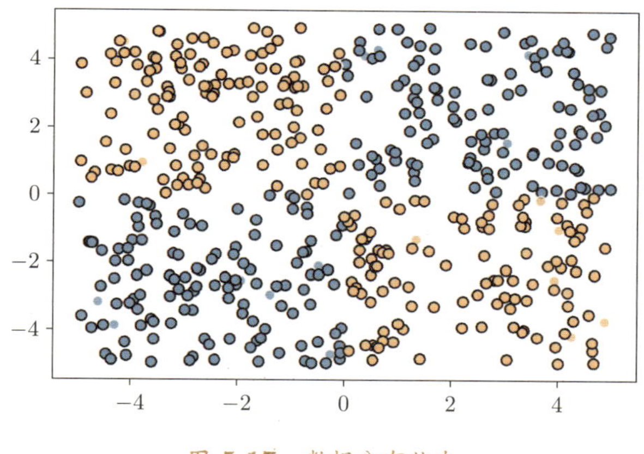

图 5.17 数据分布状态

训练后的数据分布结果如图 5.18 所示。可以直观感受到采用 $L2$ 正则化效果最好，而 $L1$ 正则化的结果甚至不如不采用正则化。

2. 丢弃法

正则化方法通过降低模型的复杂度来提升模型的泛化能力。除了 $L1$ 和 $L2$ 正则化方法外，丢弃法（Dropout）也是一种正则化方法，思路是在训练时以概率 p 随机丢弃一部分神经元和与这些神经元有关的边。例如，对一个神经元层

$$y = f(\boldsymbol{W}x + b), \tag{5.22}$$

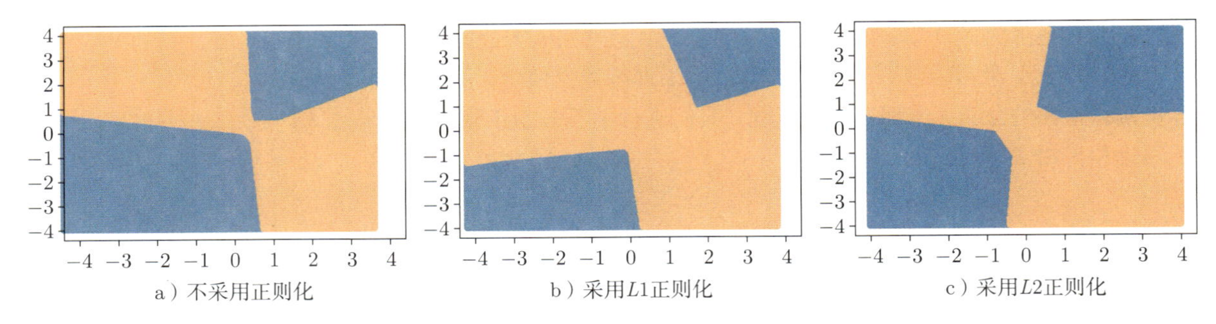

图 5.18 训练后数据分布结果

进行 Dropout 操作，得到:

$$y = f(\boldsymbol{W}\text{Dropout}(x) + b), \tag{5.23}$$

其中 Dropout(·) 具体表达式如下：

$$\text{Dropout}(x) = \begin{cases} m \odot x, & \text{训练时}, \\ px, & \text{测试时}, \end{cases} \tag{5.24}$$

其中 $m \sim \text{Bernoulli}(p)$ 表示以概率 p 的伯努利分布生成 0,1 向量，即训练时以概率 p 来判定要不要保留某个神经元。整体来看，训练时激活的神经元平均数量是原来的 p 倍，部分神经元被丢弃，而测试时所有的神经元都可以被激活。p 值的选取需要结合具体任务而定。

如图 5.19 所示，被丢弃的神经元不仅可以是隐藏层的，还可以是输入层的。相比于原始网络，网络的复杂度降低了。Dropout 操作可以避免过拟合的原因如下：每一次 Dropout 操作后形成原网络（图 5.19左）的一个子网络（图 5.19右），多次 Dropout 操作形成多个子网络，例如对于一个有 n 个神经元的网络，可以形成 2^n 个子网络。Dropout 实际上是集成了指数级个不同的网络的组合模型，这些子网络的平均结果可以在某种程度上避免过拟合。因此 Dropout 操作可以降低神经元之间的敏感性，从而增加整体的鲁棒性。

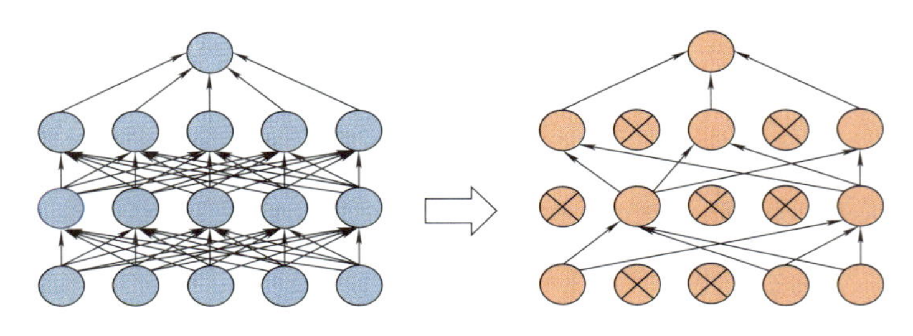

图 5.19 Dropout 操作

3. 提前停止

在训练过程中，如果训练误差一直在下降，但是在验证集上的误差到达某个水平后不降反升，则认为此时模型已经拟合了训练数据，继续训练可能导致模型过拟合，泛化性能下降，应停止训练，这就是提前停止（early stop）。提前停止也是一种正则化方法。

图 5.20 展示了一个网络在训练过程中其训练损失和验证损失的变化情况，红色虚线指示了应该提前停止的轮数位置。若设置提前停止策略的容忍度为 20，则意味着验证集的损失在连续 20 轮内不再下降时停止训练。

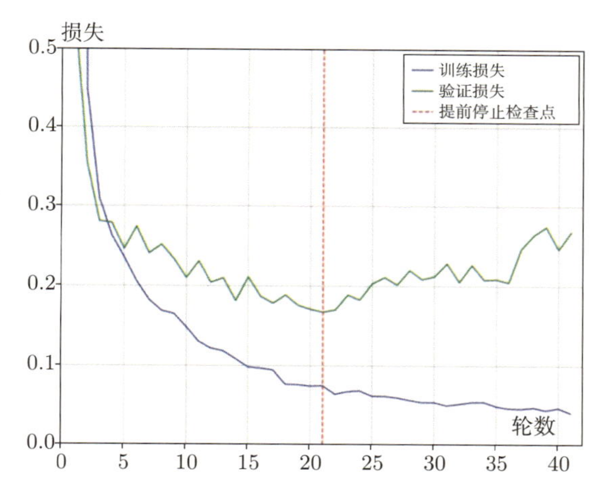

图 5.20 提前停止轮数的位置选择

思考

$L1$ 正则化相较于 $L2$ 正则化有什么优点？

$L1$ 正则化相较于 $L2$ 正则化在机器学习中具有独特的优点，主要表现在促进模型参数的稀疏性和有效进行特征选择上。首先，$L1$ 正则化通过鼓励多数权重变为零，产生稀疏参数，这一特性使其成为处理高维数据集时的一个自然的特征选择工具，有助于减少模型的复杂度和降低过拟合风险。其次，稀疏解的特点也便于从众多特征中识别并保留对预测最为重要的特征，这对于提高模型的解释性极为有益。

5.4 归一化

首先通过一个例子来引出归一化的意义。将房子面积和房间数量作为输入，使用回归模型来预测房子的总价格，那么总价格可以表达为:

$$\hat{y} = \theta_0 + \theta_1 x_1 + \theta_2 x_2. \tag{5.25}$$

模型的优化目标是让预测值和真实值之间的误差的平方最小，即:

$$L(\theta) = (\hat{y} - y)^2 = (\theta_0 + \theta_1 x_1 + \theta_2 x_2 - y)^2, \tag{5.26}$$

其中 y 是真实的房子总价，$\hat{y}$ 是预测值。

上述例子非常简单，但是这两个变量的取值范围相差很大，例如房间数量很难超过 10，但房子面积却远高于 10。如果直接在这样的数据上进行梯度下降，取值范围较小的那一项变量很可能起不到作用，收敛到最优值的过程也比较慢。若将数据进行归一化处理，让二者的分布幅度相近，消除不同特征之间的量纲差异，此时两个变量在梯度下降中所起的作用是一致的，且收敛速度加快。对输入数据归一化的作用是为了统一量纲，对网络中的输出进行归一化则是为了防止误差的过度累积。总的来说，都是为了提高反向传播效率。本节将介绍四种常见的归一化方法。

5.4.1 简单的归一化方法

1. min-max 归一化

$$\hat{x} = \frac{x - \min(x)}{\max(x) - \min(x)}, \tag{5.27}$$

其中 x 为变量，$\min(x)$ 和 $\max(x)$ 分别为变量 x 的最小值和最大值，由于 $\min(x) \leqslant x \leqslant \max(x)$，上述函数的值域为 $[0, 1]$，即经过 min-max 归一化后，数据被映射到 $[0, 1]$ 之间。

2. z-score 归一化

$$\hat{x} = \frac{x - \mu}{\sigma}, \tag{5.28}$$

其中 μ 为变量 x 的均值，σ 为变量 x 的标准差。

5.4.2 神经网络中的归一化方法

在用梯度下降方法训练神经网络时，前面层的一个参数变化会导致输入到下一层的数据分布发生变化。特别是在深度神经网络中，由于网络层数较多，这种变化的积累会导致越靠后的网络层的数据变化越大，从而不利于整个神经网络的训练。为了稳定每一层输入的分布，改善神经网络的训练，许多归一化方法被提出，常见的有批归一化（Batch Normalization, BN）、层归一化（Layer Normalization, LN）、实例归一化（Instance Normalization, IN）、组归一化（Group Normalization, GN）等。

1. 批归一化

批归一化对每一批数据进行归一化。处理的流程如算法 7 所示。输入共包含 m 个数据的一批数据 $x_{1\cdots m}$，被称为一个 mini-batch。处理的过程包含两个可学习的参数 γ 和 β，最终输出批归一化后的数据 $y_i = BN_{\gamma,\beta}(x_i)$。

算法 7 BN 在 mini-batch 上的归一化

输入： 每个 mini-batch 上的 $x: B = \{x_{1,\cdots,m}\}$;

须学习的参数：γ, β

输出： $\{y_i = \mathrm{BN}_{\gamma\ \beta}(x_i)\}$

1: mini-batch 均值: $\mu_B \leftarrow \frac{1}{m}\sum_{i=1}^{m} x_i$

2: mini-batch 方差: $\sigma_B^2 \leftarrow \frac{1}{m}\sum_{i=1}^{m}(x_i - \mu_B)^2$

3: 进行归一化：$\widehat{x}_i \leftarrow \frac{x_i - \mu_B}{\sqrt{\sigma_B^2 + \epsilon}}$

4: 缩放参数 γ，偏移参数 β: $y_i \leftarrow \gamma\widehat{x}_i + \beta \equiv \mathrm{BN}_{\gamma,\beta}(x_i)$

算法首先求出 m 个数据的均值和方差，然后对数据使用前述的 z-score 归一化方法，在分母上加非常小的数 ϵ 是为了避免分母为 0。算法的最后一步是仿射变换，对数据进行缩放和平移，分别对应各自的参数。

在神经网络中经常使用 Sigmoid 函数，归一化后的数据一般集中在 0 附近，而变量值在 0 附近的 Sigmoid 函数可以近似看作一个线性函数，减弱了整个 Sigmoid 函数的非线性。因此通过仿射变换，把数据映射到表征能力更大的空间，即把在 0 附近的值映射到 Sigmoid 函数非线性映射能力更强的地方，从而更充分地利用 Sigmoid 函数的性质。

下面利用批归一化在 MNIST 数据集上的学习效果来进一步讨论批归一化。首先构建一个基础版本的神经网络，其输入是 28×28 的图片，使用三个全连接层作为隐藏层，每一层包含 100 个神经元，使用 Sigmoid 函数作为激活函数。将包含 10 个神经元的全连接层作为输出层，使用交叉熵作为损失函数。另外，再在基础版本的每一个隐藏层后面增加一个批归一化层，作为批归一化的版本。

该例的测试准确率与训练步数之间的关系如图 5.21 所示。图中的虚线对应基础版本，实线对应批归一化版本。二者的测试准确率均随着训练步数的增加而提升，批归一化版本不仅加快了网络的收敛速度，其更高的准确率也说明批

归一化提高了网络的泛化性能。

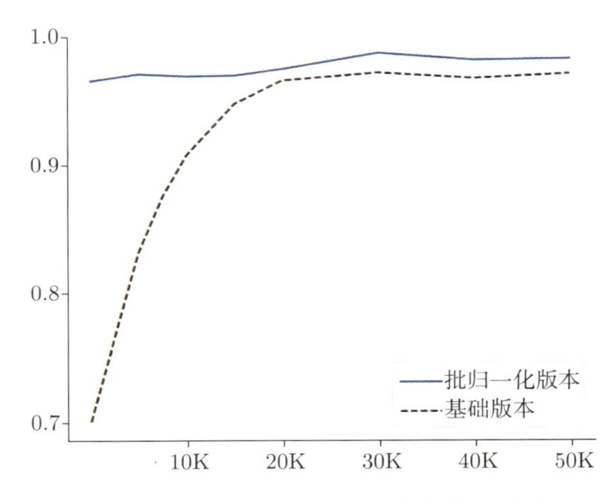

图 5.21 批归一化在 MNIST 数据集上的效果

批归一化也可应用在语音识别任务上。假设按照图 5.22 搭建一个语音识别网络，接收语音的频谱特征作为输入，经过可变数量的双向 RNN 处理后再由全连接层输出结果。输出层采用 CTC 损失函数。在基础版本中的每一个隐藏层后增加批归一化层作为批归一化版本。训练过程中两个版本网络的训练损失和训练步数的关系如图 5.23 所示，其中的 5-1 表示网络包含 5 个隐藏层，1 个双向 RNN，9-7 同理。从图中可以看到，在 9-7 的网络结构下使用批归一化的效果更明显，可以有效加快收敛速度并进一步降低训练损失。

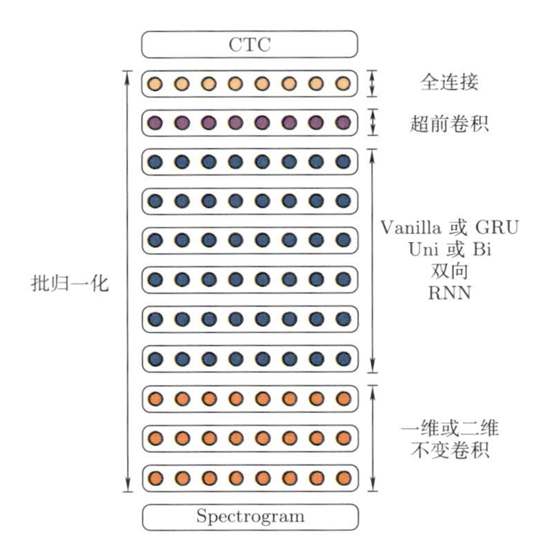

图 5.22 语音识别模型示例

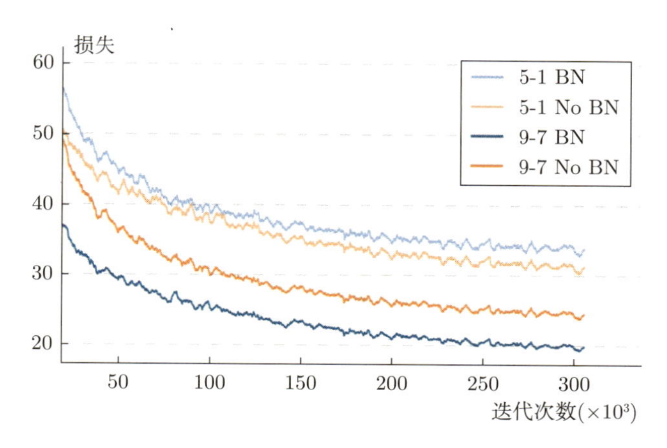

图 5.23 在语音识别任务中应用批归一化，训练损失和训练步数的关系

尽管以上两个例子充分说明了批归一化的优势，但是批归一化在批大小（batch size）较小的时候不稳定，因为每一次批归一化的过程均需要计算均值和方差，而批大小越小，即统计样本数量少，统计量的计算越不稳定。图 5.24 展示了一个 ResNet-50 网络在使用不同批大小的情况下验证误差在训练过程中的变化情况。可以看出，批大小越小，在同等训练轮数的前提下验证误差越大，网络性能越差。当然，批大小实际应该设置为多少还需针对具体任务具体分析。

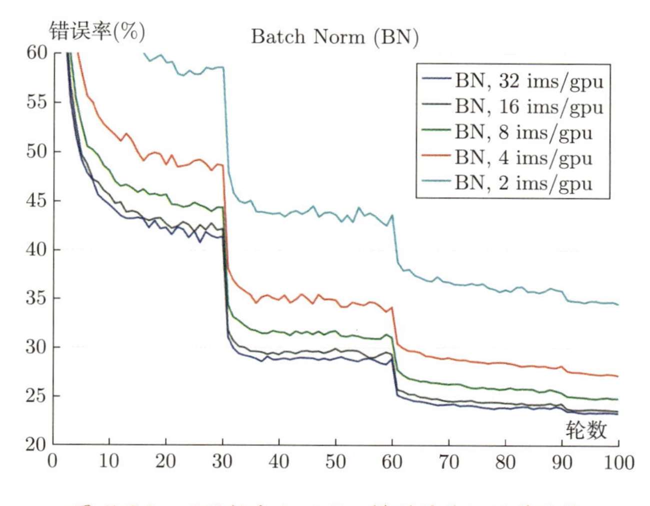

图 5.24 不同批大小下同一模型的验证误差比较

2. 层归一化

层归一化的基本思想是对中间层的所有神经元进行归一化。首先计算网络层的均值和方差：

$$\mu^{(l)} \leftarrow \frac{1}{n^{(l)}}\sum_{i=1}^{n^{(l)}} x_i^{(l)}, \tag{5.29}$$

$$\sigma^{(l)^2} \leftarrow \frac{1}{n^{(l)}}\sum_{i=1}^{n^{(l)}} (x_i^{(l)} - \mu^{(l)})^2, \tag{5.30}$$

其中 $n^{(l)}$ 是第 l 层神经元的数量，$x_i^{(l)}$ 是第 l 层第 i 个神经元的输入。根据计算出的均值和方差对输入归一化:

$$\hat{x_i}^{(l)} \leftarrow \frac{x_i^{(l)} - \mu^{(l)}}{\sqrt{\sigma^{(l)^2} + \epsilon}}, \tag{5.31}$$

最终设置可训练的缩放和偏移参数，映射数据：

$$y_i^{(i)} \leftarrow \gamma\hat{x_i}^{(l)} + \beta \equiv \mathrm{LN}_{\gamma,\beta}(x_i^{(l)}). \tag{5.32}$$

整个流程和前述的批处理化非常相似，通过引入缩放和偏移将数据映射到更具有表征能力的空间。二者的区别在于层归一化是对中间层的所有神经元进行归一化，批归一化是直接对数据进行归一化。

3. 实例归一化

实例归一化主要用于依赖某个图像实例的任务，例如风格迁移。假设输入到模型的特征图是 $\boldsymbol{x} \in \mathbb{R}^{N*C*H*W}$，其中 N 是批（batch）大小，C 是特征通道维度，H、W 分别对应特征图的高和宽，则实例归一化计算如下：

$$\mu_{\mathrm{nc}} \leftarrow \frac{1}{HW}\sum_{w=1}^{W}\sum_{h=1}^{H} x_{\mathrm{nchw}}, \tag{5.33}$$

$$\sigma_{\mathrm{nc}}^2 \leftarrow \frac{1}{HW}\sum_{w=1}^{W}\sum_{h=1}^{H} (x_{\mathrm{nchw}} - \mu_{\mathrm{nc}})^2, \tag{5.34}$$

$$\hat{x}_{\mathrm{nchw}} \leftarrow \frac{x_{\mathrm{nchw}} - \mu_{\mathrm{nc}}}{\sqrt{\sigma_{\mathrm{nc}}^2 + \epsilon}}, \tag{5.35}$$

$$y_{\mathrm{nchw}} \leftarrow \gamma\hat{x}_{\mathrm{nchw}} + \beta \equiv \mathrm{IN}_{\gamma,\beta}(x_{\mathrm{nchw}}). \tag{5.36}$$

整个流程和批归一化很相似，区别在于，对每一个样本在高和宽的维度上共 $H*W$ 个数据取均值和标准化，而不是在 N 和 C 这两个维度上操作。

4. 组归一化

组归一化同样用于依赖某个图像实例的任务。对于输入到模型的特征图 $\boldsymbol{x} \in \mathbb{R}^{N*C*H*W}$，组归一化把特征通道分为 G 组，每组有 $\frac{C}{G}$ 个特征通道，在组内进行归一化。组归一化解决了在批大小较小的情况下出现的问题，可以被理解为是层归一化和实例归一化的折中，如图 5.25 所示。当分组大小 G 为 1 时，组归一化退化为层归一化，当分组大小 G 等于 C 时，组归一化等同于实例归一化。

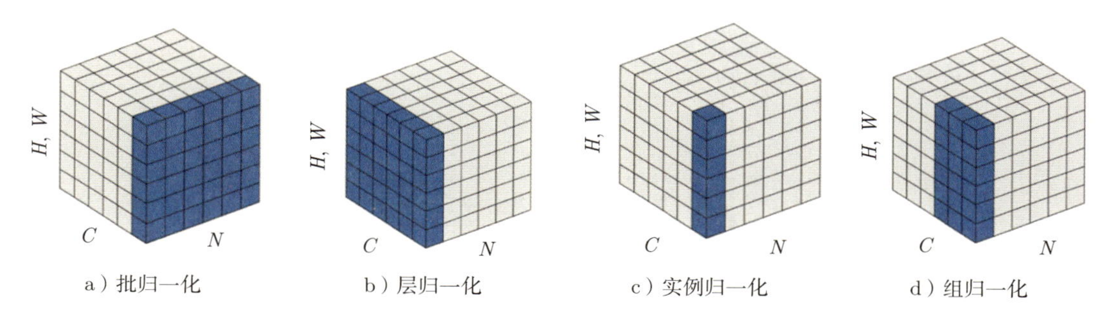

图 5.25 四种归一化方法的图示

5. 四种归一化方法的比较

在 ImageNet 数据集上比较前面介绍的四种方法。图 5.26 是将批大小设置为 32 时，四种归一化算法在 ImageNet 数据集上的训练误差（左）和验证误差（右）。从图中可以看出，在训练集上，组归一化的效果最好，其次是批归一化和层归一化，实例归一化的效果一般。而在验证集上，批归一化效果最佳，组归一化次之。

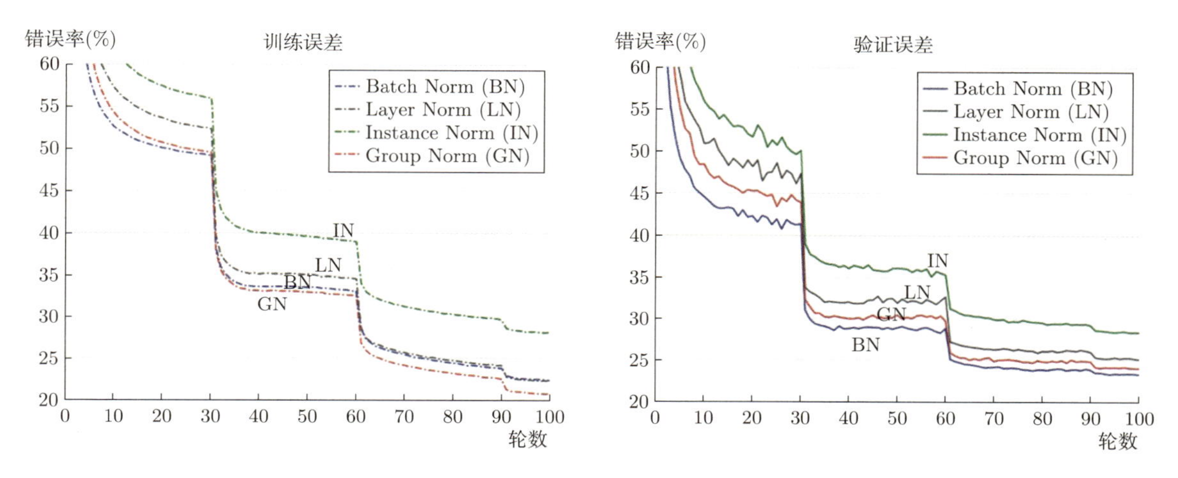

图 5.26 不同归一化算法在 ImageNet 数据集上的训练误差（左）和验证误差（右）对比

图 5.27 展示了在 ImageNet 数据集上批归一化和组归一化在不同批大小时的表现情况。将批大小从 32 逐步降至 2，使用组归一化的误差基本没有发生变化，而批归一化的误差越来越大。这说明组归一化对于批大小的设置并不敏感，鲁棒性更强，而批归一化容易受到批大小的影响。

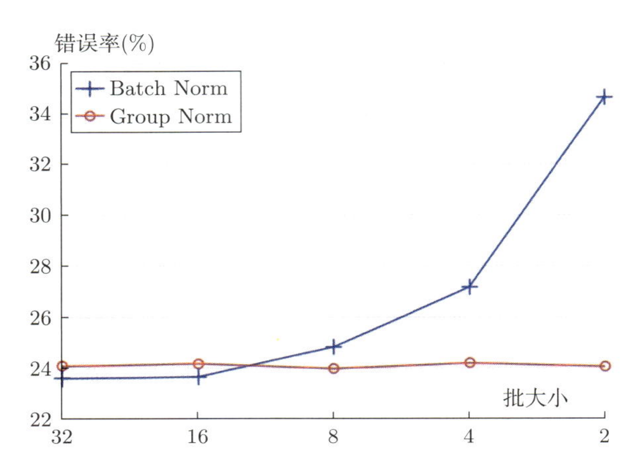

图 5.27 批归一化和组归一化对于不同批大小的误差变化

思考

为什么批归一化可以在一定程度上避免梯度消失或梯度爆炸？

批归一化通过规范化每一层的输入，确保它们具有相似的分布。这样，每层的输入都会有一个相对稳定的平均值和方差，减少了输入值分布的偏移（internal covariate shift），从而有助于避免梯度消失或爆炸。

5.5 参数初始化

神经网络的参数主要包含权值和偏置两大类。在前文的很多例子中，我们使用小的随机数对神经网络进行初始化，一个值得思考的问题是，不同的初始化参数是否会影响模型最终的训练结果呢？实际上，研究人员在实践研究中发现，不同初始化的参数可能对模型最终的性能造成很大的影响，在现有的许多大型神经网络模型中，参数初始化扮演着十分重要的角色。因此，本节将主要介绍神经网络参数初始化的相关内容。

假设需要拟合图 5.28 中含有多个局部极值点的曲线。如果初始化参数是 I_1，梯度下降的结果对应左边的局部极小值，初始化参数是 I_3 时也对应一个局部极小值，但若在 I_2 位置初始化参数，则可以求得全局最小值，即我们希望的求解目标。可以看出，由不同初始化参数计算得到的“被认为是”全局最小的点实际差距是很大的。这种情况下一个好的初始化参数显得尤为重要。鉴于神经网络的最优参数求解往往不是理想的凸优化问题，我们希望能找到一个好的初始化值，帮助网络更快地计算得到最优值，从而更容易收敛到目标函数。

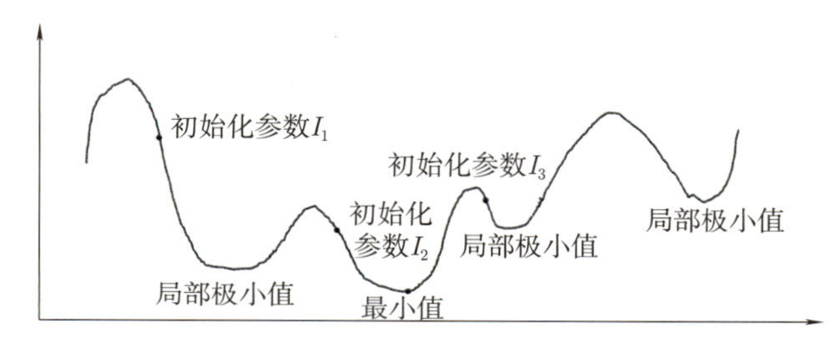

图 5.28 不同参数初始化的影响

5.5.1 全 0 初始化

将所有参数初始化为 0 是最为简单的初始化方式，也是很多非神经网络类算法中经常用到的策略，但这种方法无法在神经网络中使用。

如图 5.29 所示，在使用神经网络进行图像分类任务时，左图展示全 0 初始化权重后的训练效果，右图是选用合适方法初始化权重后的训练效果。右图说明如果采用合适的初始化方法，分类网络可以学习到正确的决策边界。但是观察左图可以发现，全 0 初始化的网络无法进行训练，误差曲线不发生变化。因为将参数全部初始化为 0 之后，所有神经元在前向计算时的激活值相同，均为 0，经过激活函数后的激活值也均一致。经过误差反向传播之后，所有权值的更新也均相同（见图 5.30），从而使得隐藏层神经元完全对称，无法进行区分，这种现象被称为“对称权值现象”。

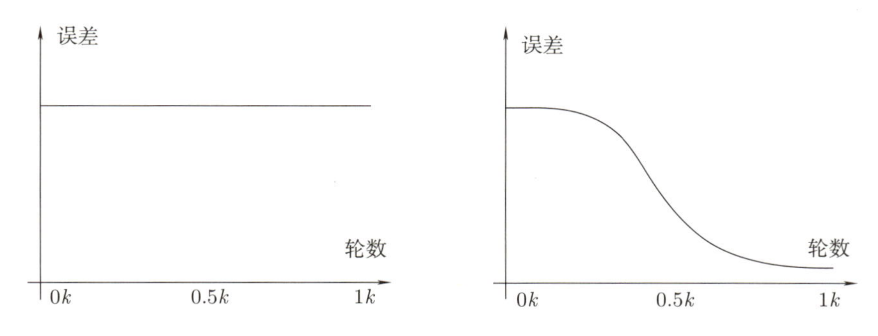

图 5.29 全 0 初始化不能有效训练网络

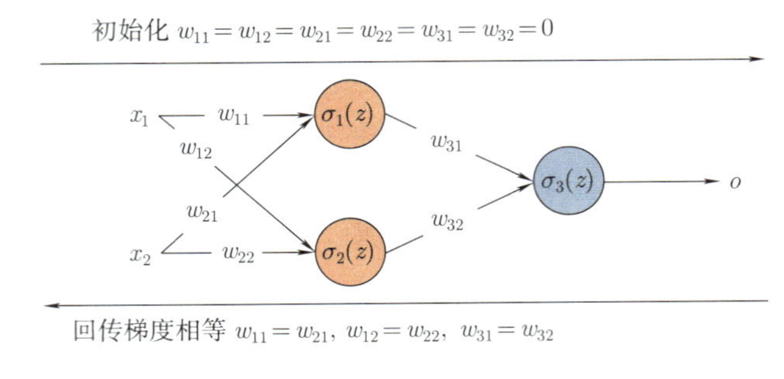

图 5.30 全 0 初始化的结果

那么该如何对网络参数进行初始化呢？目前尚不存在一种普适的初始化方法，但需要注意的是避免上文所讲的对称权值现象，即不能使用全 0 初始化。

5.5.2 常见的权值矩阵初始化方法

不合理的初始化会导致梯度消失或梯度爆炸现象。在训练过程中，特别是当神经网络层数较深时，梯度的范数可能过大或过小。梯度回传时的多次相乘会很快放大或缩小梯度的范数。大的梯度会使网络十分不稳定，权值成为一个特别大的值，最终溢出而无法学习；小的梯度达到靠近输入的隐藏层后会越来越小，趋近于 0，导致隐藏层无法正常地进行学习。

为了避免这些现象的发生，需要思考适当的权值矩阵初始化方式。从优化的角度，考虑激活函数的学习曲线，初始化权值应该分布在梯度较大的区域，学习速度更快，可以进一步地传递信息；从正则化的角度，权值应该比较小，从而提升泛化能力；但是为了避免梯度爆炸和梯度消失现象的发生，初始化权值不应过大或过小。基于这样一些考虑，研究者提出了若干种权值的初始化方法，本节主要介绍基于固定方差的参数初始化、基于方差缩放的参数初始化和正交初始化三种方法。

1. 基于固定方差的参数初始化

基于固定方差的参数初始化的主要思想是从一个固定均值（通常为 0）和方差的分布中采样来生成参数的初始值。一种实现是从固定区间 $[-r,r]$ 上的均匀分布中随机选择初始值，这也是在浅层网络中经常使用的伪随机数生成方法。另一种实现方法是从均值为 0，方差为常数 k 的高斯分布中随机选取初始值。

这一类方法非常简单，但也存在明显的缺点。图 5.31 是某个网络采用基于固定方差的参数初始化后每层激活函数输出值的分布。随着网络层数的增加，越靠后的层，其激活函数的输出值越集中于 0，这样极易出现梯度消失现象。在深度学习时代，需要其他更高效的参数初始化方法。

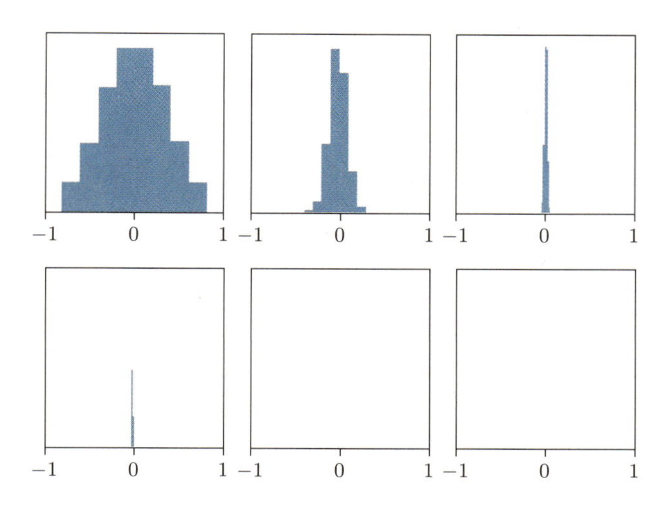

图 5.31 基于固定方差的参数初始化后每层的激活函数输出值分布

2. 基于方差缩放的参数初始化

要高效地训练神经网络，给参数选取一个合适的随机初始化区间非常重要。一般而言，参数初始化的区间应该根据神经元的性质进行差异化的设置。如果一个神经元的输入连接很多，它的每个输入连接上的权值就应偏小，以避免神经元的输出过大或过饱和。

初始化一个深度网络时，为了缓解梯度消失或爆炸的问题，需要尽可能地保持每个神经元的输入和输出的方差一致。一类根据神经元的连接数量自适应地调整初始化分布方差的方法，称为方差缩放（variance scaling）方法。

Xavier 初始化 是代表性的方差缩放方法。假设在一个神经网络中，第 l 层的一个神经元 $a^{(l)}$ 接收前一层的 M_{l-1} 个神经元的输出 $a_i^{(l-1)}$，$1 \leqslant i \leqslant M_{l-1}$：

$$a^{(l)} = f\left(\sum_{i=1}^{M_{l-1}} \omega_i^{(l)} a_i^{(l-1)}\right), \tag{5.37}$$

其中 $f(\cdot)$ 是激活函数，$\omega_i^{(l)}$ 是参数，M_{l-1} 是第 $l-1$ 层神经元的个数。简单起见，这里设置 $f(x) = x$。

假设 $\omega_i^{(l)}$ 和 $a_i^{(l-1)}$ 的均值都为 0，并且相互独立，则 $a^{(l)}$ 的均值和方差为:

$$E[a^{(l)}] = E[\sum_{i=1}^{M_{l-1}} \omega_i^{(l)} a_i^{(l-1)}] = \sum_{i=1}^{M_{l-1}} E[\omega_i^{(l)}]E[a_i^{(l-1)}] = 0, \tag{5.38}$$

$$
\begin{aligned}
\operatorname{var}(a^{(l)}) &= \operatorname{var}\left(\sum_{i=1}^{M_{l-1}} \omega_i^{(l)} a_i^{(l-1)}\right) \\
&= \sum_{i=1}^{M_{l-1}} \operatorname{var}(\omega_i^{(l)}) \operatorname{var}(a_i^{(l-1)}) \\
&= M_{l-1} \operatorname{var}(\omega_i^{(l)}) \operatorname{var}(a_i^{(l-1)}),
\end{aligned} \tag{5.39}
$$

也就是说，输入信号的方差在经过该神经元后被放大了 $M_{l-1}\operatorname{var}(\omega_i^{(l)})$ 倍，或缩小为原来的 $1/M_{l-1}\operatorname{var}(\omega_i^{(l)})$。

为了使得在经过若干层网络以后，信号不被过分放大或缩小，需要尽可能保持每个神经元的输入和输出的方差一致。$M_{l-1}\operatorname{var}(\omega_i^{(l)})$ 设为 1 比较合理，即:

$$
\operatorname{var}(\omega_i^{(l)}) = \frac{1}{M_{l-1}}. \tag{5.40}
$$

同理，为了使得在反向传播中误差信号也不被放大或缩小，需要将 $\omega_i^{(l)}$ 的方差保持为:

$$
\operatorname{var}(\omega_i^{(l)}) = \frac{1}{M_l}. \tag{5.41}
$$

作为折中，同时考虑信号在前向传播和反向传播中都不被放大或缩小，$\omega_i^{(l)}$ 的方差可以设置为:

$$
\operatorname{var}(\omega_i^{(l)}) = \frac{2}{M_l + M_{l-1}}. \tag{5.42}
$$

在计算出参数的理想方差后，可以通过表 5.4 中的高斯分布或均匀分布采样来随机初始化参数。图 5.32 是采用 Xavier 初始化后每层的激活函数 (Tanh) 输出值的分布。即使在较深的网络层上，激活函数的输出仍然符合标准高斯分布，避免了梯度消失现象的发生。但如果使用 ReLU 等非对称的函数作为激活函数，Xavier 初始化并不能带来理想的效果。随着层数的加深，图 5.33 中神经元的输出仍然逐渐集中到 0 的附近。因此，Xavier 初始化方法更加适合 Sigmoid、Tanh 等激活函数，而不适合 ReLU 等非对称的激活函数。

表 5.4 Xavier 初始化

初始化方法	激活函数	均匀分布 $[-r, r]$	高斯分布 $N(0, \sigma^2)$
Xavier 初始化	Sigmoid	$r = 4\sqrt{\frac{6}{M_l + M_{l-1}}}$	$\sigma^2 = 16 \times \frac{2}{M_l + M_{l-1}}$
Xavier 初始化	Tanh	$r = \sqrt{\frac{6}{M_l + M_{l-1}}}$	$\sigma^2 = \frac{2}{M_l + M_{l-1}}$

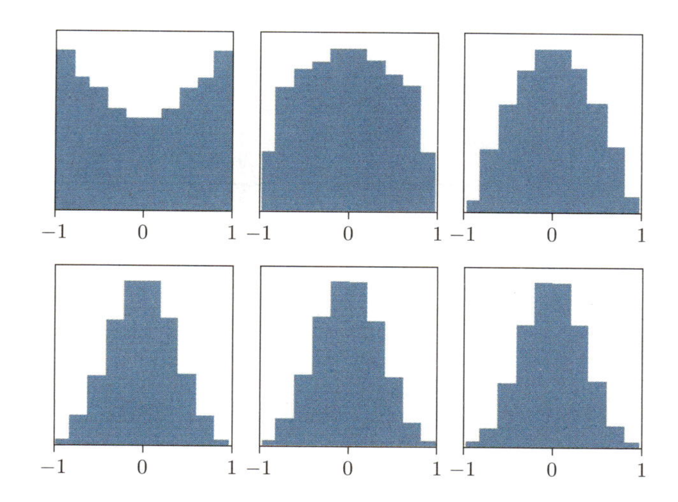

图 5.32 Xavier 初始化后每层的激活函数 (Tanh) 输出值的分布

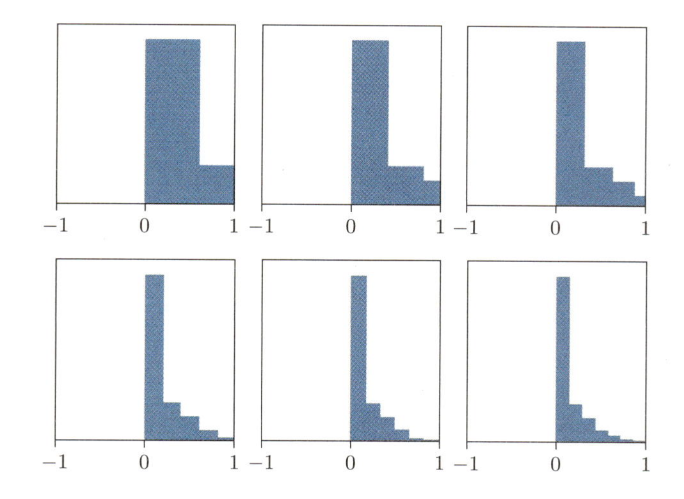

图 5.33 Xavier 初始化后每层的激活函数 (ReLU) 输出值的分布

为了解决上述问题，研究者提出了 **He 初始化**方法。当第 l 层神经元使用 ReLU 激活函数时，通常有一半的神经元输出为 0，因此其分布的方差也近似为使用恒等函数时的一半。这样，只考虑前向传播时，参数 $\omega_i^{(l)}$ 的理想方差为:

$$\mathrm{var}(\omega_i^{(l)}) = \frac{2}{M_{l-1}}. \tag{5.43}$$

其中 M_{l-1} 是第 $l-1$ 层神经元个数。从而，当使用 ReLU 激活函数时可以通过如表 5.5 所示的 He 初始化参数。

表 5.5 He 初始化

初始化方法	激活函数	均匀分布 $[-r, r]$	高斯分布 $N(0, \sigma^2)$
He 初始化	ReLU	$r = \sqrt{\frac{6}{M_{l-1}}}$	$\sigma^2 = \frac{2}{M_{l-1}}$

图 5.34 是 He 初始化后每层的激活函数 (ReLU) 输出值的分布。与使用 Xavier 初始化相比，针对 ReLU 激活函数使用 He 初始化的激活函数值的分布情况明显更优。在实际应用中，需要根据不同的需求，选择不同的神经网络、激活函数以及初始化方法。

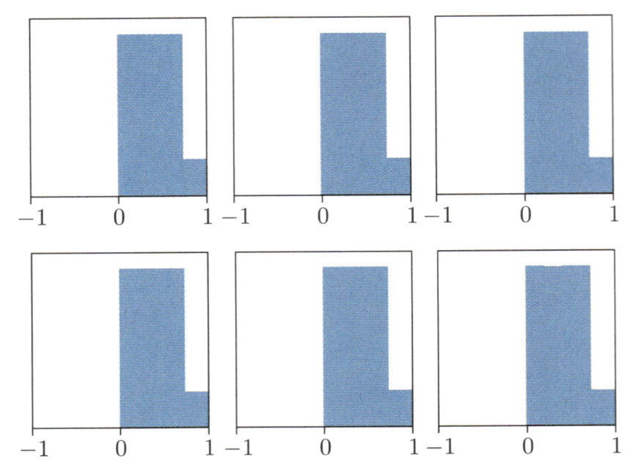

图 5.34 He 初始化后每层的激活函数 (ReLU) 输出值的分布

3. 正交初始化

正交初始化使用正交矩阵初始化权值矩阵，可以避免训练开始时出现梯度消失或梯度爆炸现象。正交矩阵是满足 $\boldsymbol{W}^{\mathrm{T}}\boldsymbol{W} = \boldsymbol{I}$ 的矩阵 $\boldsymbol{W}$。若使用正交初始化，首先用均值为 0、方差为 1 的高斯分布初始化矩阵，再对该矩阵使用奇异值分解得到两个正交矩阵，将其中之一作为权值矩阵。在实际使用中通常需要给正交矩阵乘以一个缩放系数。

5.5.3 常见的偏置矩阵初始化方法

当进行偏置矩阵的初始化时，通常不需要担心破坏其对称性，因此可以选择将偏置矩阵初始化为全零。然而，在一些特殊情况下，不同的初始化策略可能会更为有益，例如：

(1) 当偏置作为输出单元使用时，适当地初始化偏置以达到正确的输出统计特性通常是推荐的做法。

(2) 在一些场景中，选择合适的偏置初始化可以避免由于初始化过程导致的过饱和现象。

5.5.4 初始化参数对训练的优化程度

本节结合例子来展示初始化参数对训练优化程度的影响。人工生成分布如图 5.35 所示的同心圆环数据集。该数据集包含两类，共 5000 个样本。采用简单的多层神经网络进行分类，网络的输入层和输出层均为 2 个神经元，中间包含神经元数量分别是 5 和 3 的两个隐藏层。输出层使用 Softmax 函数，其余层使用 ReLU 函数作为激活函数。

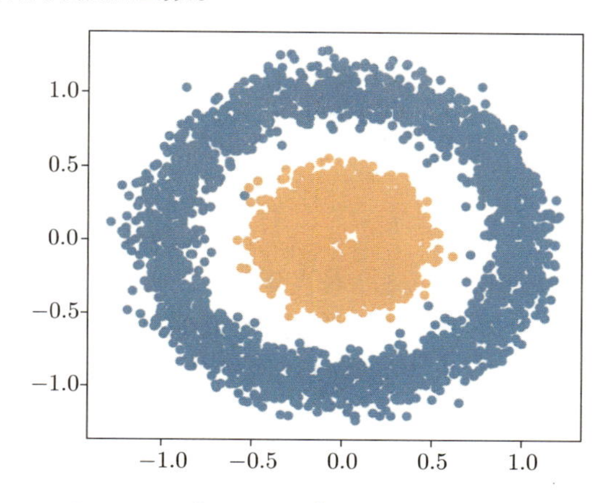

图 5.35 “同心圆环”数据集的数据分布

图 5.36 对比了全 0 初始化、Xavier 初始化、He 初始化和正交初始化在该数据集上的表现。全 0 初始化的训练损失没有下降，分类正确率持续停留在低水平，这说明全 0 初始化使得网络无法正确学习分类结果。其余三种初始化方法则最终达到彼此相近的水平，但在收敛速度等方面略有差别。

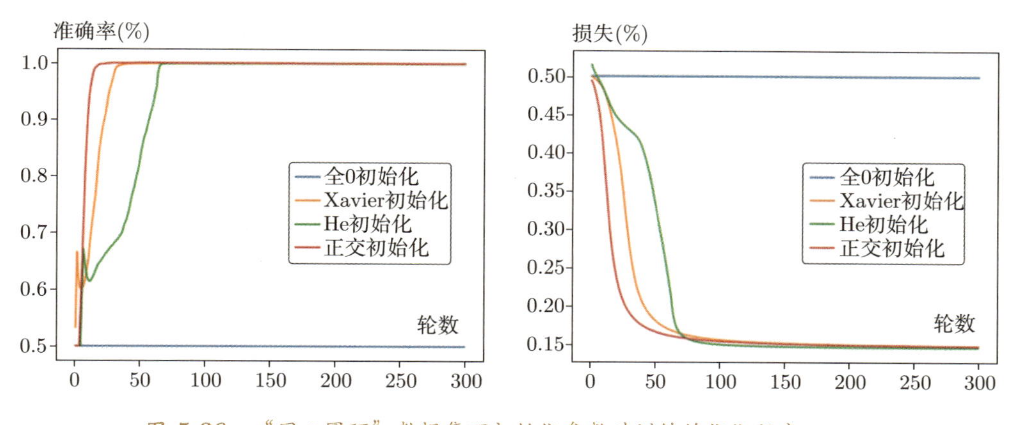

图 5.36 “同心圆环”数据集下初始化参数对训练的优化程度

思考

在线性回归或 Softmax 回归中，可以将所有权重都初始化为相同的值吗？

在神经网络中，如果所有权重都初始化为相同的值，那么每个神经元将对输入数据有相同的响应。这意味着在训练过程中，所有神经元都将以相同的方式更新。这是因为在反向传播过程中，每个权重的梯度都会相同，导致所有权重都以相同的方式更新。这将导致网络的各个单元无法学习到不同的特征，从而限制模型的学习能力。

5.6 网络预训练

即使采用了合理的初始化方法，梯度爆炸或梯度消失等问题仍有可能出现。为此，研究者们开始探索除了使用固定策略或随机值对模型参数进行初始化以外的方法，最为常见的替代方案是使用网络预训练的方法学习模型的初始化参数。

网络预训练是采用相同结构的、已经训练好的网络权值作为初始值，在当前任务上再次进行训练的方法。例如，将在 ImageNet 数据集上训练好的网络应用于其他实际任务的数据集上并进行微调（finetune），是当前计算机视觉领域常用的方法。

使用网络预训练方法不仅可以在更短时间内通过训练得到更好的网络性能，还可以在相似的任务间复用训练好的神经网络作为特征提取器。常用的预训练方法分为无监督预训练和有监督预训练两类。本节介绍玻尔兹曼机和自编码器两种无监督预训练方法和以迁移学习为代表的有监督预训练方法。两种策略在使用得当的情况下都能使网络获得更快的收敛速度和更好的泛化误差。

5.6.1 无监督预训练

1. 玻尔兹曼机

玻尔兹曼机（Boltzmann Machines, BM）是一种对称连接的、神经元根据能量函数计算概率进行激活的网络结构。BM 是一种基于统计的方法，也被称为“统计神经网络”，由大名鼎鼎的 Hinton 提出。现在常用的是玻尔兹曼机的改进版本：限制玻尔兹曼机（Restricted Boltzmann Machine，RBM）。

图 5.37 是一个单层限制玻尔兹曼机结构。其包含可见层 V 和隐藏层 H，监督学习下可见层包含输入和输出，在无监督学习下只包含输入。可见层接收

输入后，隐藏层神经元经过学习得到输入的特征。整个玻尔兹曼机包含三大类参数，分别是可见层偏置 $\boldsymbol{A}$、连接权值 $\boldsymbol{W}$ 和隐藏层偏置 $\boldsymbol{B}$。

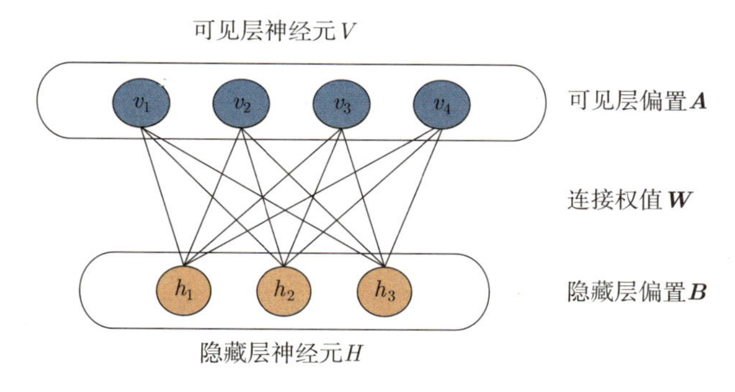

图 5.37 单层限制玻尔兹曼机结构

受限玻尔兹曼机可以被视作一种“生成式的神经网络”。如果用 $\boldsymbol{v}$ 表示输入向量（亦被称为“可见状态向量”），用 $\boldsymbol{h}$ 表示隐藏状态变量，RBM 描述的是 $(\boldsymbol{v},\boldsymbol{h})$ 的联合分布。定义能量函数为：

$$E(\boldsymbol{v},\boldsymbol{h}) = -\sum_i a_i v_i - \sum_j b_j h_j - \sum_i \sum_j v_i w_{ij} h_j. \tag{5.44}$$

网络的训练目标是最小化能量函数，即最小化 RBM 模拟的数据分布和实际数据分布之间的对比散度（contrastive divergence, CD）。

将多个预训练好的 RBM 堆叠起来，用训练好的上一层输出作为下一层的输入，整个方法被称为逐层预训练方法，整个网络被称为深度信念网络（Deep Belief Network, DBN），如图 5.38 所示。DBN 是人类历史上第一个深度学习网络，由 Hinton 提出。虽然 DBN 和全连接网络的模型结构看起来相似，但它们在训练和功能上有明显的区别。DBN 是由多层 RBM 堆叠而成的，每一层都负责从上一层中提取特征，并通过无监督的逐层训练来初始化权值，之后通常会通过监督训练进行微调。而全连接网络则主要是通过监督学习方式进行训练，每一层的神经元与上一层和下一层的所有神经元都是相连接的，主要负责从前一层中进行信息的传递和变换。虽然它们的结构看起来都是层级的，但是 DBN 与全连接网络的训练策略和特征抽取方式有很大不同。

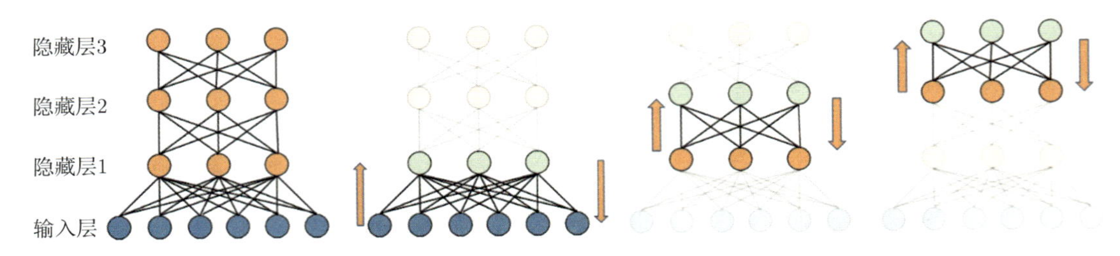

图 5.38 深度信念网络

2. 自编码器

自编码器（autoencoder）是无监督的全连接网络结构，训练目标是最小化重构误差。自编码器的结构如图 5.39 所示，用 $\boldsymbol{X}$ 表示输入，$\boldsymbol{Z}$ 表示重建输出，训练目标是让 $\boldsymbol{X}$ 和 $\boldsymbol{Z}$ 之间的误差最小。自编码器分为两部分：一部分为编码器 W，将高维的输入数据转换为低维的特征编码，特征编码也被称为隐藏层变量，用 $\boldsymbol{Y}$ 表示；另一部分为解码器 W'，将特征解码，还原成原始数据。

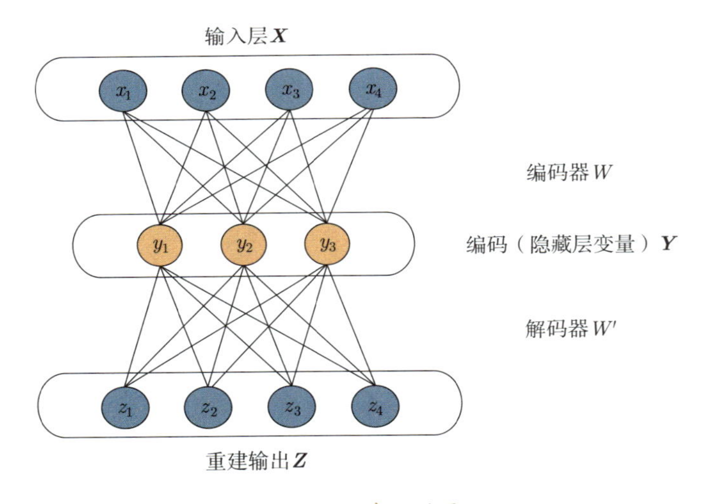

图 5.39 自编码器

自编码器也可采用逐层预训练方法。采用无监督方式训练第一层自编码器，直至重构误差达到设置值。将第一个自编码器的隐藏层变量作为第二个自编码器的输入，采用同样方法训练第二个自编码器。以此类推，将多个自编码器堆叠起来形成图 5.40 中的堆叠自编码器（Stacked Auto Encoder, SAE）。

3. 无监督预训练为何会起作用

图 5.41 对比了不进行预训练、进行 RBM 预训练和进行去噪 AE 预训练三种情况下使用 1 层和 3 层两种网络进行在线分类的误差情况。在不进行预训

练的情况下，1 层网络的效果优于 3 层网络，这证明了优化深层网络比优化浅层网络更加困难。整体来看，使用了预训练的方法的性能优于不进行预训练的，且当样例数量增加时，预训练方法的优势依然存在，这说明预训练使网络达到了好的初始值。

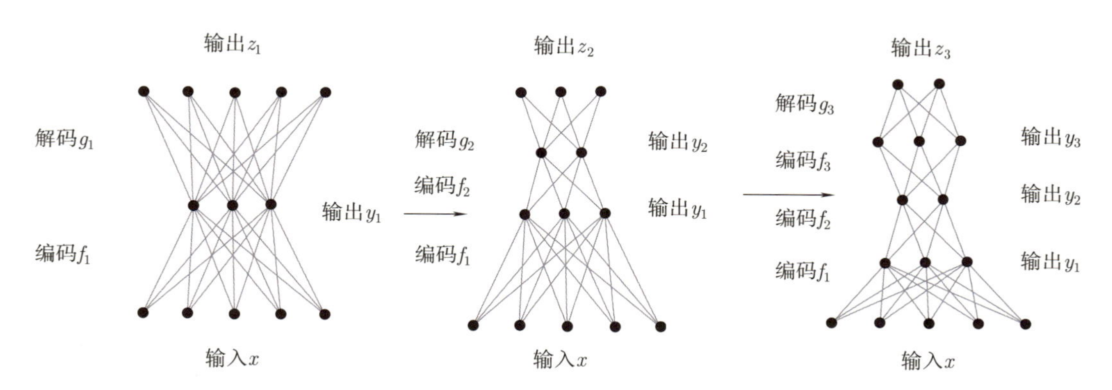

图 5.40 堆叠自编码器

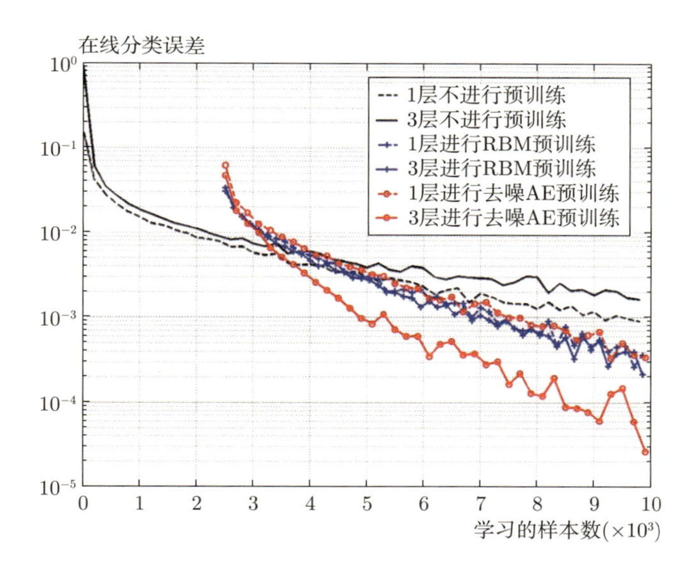

图 5.41 无监督预训练的效果对比

神经网络常使用梯度下降法进行训练。对于参数来说，目标函数是非凸函数，在参数空间中存在多个局部极小值，因此训练比较困难。研究者从两个角度猜想无监督的预训练所起的作用：

- 预训练相当于在优化过程中加入了限制条件，将参数放置在更适合监督训练的优化空间中。

- 初始化将参数放置到一个能够优化到更小极值点的初始点上。

Erhan 等人的实验结果显示，无监督预训练是一种不寻常的正则化方式，当训练数据很多时，对最终的训练目标仍可起到积极作用。

5.6.2 有监督预训练

迁移学习

迁移学习将训练完成的网络权值作为另一网络的权值初始值，可以大幅减少网络收敛所需要的时间。即使网络与当前所需要解决的问题并不相同，仍然可以复用训练完成的网络权值作为特征提取器，因此可以形容迁移学习是“站在巨人的肩膀上，复用已经得到的研究成果”。迁移学习方法在计算机视觉和自然语言处理领域十分常见，使用大型数据集预训练的网络可以令网络在许多任务上发挥出更好的性能这一点已经成为共识。例如，在人脸识别任务中，常使用经过与当前数据不重叠的大型人脸图片数据集预训练后的网络。即使网络顶层的分类器需要重新训练，中间网络层仍然可以作为特征提取器被直接利用。

相比于从零开始直接训练一个模型，使用预训练模型可以帮助模型学习得更好，如图 5.42 所示。这一优势包含三点：一是更高的起点，即初始模型的性能一般优于随机初始化的模型；二是更高的斜率，即训练时模型的学习速度快于从零开始学习；三是更高的渐近，即模型的最终性能更优。

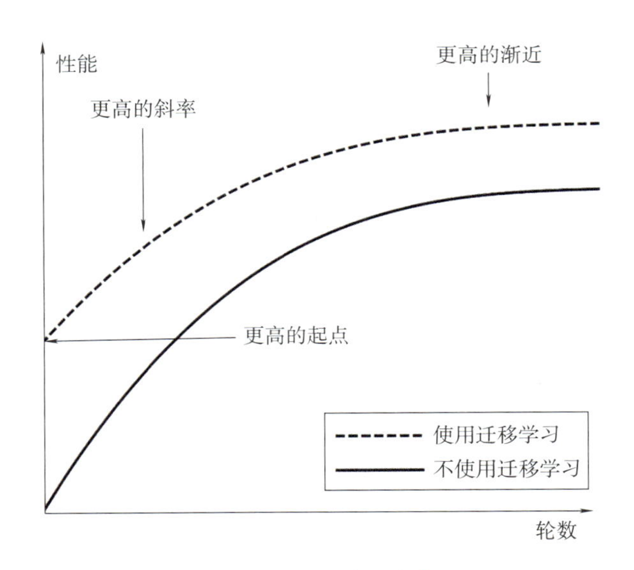

图 5.42 迁移学习的作用

使用迁移学习时，可以将预训练模型直接作为特征提取网络，也可将预训练模型作为初始化模型进行微调。迁移学习广泛应用于如今的现实任务中。在具体实践中，可以将预训练模型作为整体网络的全部或一部分，也可从预训练模型中截取需要的层数，具体如何使用取决于目标领域问题所需要的模型结构。

思考

通过预训练方式进行网络初始化可能存在什么问题？

- 数据偏差。预训练模型通常是在特定的、大规模的数据集上训练得到的。如果这些数据集的分布与目标任务的数据分布不同，可能会导致模型在目标任务上的性能下降。
- 灵活性降低。预训练模型通常针对特定的架构和任务进行优化，这可能限制了模型在新任务或不同类型的数据上的适用性和灵活性。

5.7 TREC 分类任务

5.7.1 任务介绍

- 实验目标：
  尝试使用现有的神经网络开源工具包来解决文本分类问题。样例中的代码使用 Python 编程语言，PyTorch、sklearn 开源工具包等。
- 实验数据：
  可以在`https://cogcomp.seas.upenn.edu/Data/QA/QC/` 下载实验数据。TREC 数据集由一千句英文构成，每句话中包含了讲话者的名字和所说内容。在这个实验中，我们要根据句子内容预测讲话的人。
- 实验指标：
  与第一个样例相同，使用分类准确率衡量模型的学习效果。
- 实验内容：
  使用开源工具包完成 TREC 数据集的分类任务。

5.7.2 解决方案

依然使用代码和文字阐释结合的方式进行说明。

1. 数据加载和清洗

本次任务数据集比较简单，只有一个.txt 文件，不过由于句子中含有标点、停用词、换行符、大小写等，需要先清洗数据，以得到只包含小写数据集的句子。以下两个函数分别为数据加载和清洗函数：

```
def read_file(self):
    from nltk.corpus import stopwords
    stop = set(stopwords.words('english'))
    wnl = WordNetLemmatizer()

    for line in self.file.readlines():
        ed = line.strip().find(":")
        self.sentence_cls.append(line[:ed])
        self.class_set.add(line[:ed])
        sentence = line[ed + 1:]

        sentence = self.clean_data(sentence)  # 用于去除符号
        filter_sentence = [w for w in sentence.split(
            ' ') if w not in stop]  # 去除停用词
        filter_sentence = filter_sentence[:-1]  # 丢弃换行符
        filter_sentence = [wnl.lemmatize(w)
                            for w in filter_sentence]  # 词型还原
        filter_sentence = [w.lower() for w in filter_sentence]  # 转换为小写
        filter_sentence.pop(0)  # 删除细粒度标签
        self.sentence_list.append(' '.join(filter_sentence))

def clean_data(self, sentence):
    r = "[.!+-=——,$%^'`，。？?、~@#$%……&*《》<>「」{}【】()/]"  # 定义需
要去除的符号
    cleanr = re.compile('<.*?>')
    sentence = re.sub(cleanr, ' ', sentence)
    sentence = re.sub(r, '', sentence)
    sentence = re.sub('  +', ' ', sentence)
    return sentence
```

每句话的标签就是说话的人：

```
def _gen_label(self):
    label_map = {'ABBR': 0, 'ENTY': 1,
                 'DESC': 2, 'HUM': 3, 'LOC': 4, 'NUM': 5}
    label = np.array([label_map[i] for i in self.sentence_cls])
```

完成数据加载、清洗和标注后，还需要进行词嵌入，具体地说就是使用向量表示单词，使得我们可以将信息输入神经网络。这里，我们直接使用 sklearn 包中的词嵌入工具 TfidfVectorizer：

```
def _gen_feature(self):
    from sklearn.feature_extraction.text import TfidfVectorizer
    vectorizer = TfidfVectorizer()
    X = vectorizer.fit_transform(self.sentence_list)
    self.feature = X.toarray()
```

将以上几个函数集成到同一个数据加载类中，再增加一个数据接口，就得到了一个完整的数据加载类：

```
class datapre():
    def __init__(self, file_path):
        self.file = open(file_path, encoding='ISO-8859-1')
        self.class_set = set()
        self.sentence_list = []  # 清洗与分词后的数据
        self.sentence_cls = []  # 清洗与分词后的标签
        self.read_file()
        self.class_num = len(self.class_set)
        self.label = []  # 向量化后的标签
        self._gen_label()
        self._gen_feature()
        ......
    def get_data(self):
        return self.feature, self.label
```

然后，再使用 PyTorch 中的 Dataset，包装数据集，得到一个常用的 PyTorch 数据类：

```
class TRECData(Dataset):

    def __init__(self, file_path):
        super().__init__()

        DP = datapre(file_path)
        data = DP.get_data()
        self.feature, self.label = data

    def __getitem__(self, item):
        return self.feature[item], self.label[item]

    def __len__(self):
        return len(self.label)
```

最后我们划分数据集，在预留一些数据供预训练使用后，按照七比三的比例随机划分得到训练集与测试集：

```
dataset = TRECData('train_5500.label.txt')
train_size = 700
test_size = 300
train_set, test_set, pre_train_set = random_split(dataset, [train_size,
    test_size, len(dataset)-train_size-test_size])
train_loader = DataLoader(train_set, batch_size=batch_size)
test_loader = DataLoader(test_set, batch_size=batch_size)
pre_train_loader = DataLoader(pre_train_set, batch_size=batch_size)
```

2. 构建网络

处理好数据后就可以构建网络了，以 MLP 为例，由于 PyTorch 可以自动求导，不再需要手写反向传播过程，只须定义网络的前向传播过程即可。而且，只须使用一行代码就能定义激活函数。在 PyTorch 中，网络层的参数具有默认的初始化方式（在 nn.Linear() 源码中可以看到[㊀]），可以不写参数初始化函数，直接使用默认初始化。当然，如果希望以某种方式初始化参数，也可以像之前那样定义参数初始化函数。在定义网络结构时，需要指定网络的输入神经元个数、输出神经元个数与隐藏层神经元个数。有了这些后就完成了 MLP 模型：

```
class MLP(nn.Module):
    def __init__(self, dim_in, num_class, dim_hid: list, activation="ReLU"):

        super().__init__()

        # 默认全部使用ReLU 激活

        assert len(dim_hid) > 0, "多层感知机至少有一个隐藏层！"

        if activation == "ReLU":
            self.activation = nn.ReLU()
        elif activation == "LeakyReLU":
            self.activation = nn.LeakyReLU()
        elif activation == "Sigmoid":
            self.activation = nn.Sigmoid()
        elif activation =="Tanh":
            self.activation=nn.Tanh()
        else:
            self.activation = nn.ReLU()
        net = []
        for i in range(len(dim_hid)):
            if i == 0:
                net.append(nn.Linear(dim_in, dim_hid[i]))
            else:
                net.append(nn.Linear(dim_hid[i - 1], dim_hid[i]))

            net.append(self.activation)

        net.append(nn.Linear(dim_hid[-1], num_class))

        self.net = nn.Sequential(*net)

    def forward(self, x):
        return self.net(x)

    def init_parameters(self):
        pass
```

3. 训练

开始训练前，需要定义损失函数，让神经网络在训练过程中可以在该损失函数的指导下拟合数据集。如之前所介绍的，在分类任务中，最常用的损失函

㊀ https://pytorch.org/docs/stable/_modules/torch/nn/modules/linear.html#Linear。

数是交叉熵损失函数。在之前的样例中，我们也已经讲解过如何手写交叉熵损失函数的前向传播和反向传播。但是，在使用 PyTorch 后，只需要一行代码即可实现：

```
criterion = nn.CrossEntropyLoss()
```

接下来我们实例化一个模型：

```
model = MLP(dim_in=7666, num_class=6, dim_hid=[256,128,128,64]).to(device)
```

MLP 的训练依然是采用反向传播算法，同样由于引入了 PyTorch，这个过程会变得简单许多。首先，我们要选择使用的优化器，常用的有 Adam 和 SGD:

```
if optimizer_=="Adam":
    optimizer = torch.optim.Adam(model.parameters(), lr=lr)
else:
    optimizer=torch.optim.SGD(model.parameters(), lr=lr)
```

PyTorch 的优化器十分方便，只需要在定义优化器的时候传入需要优化的网络参数和学习率等参数。在训练时，优化器就会自动帮我们更新网络参数。误差反向传播在 PyTorch 中也十分方便，只需要计算损失函数，然后调用反向传播函数就可以完成这个过程。这样，就可以很方便地开始训练：

```
for epoch in range(epochs):

    model.train()

    train_loss = []

    train_pred = []
    train_true = []

    for batch_id, (batch_x, batch_y) in enumerate(train_loader):
        batch_x = batch_x.float().to(device)
        batch_y = batch_y.to(device)

        output = model(batch_x)
        loss = criterion(output, batch_y)
        loss.backward()
        optimizer.step()
        optimizer.zero_grad()

        train_loss.append(loss.item())
        train_pred.extend(output.argmax(dim=1).detach().cpu().numpy())
        train_true.extend(batch_y.detach().cpu().numpy())
```

可以记录训练过程中损失的变化，来判断模型的学习效果。

5.7.3 实验结果

在训练结束后，可以使用和训练一样的流程在测试集上测试模型的学习效果，不过要在测试前把模型调成测试模式：

```
model.eval()
```

这会关闭梯度的计算，节省时间和计算资源。在进行实验时，还需要指定一些参数，以下是实验的默认参数设置：

```
optimizer_ = "Adam"
lr = 0.002
criterion = nn.CrossEntropyLoss()
epochs = 200
device = torch.device("cuda" if torch.cuda.is_available() else "cpu")
batch_size = 32
random.seed(0)
torch.manual_seed(0)
```

使用上面定义的模型，学习效果如图 5.43 所示。可以看到在前 50 轮，随着训练轮数的增加，模型在测试集上的表现越来越好，这符合我们的预期，但是在 50 轮左右之后会下降，那我们再训练网络的话可以在 50 轮提前结束训练。由于 TREC 任务的数据比较简单，模型的训练集准确率可以很容易地达到 1.0，因此不再展示训练集准确率。

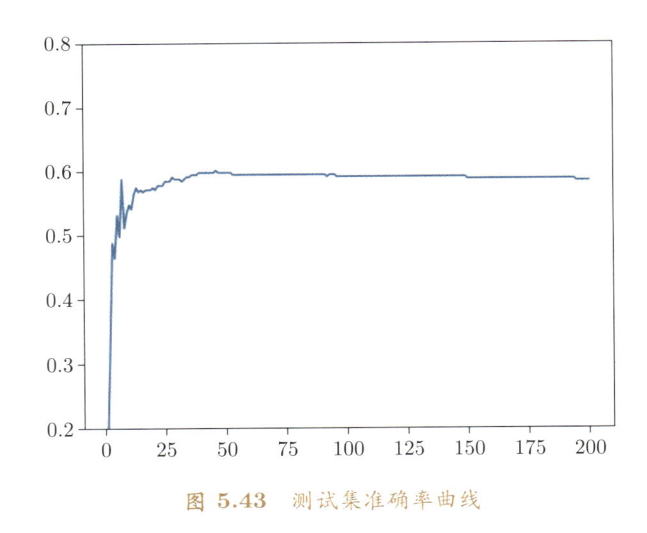

图 5.43 测试集准确率曲线

5.7.4 模型优化

接下来我们会利用本章之前介绍的几种方法来分别优化网络模型。

1. 学习率

本节探究不同的学习率对网络性能的影响。实验结果如图 5.44 所示。学习率是控制模型学习速度的重要超参数，直接影响模型的收敛状态。如果学习率设置过大，模型容易在最优点两侧跳跃，难以达到最优状态；如果学习率设置过小，则模型收敛缓慢，容易陷入局部最优点。

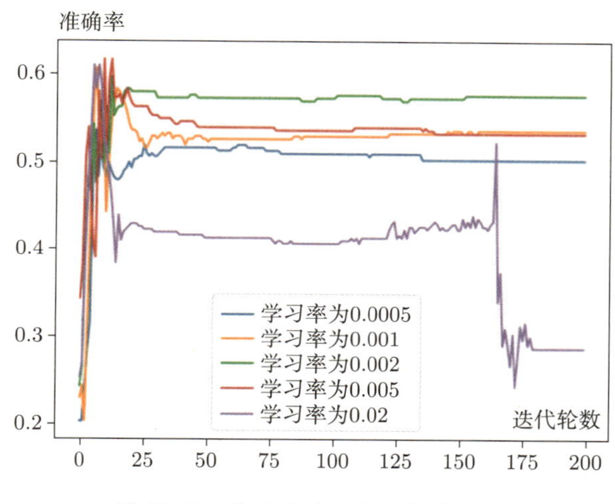

图 5.44 学习率对网络性能的影响

根据图 5.44的学习率曲线，我们可以发现，当学习率设置过小（如 0.0005）时，模型的性能不如其他情况下的表现；而当学习率过大（如 0.02）时，模型的性能也不好。需要注意的是，不同的学习模型适用的最优学习率也不同。对于本模型而言，我们发现 0.002 是一个较优的学习率。

事实上，将学习率设置为一个固定的常数并不是最优的选择。学习率可以通过不同的规则随着训练的进行而逐渐调整。常见的调整规则包括线性衰减和指数衰减等方法。这些实验留给读者自行尝试。

2. 损失函数

在前文中，我们默认使用的是交叉熵损失函数，下面我们尝试使用均方误差损失函数并比较两者的异同。我们可以在参数设置中增加如下设置：

```
criterion2 = nn.MSELoss()
```

此外，与 nn.CrossEntropyLoss() 稍有不同，nn.MSELoss() 参数中的目标值必须进行独热编码，因此对训练过程代码做如下调整：

```
for batch_id, (batch_x, batch_y) in enumerate(train_loader):
    batch_x = batch_x.float().to(device)
```

```
batch_y = batch_y.to(device)
batch_y = torch.from_numpy(np.eye(6)).to(device)[batch_y]

output = model(batch_x)
loss = criterion2(output, batch_y)
loss.backward()
optimizer.step()
optimizer.zero_grad()

train_loss.append(loss.item())
train_pred.extend(output.argmax(dim=1).detach().cpu().numpy())
train_true.extend(batch_y.argmax(dim=1).detach().cpu().numpy())
```

对比图 5.45 可以看到，损失函数的设计对于模型的性能也很关键。均方误差损失函数会将输出层每一个神经元的输出计算在内，不仅对于正确标签对应的输出有影响，而且其他不正确的也会产生梯度；而交叉熵损失函数只计算正确标签对应的输出，其他的输出即使很大也不会对网络中的权值产生影响。但是，对于标签对应的输出来说，当该输出接近 1 时，交叉熵的导数较小；而当该输出接近 0 时，导数会很大。这就有一个优点：当网络预测与正确标签相差较大时，网络的收敛速度会较快；而当网络预测与真实值接近时，网络的权值变化就会较小，从而使网络较为稳定。从图 5.45 中可以看出，使用交叉熵损失的模型虽然准确率低于均方误差的模型，但准确率变化幅度小，网络更加稳定。实际应用中应当因任务而异来设计合适的损失函数。

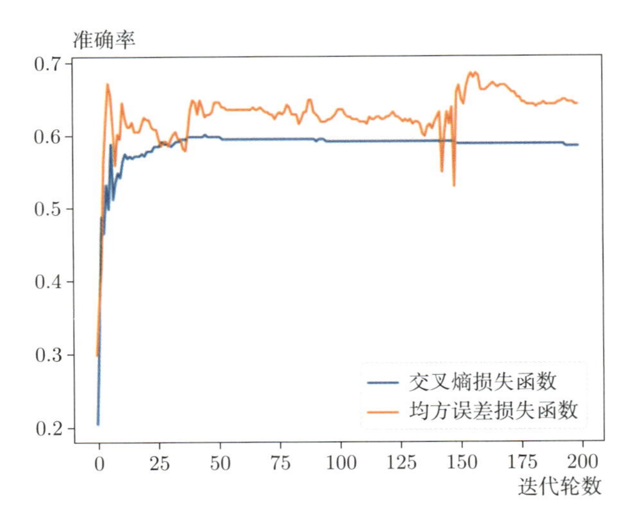

图 5.45 损失函数对模型性能的影响

3. 正则化

在 PyTorch 中进行 $L2$ 正则化是比较方便的，只需要在优化器中将权值衰退参数 weight_decay 设置为合适的值即可，这里设置成了 0.0001：

```
if optimizer_=="Adam":
    optimizer = torch.optim.Adam(model.parameters(), lr=lr, weight_decay=0.0001)
else:
    optimizer = torch.optim.SGD(model.parameters(), lr=lr, weight_decay=0.0001)
```

加入正则化项可以使权值更小、降低模型的复杂度，从而提升泛化性能。但同时也会降低模型在训练集上的拟合能力。如图 5.46 所示，在这个例子中，$L2$ 正则化明显发挥了作用。在不同的实践应用中，我们可以根据模型的性能来调节正则化参数的大小，更好地平衡模型的拟合能力与泛化性能。

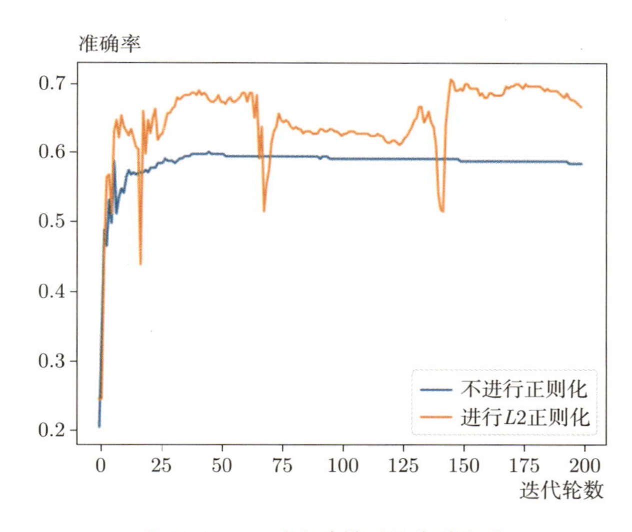

图 5.46 正则化对模型性能的影响

4. 归一化

本节使用批归一化来对网络进行优化。PyTorch 实现批归一化是很简单的，只需要指定维度便可以定义一个批归一化层，我们可以在网络中合适的位置添加一些批归一化层：

```
class MLP(nn.Module):
    def __init__(self, dim_in, num_class, dim_hid: list, activation="Relu"):
        ......
        for i in range(len(dim_hid)):
            if i == 0:
                net.append(nn.Linear(dim_in, dim_hid[i]))
            else:
                net.append(nn.Linear(dim_hid[i - 1], dim_hid[i]))
```

```
        if batch_norm:
            net.append(nn.BatchNorm1d(dim_hid[i]))
        net.append(self.activation)
    ......
```

实验结果如图 5.47 所示，可以看到，批归一化对模型的测试集准确率的提升是显著的，这是因为网络的层数比较多，在反向传播使用链式法则计算梯度时容易发生梯度弥散的现象，靠前的网络层会比后面的网络层训练更加困难，而使用批归一化可以解决这个问题。

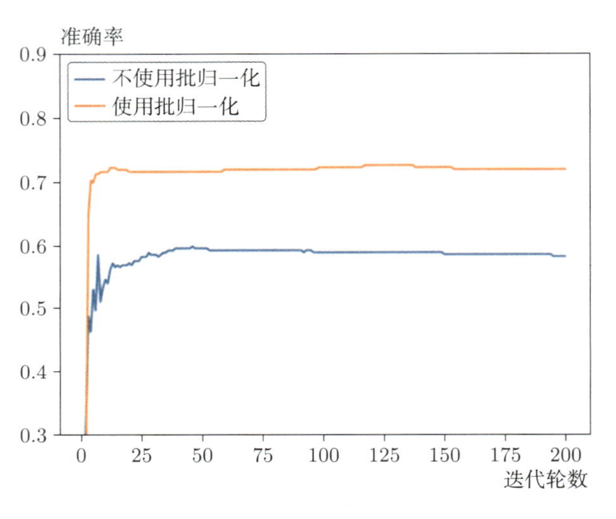

图 5.47 批归一化对模型性能的影响

5. 参数初始化

我们可以自己定义参数的初始化方式，例如使用 Xavier 初始化：

```
def init_parameters(self):
    for m in self.modules():
        if isinstance(m, nn.Linear):
            torch.nn.init.xavier_normal_(m.weight.data)
```

在创建模型实例后调用这个方法：

```
model = MLP(dim_in=7666, num_class=6, dim_hid=[256,128,128,64]).to(device)
if xavier_init:
    model.init_parameters()
```

图 5.48 展示了使用默认初始化和 Xavier 初始化时网络的性能对比，从图中可以看出初始化方式对模型性能好坏的影响是非常大的，这是因为不同的初始化参数导致模型收敛到了不同的局部极小值，对于复杂的模型更是如此。但

单凭此次实验的结果，并不能说明 Xavier 初始化在这个模型上比默认初始化方式好，读者可以尝试设置不同的实验参数，会发现默认初始化方式有时取得了比 Xavier 初始化更好的效果。

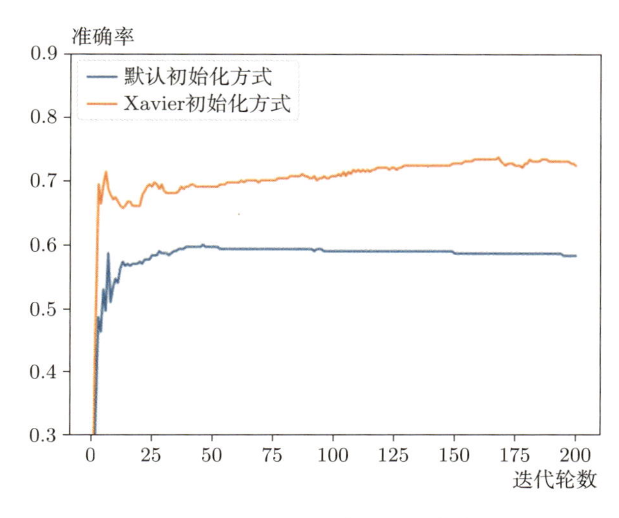

图 5.48 网络初始化对网络性能的影响

6. 网络预训练

我们可以先在一个更大的数据集（与训练集、测试集不重合）上训练出一个模型，保留其参数，然后继续在训练集上学习，实现起来也是比较容易的，与网络训练的代码类似：

```
if pre_train:
    model.train()
    for batch_id, (batch_x, batch_y) in enumerate(pre_train_loader):
        batch_x = batch_x.float().to(device)
        batch_y = batch_y.to(device)
        output = model(batch_x)
        loss = criterion(output, batch_y)
        loss.backward()
        optimizer.step()
        optimizer.zero_grad()
```

图 5.49 展示了预训练对网络性能的提升，预训练相当于增加了训练集的样本量，因此取得更好的训练效果也是预料之中的。

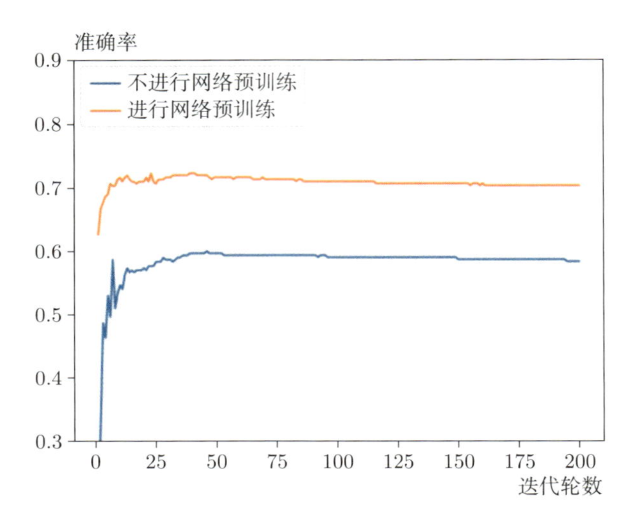

图 5.49 网络预训练对网络性能的影响

5.8 小结

训练数据和网络结构对于取得理想的性能都至关重要。本章介绍的归一化是对训练数据的处理方法，而学习率的调整、损失函数的选择、正则化以及参数的初始化（包括预训练模型）等则是对网络结构参数和超参数进行调整和约束的处理方法。读者在实际应用时应灵活选择适合的方法，以达到理想的结果。

练习

1. 批归一化的输出服从什么样的分布?
2. 在批归一化中，为什么要在归一化后进行缩放和平移操作?
3. 目前有一批病人的身体数据（如体重、血液指标等）和他们是否患有肺癌的真实标签，其中患肺癌的样本占比非常小。若将数据直接传入神经网络，应该如何选择初始化方法?数据中不同特征的数值差异过大，如何改进能够让网络更好地学习数据中的分布?
4. 参考以下代码使用 scikit-learn 包获取波士顿住房数据集（如果无法正确获取，请检查 scikit-learn 的版本）。请把获取的数据集分为训练集和验证集，它们的比例为 7:3，设计一个三层的神经网络（可以使用 PyTorch 框架自行搭建，示例代码如下）。分别在进行归一化和不对数据进行归一化的情况下进行训练，给出训练集损失的折线图，以及验证集真实值和预测值的差异图，比较二者之间的区别。（推荐将 batchsize 设置为 8，迭代次数设置为 5，使用 SGD 优化器，学习率设置为 0.001，使用 MSE 损失函数。）

```
  # 导入数据集
from sklearn.datasets import load_boston
boston = load_boston()
  # 定义网络模型
class MLP(nn.Module):
    def __init__(self):
        super(MLP, self).__init__()
        # First hidden layer
        self.h1 = nn.Linear(in_features=13, out_features=20, bias=True)
        self.a1 = nn.ReLU()
        # Second hidden layer
        self.h2 = nn.Linear(in_features=20, out_features=10)
        self.a2 = nn.ReLU()
        # regression predict layer
        self.regression = nn.Linear(in_features=10, out_features=1)

    def forward(self, x):
        x = self.h1(x)
        x = self.a1(x)
        x = self.h2(x)
        x = self.a2(x)
        output = self.regression(x)
        return output
```

5. 针对练习 4 中的神经网络，分别使用 MSE 损失、MAE 损失和 Huber 损失作为损失函数进行训练，给出训练集损失的折线图，以及验证集真实值和预测值的差异图，比较彼此之间的区别。

6. 针对练习 4 中的神经网络，改变不同的学习率（其余参数固定），给出训练集损失的折线图，以及验证集真实值和预测值的差异图。再比较固定学习率和学习率衰减二者之间的区别，给出训练集损失的折线图，以及验证集真实值和预测值的差异图。
7. 针对练习 4 中的神经网络，试通过改变网络结构及训练超参数，设计出一个过拟合的网络，给出训练集损失的折线图，以及验证集真实值和预测值的差异图。再通过引入正则化或 Dropout 的方式降低模型复杂度，给出训练集损失的折线图，以及验证集真实值和预测值的差异图。
8. 参考下列代码下载 MNIST 数据集并使用一个两层的神经网络进行分类（示例代码如下），请分别画出训练集准确率，训练集损失的折线图及验证集准确率的折线图。（推荐将 batchsize 设置为 100，迭代次数设置为 3，使用 SGD 优化器，学习率设置为 0.001，使用交叉熵损失函数。）

```
 # 载入数据集
train_data=torchvision.datasets.MNIST(
    root='MNIST',
    train=True,
    transform=torchvision.transforms.ToTensor(),
    download=True
)
test_data=torchvision.datasets.MNIST(
    root='MNIST',
    train=False,
    transform=torchvision.transforms.ToTensor(),
    download=True
)
 # 网络模型
class MLP(nn.Module):
    def __init__(self):
        super(MLP, self).__init__()
        # 第一个线性层
        self.layer1=nn.Linear(784,2048)
        self.layer2=nn.Linear(2048,10)
        self.relu=nn.ReLU()
    # 前向传播
    def forward(self,input):
        out=self.layer1(input)
        out=self.relu(out)
        out=self.layer2(out)
        return out
```

9. 针对习题 8 中的神经网络，请至少使用三种不同的初始化方式，并分别画出训练集准确率、训练集损失及验证集准确率的折线图。
10. 针对习题 8 中的神经网络，请分别进行批归一化、层归一化、实例归一化及组归一化，并画出训练集准确率，训练集损失及验证集准确率的折线图。

稍事休息

目前，梯度下降方法是神经网络训练的主流方法。之前已经详细讲解了梯度下降算法的流程，但是神经网络训练是一个非常复杂的过程，其中不同的因素相互影响。在实际任务中，通常需要适当地调整训练算法。这里整理了一些神经网络训练技巧，供读者在实际操作时参考。

- 初始状态设置。初始状态对于训练至关重要，它对训练收敛速度和最终性能都有影响。这里所说的初始状态不仅是模型参数的初始化，还包括数据集的平衡、优化器的参数设置等因素。模型参数初始化需要考虑参数的分布区间，通常选择的方法是根据每个参数的特点来确定合适的初始值。比如对于某些特别的参数，可以设置初始值为 0 或 1 来自适应调整变量大小。同时，还需要对参数设置一个随机种子值，以确保模型的可复现性。数据集的平衡是指在训练神经网络时，应尽可能使每个子数据集中的数据分布均匀。这样可以避免在训练过程中因为某个子数据集数据过于集中而导致网络无法充分学习其他数据集中的特征，从而提高模型的泛化能力和鲁棒性。优化器的初始化参数设置主要是对学习率、衰减参数、动量参数等进行设置。优化器的研究是一个专门的领域，感兴趣的读者可以参阅具体文献。
- 训练过程优化。训练过程优化包括两个方面：一方面是提升收敛速度、减少训练时间；另一方面是控制模型的超参数，提升训练效果。为了提升收敛速度，我们可以通过调整学习率、使用提前停止等技巧减少训练轮次，从而加快训练速度。近年来，还出现了一种称为 ReZero 的方法，通过添加 0 参数来提高训练速度。针对控制模型参数的问题，常用的方法是使用 temperature 系数来控制参数的范围，从而提升训练效果。这些方法可以帮助我们更好地优化训练过程，让我们的模型更加准确和有效。
- 过拟合防治。过拟合是神经网络训练中常见的问题。在设计网络结构时很难直观地判断是否存在过拟合现象，因此往往只能通过事后检验的方式来验证模型的有效性。单批次过拟合是一种快速测试网络性能的方法。它通过输入单个数据批次，然后在该批次数据上重复训练，直到损失函数数值趋于稳定。如果网络不能收敛到一个较好的效果，则需要校验模型或者数据，这种方法在一些场景中能提升模型设计的效率。此外，加入 Dropout 层及对数据进行增强也有可能缓解或消除过拟合问题。

第 6 章　神经网络的分布式学习、压缩和解释

本章先介绍神经网络的分布式训练策略，展示如何将神经网络的训练流程分散到计算机集群中，以加速模型的训练过程。接下来，将探讨模型压缩的各类前沿技术和策略，比如量化、知识蒸馏以及剪枝等，旨在缩减神经网络模型的规模并降低模型复杂程度，在保持模型性能的基础上，提升模型在资源受限环境中的运行速度和效率。最后一节将阐述神经网络的可解释性。尽管神经网络在众多应用领域已经取得了不错的成绩，但其决策过程常常被视作一个“黑盒”。在这一部分，将探讨如何解读神经网络的决策流程，让模型不仅具有高精度，而且更具可解释性。

6.1　神经网络分布式学习

训练大型神经网络模型需要大量的计算。对于神经网络而言，大规模的数据集和模型层出不穷。例如，轰动一时的智能围棋 AlphaGo 系统使用了 3000 多万个残局来进行训练，以计算出应对当前棋局最优的落子点。智能对话系统 ChatGPT 的前身 GPT-3 模型具有 1750 亿个参数，训练集包含了经过基础过滤的全网页爬虫数据集（4290 亿词符）、维基百科文章（30 亿词符），以及两个不同的书籍数据集（一共 670 亿词符）。就连训练图像分类器最常使用的 ImageNet 数据集也包含了 1400 万幅图像，涵盖了 2 万多个类别。在一个具有现代 GPU 的机器上完成一次基于 ImageNet 等基准数据集的训练可能要耗费多达一周的时间。这样的大型数据集和模型是神经网络的早期研究者根本无法预料的，但也是因为它们的出现才给人工智能的蓬勃发展奠定了非常坚实的物质基础。同时，训练这样的大数据集需要大量的时间和计算资源，对计算能力和内存容量提出了新的要求，也对硬件计算设备和训练方法提出了新的挑战。模型的参数规模很大，计算复杂度高，导致单机训练可能会消耗很长时间。并且由于中间计算和数据存储量大，单机设备无法满足容量要求，因此不得不使用分布式存储。目前，研究者已经发现在多台机器上的分布式训练能够较大程度地缩减训练时间。最近的研究表明，使用 2048 个 GPU 的集群可以将 ImageNet 的训练时间降低至 4 分钟。因此，并行化、分布式的神经网络学习技术成为一个热门话题。

6.1.1 分布式学习简介

在实际生产生活中，使用机器学习技术解决问题时，海量训练数据和高复杂度的问题是难以避免的。因此，需要使用更复杂的神经网络模型来解决问题，这就需要动用计算机集群来完成数据处理、模型训练等任务。**神经网络的分布式学习研究的就是如何使用计算机集群来训练大规模神经网络模型。**其中的细节涉及如何分配训练任务、调配计算资源、协调各个功能模块，以达到训练速度与精度的平衡。

如图 6.1 所示，分布式学习的基本流程可以划分为以下四个主要部分：数据与模型划分单元、单机优化单元、通信模块单元以及数据与模型聚合单元。这些模块的具体实现和相互关系可能因算法或系统的不同有所差异，但其中的基本原理是相似的。单机优化已在前文中进行了详细的阐述，接下来主要对其余的三个模块进行介绍。

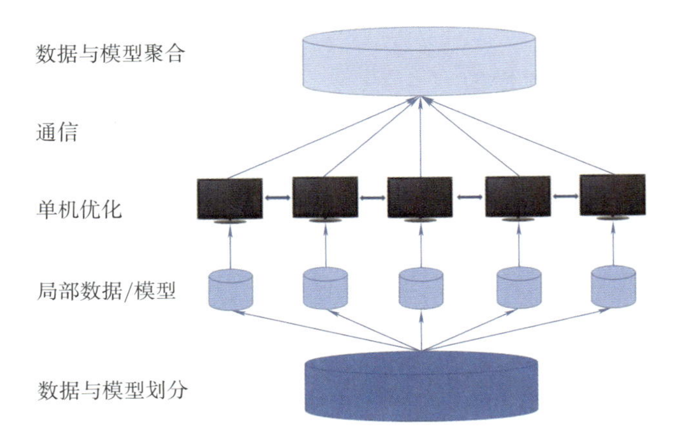

图 6.1 分布式学习的基本流程

6.1.2 常用的分布式划分方法

当拥有了大量的训练数据或大规模的神经网络模型时，由于存储容量和计算性能受限，通常无法在单个工作节点上完成模型学习，需要将数据或模型进行划分并分配给各个工作节点（单机）。**根据划分实体的不同，主要分为数据划分和模型划分两种。**

1. 数据划分

当数据规模过大，无法单独存储在一个工作节点上时，数据将被分割并分发到每个工作节点。然后，每个工作节点使用分配得到的数据对神经网络模型进行本地训练。这种分布式划分方法被称为数据划分。

基于训练样本的数据划分是在神经网络分布式学习中得到广泛使用的一种数据划分方法。这是因为在神经网络的训练过程中，目标函数，即训练数据集的损失函数，是关于数据样本可分的。由于目标函数是所有训练样本所对应的损失函数值的总和，因此如果将训练样本划分为若干训练子集，分别计算各个子集上的局部梯度值，再对局部梯度求和，仍然可以得到整个目标函数的梯度。

一般而言，数据样本可以通过随机抽样的方式进行划分，也可以通过全局或局部错位切片的形式进行分离。具体来说，假设训练数据集共有 n 个样本，简记为 $N=[1,\cdots,n]$，每个样本的维度为 d，在整个并行工作环境中共有 K 个工作节点。这 n 个样本必须以某种方式分配到 K 个工作节点上。

第一种是随机抽样法，在独立同分布的前提下，有放回地从总数据集中进行随机抽样。每个工作节点所分配到的样本数为 $\dfrac{n}{K}$。例如，在进行第 k 次抽样时，$P\left(i_k=j\right)=\dfrac{1}{n},\quad \forall j\in\mathbb{N}$，其中 i_k 表示第 k 次抽取的样本序号。从概率论的角度出发，这个过程也可以等价为将总数据集随机打乱顺序后，再均等分为 K 份。

在数据样本分配完毕后，每个工作节点根据分配给它的本地数据样本，执行与单机优化时相同的一系列操作。由于每个工作节点所获得的本地数据是通过随机抽样生成的，因此随机优化算法一般会按顺序使用样本，不会进一步打乱顺序。

虽然随机抽样的样本划分方式更便于理论分析，然而，由于实施的复杂性，在实际应用中通常采用另一种错位切片的样本划分方式。也就是说，训练数据集 N 被随机错位为 N'，常见的错位算法包括费雪–耶茨算法、克努斯–杜斯顿费尔德算法以及内部交换法等，这些算法并非本节重点内容，感兴趣的读者可自行查阅资料进行学习。然后将错位后的训练数据集依次切分为 K 等份，即局部训练数据集 N_k 可以表示为：

$$N_k=\left\{N'_{\frac{(k-1)n}{K}+1},\cdots,N'_{\frac{kn}{K}}\right\},k=1,\cdots,K \tag{6.1}$$

再将其分配到各个工作节点上进行训练。

错位切片相比于随机抽样具有两大优势。第一，错位切片的复杂度较低。虽然单次错位操作不能完全打乱数据的顺序，但是可以证明进行若干次错位操作后，得到的数据序列已经可以接近完全随机。对已知长度为 n 的序列，一次错位操作的复杂度平均为 $O(\log n)$，而经过 n 次有放回的抽样复杂度为 $O(n)$。因此，与 n 次有放回的抽样相比，有限数量的错位操作的复杂度将大大降低。第二，错位切片后得到的数据集更有参考价值。错位切片对应的是无放回抽样，每个样本都一定会出现在某个工作节点上，每个工作节点上的局部数据没有重叠，所以得到的训练数据集一般来说具有更大的信息量。

将上述基于数据样本划分的方式代入神经网络梯度下降优化算法，可以得到如算法 8 所示的算法。

算法 8 带有样本划分的分布式随机梯度下降法

输入： 初始模型 w_0^0，工作节点数 K，小批量规模 b，训练轮数 S，每轮迭代的次数 $T=\dfrac{n}{bK}$，学习率 η

输出： $w^S=\dfrac{1}{TS}\sum\limits_{x=1}^{S}\sum\limits_{t=1}^{T}w_t^s$

1: **for** $s=0,1,\cdots,S-1$ **do**
2: $\quad w_0^{s+1}=w_T^s$
3: $\quad$ 1. Option1(随机抽样)：在数据集中做 n 次有放回抽样，均分成 K 个局部数据集。
4: $\quad$ 2. Option2：随机置换数据集，均分成 K 个局部数据集。
5: $\quad$ **for** $t=0,1,\cdots,T-1$ **do**
6: $\quad\quad$ **for** 工作节点 $k=1,\cdots,K$ **in parallel do**
7: $\quad\quad\quad$ 读取当前模型 w_t^s
8: $\quad\quad\quad$ 从局部数据集随机抽取小批量数据 $D_k^s(t)$
9: $\quad\quad\quad$ 计算 $D_k^s(t)$ 上的随机梯度 $\nabla f_{D_k^t(t)}\left(w_t^s\right)=\sum\limits_{i\in D_k'(t)}\nabla f_i\left(w_t^s\right)$
10: $\quad\quad$ **end for**
11: $\quad\quad$ 更新全局参数 $w_{t+1}^s=w_t^s-\eta_t^s\cdot\dfrac{1}{bK}\sum\limits_{k=1}^{K}\nabla f_{D_k^s(t)}\left(w_t^s\right)$
12: $\quad$ **end for**
13: **end for**

思考

根据所学知识，请思考在进行数据划分时，有哪些因素会对训练效果产生影响？请列举几条并解释。

1. 数据集大小。数据集的大小直接影响数据划分的效果。当数据集非常大时，数据划分可以利用大量节点并行处理数据，从而提高训练效率。但是，如果数据集非常小，则数据划分可能会出现过拟合的情况，因为每个节点只能看到一小部分数据，无法全面捕捉数据集的特征。
2. 网络带宽和延迟。在数据划分中，节点之间需要频繁通信以传递梯度和模型参数。如果延迟较长，通信时间可能会成为训练时间的瓶颈，从而影响训练效果。
3. 模型结构和参数量。不同的模型结构和参数量对数据划分方式的影响也不同。如果模型非常大，单个节点的计算负载可能会很高，并行效率低下。但如果模型比较小，数据划分能发挥出更好的性能，因为可以利用大量的节点处理数据集。
4. 学习率和优化器。在分布式学习中，不同的学习率和优化器选择对训练效果的影响也不同。如果使用了较高的学习率和强大的优化器，可能会导致训练不稳定，因此需要更小的批量大小和更频繁的模型更新。在这种情况下，数据划分可以减少每个节点的数据量。但如果使用了较低的学习率和较弱的优化器，可能需要更大的批量大小和更少的模型更新，在这种情况下，数据划分的优势就不那么明显了。

2. 模型划分

对于规模大、参数多、无法在单个工作节点存储的神经网络模型，有必要将神经网络模型的结构划分并分配给各个工作节点，每个工作节点负责更新本地局部模型的参数。然而，与简单的线性模型不同，神经网络是高度非线性的，参数之间的依赖关系也很复杂，所以必须根据模型的结构特点进行划分。神经网络的分层结构为模型的并行化提供了一定程度的便利。例如，**可以将模型横向划分为多层，纵向划分为多层，或根据神经网络参数的冗余度进行随机划分。**不同的划分模式对应的通信内容和通信量是不相同的，下面会依次介绍。为了不失一般性，这里只考虑全连接多层神经网络。

横向按层划分

如果神经网络的结构过于庞大，自然的想法是将整个神经网络按层数横向划分为 K 个部分，每个工作节点承担一层或几层的计算任务。如果一个工作节点没有计算所需的数据，它将启动与其他工作节点的通信进程以获得相应的信息。横向划分神经网络时，通常会考虑到每层含有的神经元数量，从而使每个工作节点的计算负载均衡。下面用一个简单的例子来说明这一点。

假设有如图 6.2 所示的一个四层神经网络，包含一个输入层、两个隐藏层和一个输出层。并行系统中总共存在三个工作节点分别存储每层划分后的网络。

工作节点 1 需要存储输入层与第一个隐藏层之间的相关信息，并更新这两层之间连接上的模型参数。相关信息包括输入层样本各维度的取值、两层之间连接的权值、第一个隐藏层中各神经元的激活函数值和反向传播所需要的误差传播值。工作节点 2 需要存储两个隐藏层之间的相关信息，并更新隐藏层之间连接上的模型参数。相关信息包括两层之间连接的权值、两个隐藏层上各神经元的激活函数值和误差传播值。工作节点 3 需要存储第二个隐藏层和输出层之间的相关信息，并更新这两层之间连接上的模型参数。相关信息包括第二个隐藏层中各神经元的激活函数值和误差传播值、两层之间的连接权值、输出层的 Softmax 值和误差传播值。

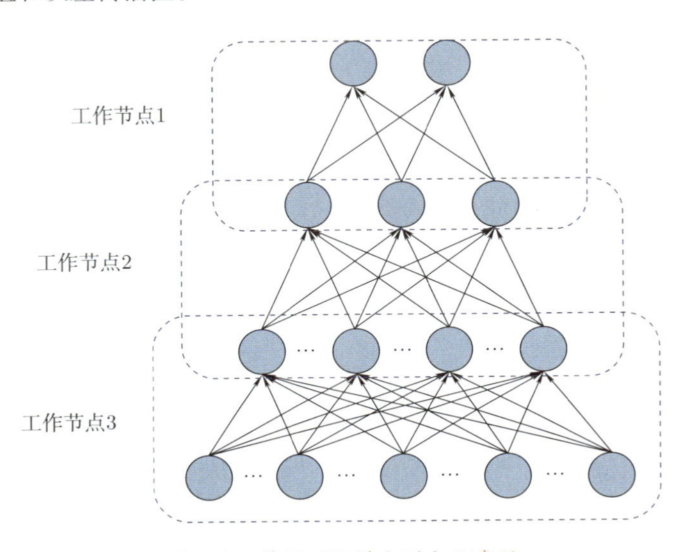

图 6.2 神经网络横向划分示意图

在模型更新的前向传播和反向传播过程中，各个工作节点之间需要相互传输以下信息。在前向传播过程中，工作节点 2 需要使用工作节点 1 更新过的第一个隐藏层的激活函数值来更新第二个隐藏层的激活函数值。然后，工作节点 3 需要使用工作节点 2 更新过的第二个隐藏层的激活函数值来更新输出层的 Softmax 值。在反向传播过程中，工作节点 2 需要使用工作节点 3 更新过的第二个隐藏层的误差传播值来更新隐藏层之间连接的权值和第一个隐藏层的误差传播值。然后，工作节点 1 要借用工作节点 2 更新过的第一个隐藏层的误差传播值来更新输入层和第一个隐藏层之间连接的权值。

将上述过程以更加一般化的形式加以描述，可以得到如下并行方式。假设多层神经网络 G 按照从输入到输出方向的顺序存储在 K 个工作节点上，每两个相邻的工作节点需要同时存储划分的隐藏层上的所有神经元节点。所有 K 个子模型的存储信息分别记为 $G_1, G_2, \cdots, G_K$，其中 $G_k = \left(\mathrm{Err}_k, G_k^0, \mathrm{Act}_k\right)$，$\mathrm{Err}_k$ 为子模型 G_k 的最底层节点的误差传播值，Act_k 为子模型最顶层节点的激活函数值，G_k^0 为除去底层误差传播值和顶层激活函数值之外的剩余激活函数值、误差传播值和子模型内各层之间连接的权值。对于横向按层的模型划分方法，在前向传播和反向传播的过程中，子模型之间都需要通信。

在前向传播过程中，对于所有 $k \neq 1$，需要在前向传播开始的时候，与存储 G_k 的下层邻接子模型 G_{k-1} 的工作节点 $k-1$ 通信请求其最顶层的激活函数值 Act_{k-1}。然后，工作节点前传激活函数值，直到计算得到子模型 G_k 的最顶层激活函数 Act_k。在反向传播过程中，对于所有的工作节点 $k \neq K$，需要在反向传播开始的时候，与存储 G_k 的上层邻接子模型 G_{k+1} 的工作节点 $k+1$ 通信请求其最底层的误差传播值 Err_{k+1}。然后，工作节点反向传播误差传播值，直到计算得到子模型 G_k 的最底层误差传播值 Err_k。对上述过程进行总结，可以得到如算法 9 所示的算法。

算法 9 神经网络的横向按层划分模型的并行算法

输入： 初始化参数权值 w_0，工作节点数 K，横向按层划分的子网络 $G_1, G_2, \cdots, G_K$

输出： 参数权值 w_t

1: **for** $t = 0, 1, \cdots, T-1$ **do**
2:   **for** 工作节点 $k \in 1, 2, \cdots, K$ **in parallel do**
3:       等待，直到工作节点 $k-1$ 完成对 G_{k-1} 中参数的前向传播
4:       与工作节点 $k-1$ 通信并获取底层节点的激活值 Act_{k-1}
5:     前向传播：
6:       前向传播更新 G_k 中各层节点的激活值
7:       等待，直到工作节点 $k+1$ 完成对 G_{k+1} 中参数的反向传播
8:       与工作节点 $k+1$ 通信并获取顶层节点的误差传播值 Err_{k+1}
9:     反向传播：
10:       反向传播更新 G_k 中各层节点的误差传播值和参数 w_t
11:     $t = t + 1$
12:   **end for**
13: **end for**

虽然横向按层划分的算法逻辑简单，容易实现，但需要工作节点互相等待直到相邻的工作节点运算完成，才能实现本节点上信息的前向传播和反向传播。为了提高工作效率，可以考虑让这些工作节点按照编号依次开始工作，形成流水线，那么每次迭代中的等待时间会大幅减少。

纵向跨层划分

在庞大的神经网络模型中，层的数量以及每层的神经元节点数量一般都很大，除了上一小节所述的横向按层划分以外，纵向跨层划分网络，即把每层的神经元节点分配给不同的工作节点，也是一种常见的模型划分方式。各个工作节点需要存储并更新本地的纵向子网络，但如果在前向传播和反向传播过程中

需要使用本地存储的子模型上不具备的激活函数值或误差传播值，则必须向对应的工作节点发出通信请求。

假设有如图 6.3 所示的一个四层神经网络，包含一个输入层、两个隐藏层和一个输出层，每个隐藏层有四个神经元。工作节点 1 存储输入层、两个隐藏层左半边的两个神经元节点和输出层，工作节点 2 存储输入层、两个隐藏层右半边的两个神经元节点和输出层。除了各个神经元节点的信息外，工作节点还要存储子网络在整个网络中所关联的连接权值信息。

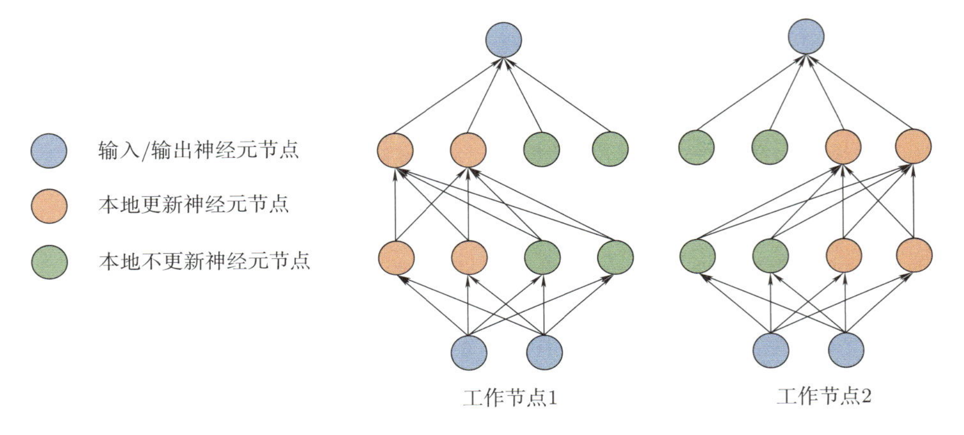

图 6.3　神经网络纵向跨层划分示意图

在前向传播过程中，工作节点 1 由输入层前向传播更新隐藏层的左半边两个神经元节点的激活函数值，然后向工作节点 2 请求其更新过的隐藏层的右半边两个神经元的激活函数值，在此基础上更新下一层的激活函数值。工作节点 2 也做对等的操作。在反向传播过程中，工作节点 1 将输出层的误差值反向传播，得到倒数第一层隐藏层中左半边两个神经元节点的误差传播值，更新输出层和倒数第一层隐藏层之间的连接权值，然后向工作节点 2 请求其更新过的隐藏层中右半边两个神经元的误差值，通过反向传播得到倒数第二层隐藏层中左半边两个神经元的误差值，更新两个隐藏层之间的连接权值。最后，反向传播更新输入层和倒数第二个隐藏层之间的连接权值。同样，工作节点 2 也做对等的操作。

将上述过程以更加一般化的形式加以描述，可以得到如下并行方式。将 K 个工作节点上存储的信息记为 $G_1, G_2, \cdots, G_K$，包含隐藏层神经元、输入/输出层，及其在神经网络中的所有连接的权值。进一步地，记 $G_k = (G_k^0, E_k)$，其中 G_k^0 为子模型中连接的权值以及激活函数值和误差传播值，E_k 为该子模型中不包含但其他子模型包含的连接权值，这里将其他子模型的信息记为

V_k。在图 6.3 中，除输入/输出神经元节点，工作节点 1 的子模型 G_1 包含连有橙色神经元的连接权值 G_1^0，以及子模型中需要的包含绿色神经元的连接权值 E_1，而 V_1 代表绿色神经元节点的信息；同理，工作节点 2 也做对等操作。

工作节点在更新子模型的过程中，需要使用与本地存储的子模型有连接的其他神经元的信息。具体地，对工作节点 k 而言，在前向传播过程中，需要 V_k 中所有神经元的激活函数值；在反向传播过程中，需要 V_k 中所有神经元的误差传播值。要获取这些信息，工作节点 k 应在需要的时候向其他工作节点发起通信请求。对上述过程进行总结，可以得到算法 10，如下所示。

算法 10 神经网络的纵向跨层划分模型的并行算法

输入： 初始化参数权值 w_0，工作节点数 K，纵向跨层划分的子网络 $G_1, G_2, \cdots, G_K$

输出： 参数权值 w_t

1: **for** $t = 0, 1, \cdots, T-1$ **do**
2:   **for** 工作节点 $k \in 1, 2, \cdots, K$ **in parallel do**
3:     前向传播：
4:       按层从输入层开始前向传播更新 G_k 中各层神经元节点的激活函数值
5:       按照 E_k 的信息等待相邻工作节点完成最新更新
6:       向其余工作节点发起通信请求并获取 V_k
7:     反向传播：
8:       按层从输入层开始反向传播更新 G_k 中各层神经元节点的误差传播值和连接的权值
9:       按照 E_k 的信息等待相邻工作节点完成最新更新
10:       向其余工作节点发起通信请求获取 V_k
11:   **end for**
12: **end for**

横向按层划分和纵向跨层划分在存储的数据量、数据的存储形式、需要传输的信息量和传输的等待时间上都有所不同。在实际应用中，可以根据具体的网络结构来选取合适的方法。一般来说，如果神经网络很深，每层的神经元节点数量适中，可以选择横向按层划分；反之，如果神经网络很宽，层数相对较少，可以选择使用纵向跨层划分。如果神经网络在层数和宽度上都很复杂，可以将横向按层和纵向跨层划分结合起来使用，但所需的通信量也会按比例增加。

思考

根据上面的学习，请思考横向划分和纵向划分的模型划分方式各有什么利弊？

采用逐层的横向划分时，各工作节点之间的接口清晰、实现简单，但受层数的限制，并行度可能不够高，并且在一些大模型的极端情况下，单层的模型参数可能已经超出了单个工作节点的存储限制。采用跨层的纵向划分，可以将神经网络模型划分成更多份，但是各个子模型之间的依赖关系会更加复杂，实现起来难度更大，并且通信的代价也更高。

模型随机划分

横向划分和纵向划分都需要频繁的通信来获得本地未存储的信息，因此研究者提出了一种新的大型神经网络模型划分算法——模型随机划分。模型随机划分的基本思想是：由于神经网络模型具有一定的冗余性，可以找到一个规模小很多的子网络，也可称之为**骨架网络**。骨架网络的性能和原网络相差不大，于是，可以在大规模的神经网络模型中选出一个骨架网络，并存储在每个并行工作节点上。除了骨架网络外，每个工作节点随机选择并存储某些节点，以探索骨架网络以外的信息。由于骨架网络会根据新的网络定期重新选择，所以每次用于探索的节点也是随机选择的。

图 6.4 展示了一个简单的模型随机划分的示例。在某次迭代中，隐藏层上橙色的神经元按照某种重要参考被选为骨架网络节点。然后，每个工作节点存储骨架网络，并随机挑选一些骨架外的绿色神经元连接起来作为子模型。之后再依据训练样本在工作节点本地对子模型进行前向传播和反向传播，更新子模型参数。最后，对所有工作节点上更新后的子模型进行聚合操作，从而得到整个神经网络模型的更新。

进行模型随机划分时，最关键的操作便是选取骨架网络。关于骨架网络的选取，在神经网络的压缩和剪枝领域存在很多的研究，本节只给出一些示例，更多的压缩和剪枝算法将在 6.2 节进行讲解。一个简单的选取骨架网络的依据是定义神经网络某条连接的重要性，计算方法为其权值绝对值加上其梯度的绝对值，换句话说，某个神经元节点的重要性即为其所有连接的重要性之和。然后可以利用贪心算法，依次选取当前网络中的重要节点构成骨架网络。当神经网络的冗余度比较高时，骨架网络的规模会很小，如果当前网络训练还不够充分（比如训练开始阶段），选取的骨架网络还不稳定，随机探索的比例可以比较大。等到训练后期，探索的价值逐渐减小，骨架网络则变得越来越稳定。

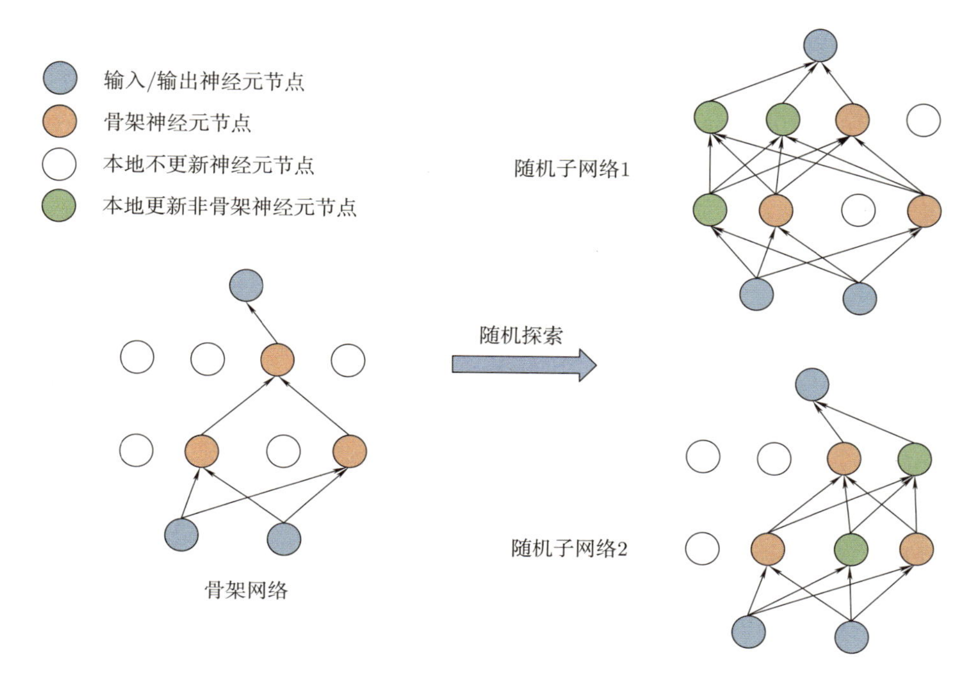

图 6.4 神经网络随机划分示意图

基于随机模型划分的算法如算法 11 所示。

算法 11 神经网络的随机划分模型的并行算法

输入: 初始化参数权值 w_0，工作节点数 K，神经网络 G

输出: 参数权值 w_t

1: **for** $t = 0, 1, \cdots, T-1$ **do**
2: 　按照当前参考标准选取当前网络 G 的骨架网络 G'
3: 　**for** 工作节点 $k \in 1, 2, \cdots, K$ **in parallel do**
4: 　　随机选取 G 中骨架外的结构 R_k
5: 　　**for** $t = 0, 1, \cdots, P-1$ **do**
6: 　　　按照当前参数更新子模型 $G_k = G' \cup R_k$
7: 　　**end for**
8: 　**end for**
9: **end for**

模型随机划分的速度比横向按层划分和纵向跨层划分都快，尤其对于复杂任务下的大模型更是如此，并且选取适当的骨架模型比例会使并行速度进一步提高。

6.1.3 常用的通信机制

神经网络的分布式学习和集中训练最大的区别在于，它使用多个工作节点相互合作来加快训练过程。这种方式可以使每个节点仅需处理部分数据，从而减轻单个节点的计算压力，同时充分利用多个节点的计算资源，提高训练效率和模型精度。然而，这种分布式学习方式需要节点之间频繁地进行通信。由于网络传输速度受限，通信往往成为神经网络分布式学习的瓶颈之一。因此，需要设计高效的通信机制来减少通信时间，从而更加高效地训练出高精度的神经网络模型。**通信机制的设计需要考虑通信的内容、拓扑结构和步调等方面。**

1. 通信的内容

通信的内容与划分方法有关，如果采用基于数据划分的方法，工作节点各自完成本地的学习任务，然后互相交流各自对神经网络模型的修改。因此，在此情形下通信的内容主要是模型的参数或者参数更新。如果采用基于模型划分的方法，各个工作节点利用同一份数据对神经网络模型的不同部分进行训练，每个节点要依赖其他节点的计算结果。因此，在此情形下通信的内容主要是计算的中间结果。

图 6.5 展示了 k 个工作节点以数据划分的方式分布式训练神经网络的过程。每个工作节点都拥有自己的输入数据，利用局部数据对本地模型参数进行更新。当本地参数完成一轮更新后，所有节点会将本地参数（或参数更新）序列化，然后发送至全局模型。全局模型基于所有工作节点的信息，完成参数的聚合，并生成新的全局模型参数。随后，通过网络通信将新的全局模型参数发送回各个工作节点，更新它们的本地模型。**在这种模式下，通信的内容包括各个局部模型的参数或者参数更新，以及全局模型的参数。**

如图 6.2 和图 6.3 所示，如果采用模型横向或纵向划分的方法来训练大规模神经网络，那么在前向传播过程中，数据从底层进入模型，沿着神经元之间的相连边进行传播，从而产生中间层节点的激活函数值，在反向传播过程中，总体误差从输出节点反向传播，从而产生中间层节点的误差信息和梯度更新值。在这个过程中，存在一些连接不同工作节点的子模型之间的边，因此需要按照连接关系在对应的工作节点之间进行通信，以便它们能够完成各自的计算。**在这种模式下，通信的内容通常是计算的中间结果，包括激活函数值、误差信息以及梯度更新值等。**

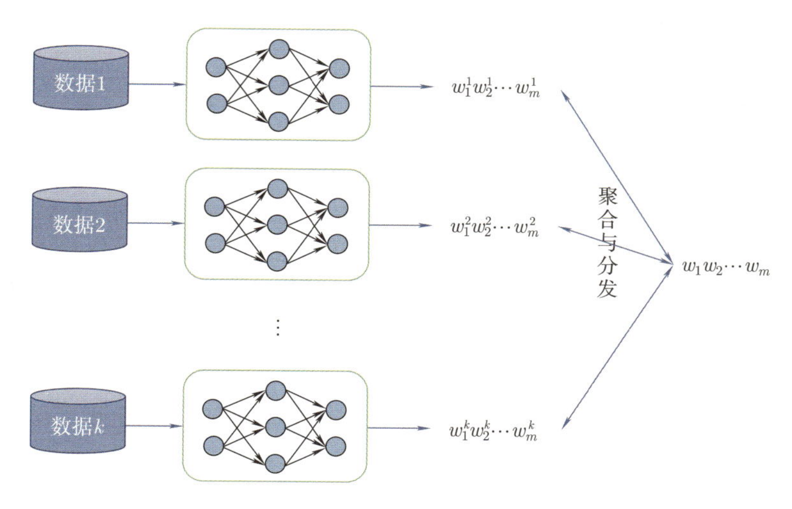

图 6.5 数据划分训练过程

2. 通信的拓扑结构

在神经网络的分布式学习中，常采用**基于参数服务器**（parameter server）**的通信拓扑**。如图 6.6 所示，在参数服务器框架中，系统中的所有节点被分为工作节点或服务器节点。各个工作节点主要负责处理本地的训练任务，并通过客户端接口与参数服务器通信。参数服务器可以由单个服务器担任，也可以由一组服务器共同担任。工作节点和服务器节点之间彼此通信，而工作节点内部则无须通信。

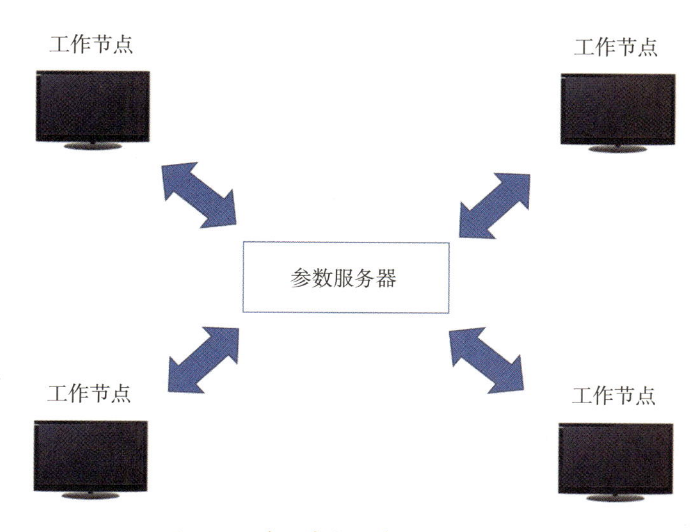

图 6.6 基于参数服务器的通信拓扑

3. 通信的步调

参数服务器这种通信拓扑将各个工作节点之间的计算相互隔离，取而代之的是工作节点与参数服务器之间的交互。利用参数服务器提供的参数存取服务，各个工作节点可以独立于彼此工作。工作节点对全局参数的访问请求通常分为获取参数和更新参数两类。服务器节点响应工作节点的请求，对参数进行存储和更新。有了参数服务器，**通信的步调既可以是同步的，也可以是异步的，甚至是同步和异步混合的。**

如果采用同步通信，当集群中的一个工作节点完成本轮迭代后，需要等待集群中的其他工作节点都完成各自的任务，才能共同开始下一轮迭代。例如，为了实现同步通信通常会引入一个全局的同步屏障。如图 6.7 所示，当工作节点完成一定量的训练任务后，会被同步屏障强制暂停，直到所有的工作节点都完成同步屏障之前的操作，然后各自再从同一个起跑线继续进行本地训练。

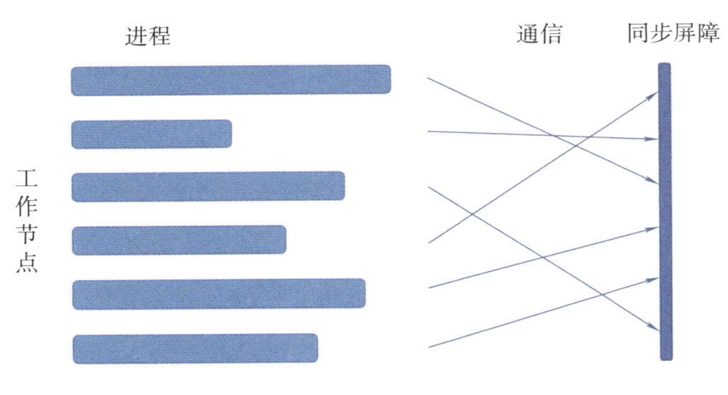

图 6.7　同步屏障

> **思考**
>
> **在传统的分布式学习中除了参数服务器还有一些常用通信拓扑结构，比如 MapReduce、ALLReduce 等，它们是否可以用于神经网络的分布式学习？**
>
> MapReduce、ALLReduce 等框架通常只支持同步通信，训练速度往往取决于系统中最慢的节点，当系统中有工作节点发生故障时，系统会停止工作。

如果采用异步通信，当集群中的一个工作节点完成本轮迭代后，无须等待集群中的其他工作节点，就可以继续进行后续训练，因此系统效率可以大大提高。如图 6.8 所示，各个工作节点完成分配的训练任务后会独立地与服务器通信，而不用互相等待。但这种异步通信的方式会使得来自不同工作节点的模型参数之间存在延迟，给之后的模型聚合带来一定的挑战。

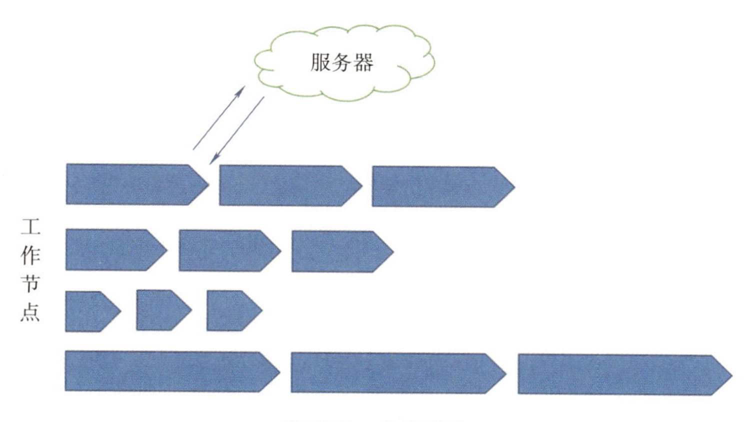

图 6.8 异步通信

如果尝试去保持同步和异步的平衡，可以采用延时同步并行的方式，即控制最快和最慢节点之间相差的迭代次数不超过预设的阈值。如果各个工作节点的迭代次数的差不超过预设的阈值，则各个节点的运算就可以采用异步的方式独立进行，不互相干扰。但是一旦迭代次数差异太大，超过阈值，就会以类似同步的方式触发一些等待，产生较高的延迟。

6.1.4 常用的模型聚合方法

聚合是分布式学习特有的逻辑，根据分布式学习划分方式的不同，聚合本身的逻辑也多种多样。在模型划分的模式下，算法聚合的是数据，通常根据具体计算内容的需要进行聚合。在数据划分的模式下，算法聚合的是模型，常用的模型聚合方法有基于模型加和的聚合和基于模型集成的聚合。

1. 模型加和

最常用的模型聚合方法就是在参数服务器上将来自不同工作节点的模型或者模型更新进行加权求和。一种非常简单的方法就是将每个工作节点的梯度更新 $\hat{g}^k$ 上传给服务器，服务器加和平均所有梯度更新，来更新全局模型参数。

$$w_{t+1} = w_t - \frac{\eta}{K}\sum_{k=1}^{K}\hat{g}^k \tag{6.2}$$

为了减少通信次数，还可以先在本地训练一段时间后直接更新参数 $\hat{w}_t^k$，然后上传服务器，服务器在收到所有工作节点的模型之后，将这些模型的参数进行平均，进而得到新的全局模型。

$$w_{t+1}=\frac{1}{K}\sum_{k=1}^{K}\hat{w}_t^k \tag{6.3}$$

2. 模型集成

但并非所有情况下基于模型加和的聚合方法都是可取的。事实上，只有在凸优化问题中这种简单加和或平均的手段才能保证训练性能。比如，假设损失函数关于模型参数是凸函数，于是以下不等式成立：

$$l(g((\bar{w};x)),y)=l\left(g\left(\frac{1}{K}\sum_{k=1}^{K}w^k;x\right),y\right)\leqslant\frac{1}{K}\sum_{k=1}^{K}l\left(g\left(w^k;x\right),y\right) \tag{6.4}$$

其中，左端是参数平均后的模型 $\bar{w}=\frac{1}{K}\sum\limits_{k=1}^{K}w^k$ 对应的损失函数取值，右端是各个局部模型的损失函数值的平均值。这说明，在凸优化问题中，平均模型的性能不会低于原有各个模型性能的平均值。

但是，对于非凸的神经网络，由于模型输出关于模型参数非凸，即使使用凸的交叉熵损失函数，损失函数关于模型参数也是非凸的。所以，上述不等式将不再成立，模型的性能在参数平均后也不再具有保证。

为了解决这个问题，人们提出了基于模型集成的聚合方法。虽然神经网络的损失函数关于模型参数是非凸的，但是它关于模型的输出一般是凸的（比如当使用常用的交叉熵损失函数时）。这时利用损失函数的凸性可以得到如下不等式：

$$l\left(\frac{1}{K}\sum_{k=1}^{K}g\left(w^k;x\right),y\right)\leqslant\frac{1}{K}\sum_{k=1}^{K}l\left(g\left(w^k;x\right),y\right) \tag{6.5}$$

其中，左端是对不同局部模型的输出进行平均后对应的损失函数取值，右端是局部模型的损失函数值的平均值。所以，如果对局部模型的输出进行加和或者平均，所得到的预测结果要好于局部模型预测结果的平均值。这种对模型输出进行加和或平均的方法称为模型集成。模型集成方法在机器学习中非常常见，通过集成多个模型的预测结果，可以取得比单个模型更好的性能。

思考

虽然模型集成可以提高模型的精度，但集成后的模型参数量可能会呈指数级增长，这在分布式学习的迭代算法中可能会导致模型规模爆炸。如何解决该问题？

使用压缩算法对模型进行压缩，以减少模型的参数量；或者在模型集成过程中，选择一些效果较好的模型进行集成，而不是使用所有的模型进行集成，以减少模型的参数量。

6.1.5 使用 PyTorch 进行分布式学习

在实际应用中，分布式学习已经广泛应用于大规模深度神经网络的训练和优化。例如，TensorFlow 和 PyTorch 等深度学习框架都支持分布式学习。此外，分布式学习还被成功应用于图像分类、自然语言处理、推荐系统和语音识别等领域。本节将通过两个简单的示例来演示如何借助 PyTorch 框架进行数据划分和模型划分的分布式学习。

1. 示例 1：数据划分

本节展示如何使用多个 GPU 进行数据划分训练。首先导入 PyTorch 模块并定义参数：

```
import torch
import torch.nn as nn
from torch.utils.data import Dataset, DataLoader
input_size = 5
output_size = 2
batch_size = 30
data_size = 100
device = torch.device("cuda:0" if torch.cuda.is_available() else "cpu")
```

然后生成一个虚拟数据集：

```
class RandomDataset(Dataset):
    def __init__(self, size, length):
        self.len = length
        self.data = torch.randn(length, size)

    def __getitem__(self, index):
        return self.data[index]

    def __len__(self):
        return self.len

rand_loader = DataLoader(dataset=RandomDataset(input_size, data_size),batch_size
     =batch_size, shuffle=True)
```

下面只定义一个最简单的模型，实际操作中可以采用多层感知机以及一些经典的深度学习网络：

```
class Model(nn.Module):
    def __init__(self, input_size, output_size):
        super(Model, self).__init__()
        self.fc = nn.Linear(input_size, output_size)

    def forward(self, input):
        output = self.fc(input)
        print("\tIn Model: input size", input.size(),"output size", output.size
   ())
        return output
```

然后定义一个模型实例，首先检查当前是否有多个 GPU，如果有多个 GPU 可以使用 nn.DataParallel 设置数据划分：

```
model = Model(input_size, output_size)
if torch.cuda.device_count() > 1:
  print("Let's use", torch.cuda.device_count(), "GPUs!")
  # dim = 0 [30, xxx] -> [10, ...], [10, ...], [10, ...] on 3 GPUs
  model = nn.DataParallel(model)
model.to(device)
```

最后运行模型：

```
for data in rand_loader:
    input = data.to(device)
    output = model(input)
    print("Outside: input size", input.size(),"output_size", output.size())
```

根据 GPU 的数量对上面生成的虚拟数据集进行批处理时会有不同的结果：

```
# on 1 GPUs
    In Model: input size torch.Size([30, 5]) output size torch.Size([30, 2])
Outside: input size torch.Size([30, 5]) output_size torch.Size([30, 2])
    In Model: input size torch.Size([30, 5]) output size torch.Size([30, 2])
Outside: input size torch.Size([30, 5]) output_size torch.Size([30, 2])
    In Model: input size torch.Size([30, 5]) output size torch.Size([30, 2])
Outside: input size torch.Size([30, 5]) output_size torch.Size([30, 2])
    In Model: input size torch.Size([10, 5]) output size torch.Size([10, 2])
Outside: input size torch.Size([10, 5]) output_size torch.Size([10, 2])

# on 2 GPUs
    In Model: input size torch.Size([15, 5]) output size torch.Size([15, 2])
    In Model: input size torch.Size([15, 5]) output size torch.Size([15, 2])
Outside: input size torch.Size([30, 5]) output_size torch.Size([30, 2])
    In Model: input size torch.Size([15, 5]) output size torch.Size([15, 2])
    In Model: input size torch.Size([15, 5]) output size torch.Size([15, 2])
Outside: input size torch.Size([30, 5]) output_size torch.Size([30, 2])
    In Model: input size torch.Size([15, 5]) output size torch.Size([15, 2])
    In Model: input size torch.Size([15, 5]) output size torch.Size([15, 2])
Outside: input size torch.Size([30, 5]) output_size torch.Size([30, 2])
    In Model: input size torch.Size([5, 5]) output size torch.Size([5, 2])
```

```
    In Model: input size torch.Size([5, 5]) output size torch.Size([5, 2])
Outside: input size torch.Size([10, 5]) output_size torch.Size([10, 2])

# on 3 GPUs
    In Model: input size torch.Size([10, 5]) output size torch.Size([10, 2])
    In Model: input size torch.Size([10, 5]) output size torch.Size([10, 2])
    In Model: input size torch.Size([10, 5]) output size torch.Size([10, 2])
Outside: input size torch.Size([30, 5]) output_size torch.Size([30, 2])
    In Model: input size torch.Size([10, 5]) output size torch.Size([10, 2])
    In Model: input size torch.Size([10, 5]) output size torch.Size([10, 2])
    In Model: input size torch.Size([10, 5]) output size torch.Size([10, 2])
Outside: input size torch.Size([30, 5]) output_size torch.Size([30, 2])
    In Model: input size torch.Size([10, 5]) output size torch.Size([10, 2])
    In Model: input size torch.Size([10, 5]) output size torch.Size([10, 2])
    In Model: input size torch.Size([10, 5]) output size torch.Size([10, 2])
Outside: input size torch.Size([30, 5]) output_size torch.Size([30, 2])
    In Model: input size torch.Size([4, 5]) output size torch.Size([4, 2])
    In Model: input size torch.Size([4, 5]) output size torch.Size([4, 2])
    In Model: input size torch.Size([2, 5]) output size torch.Size([2, 2])
Outside: input size torch.Size([10, 5]) output_size torch.Size([10, 2])
```

2. 示例 2：模型划分

模型划分在分布式训练技术中被广泛使用。先前的例子已经解释了如何使用 nn.DataParallel 在多个 GPU 上进行数据划分的训练；该函数将相同的模型复制到所有的 GPU 中，其中每个 GPU 上载有不同分区的输入数据。虽然数据划分可以加速训练过程，但当模型过大导致单个 GPU 无法存储整个模型时，数据划分方法就不再适用了。本节展示了如何使用模型划分解决模型过大的问题，与数据划分相比，模型划分将单个模型拆分到不同的 GPU 上，而不是在每个 GPU 上复制整个模型。

从一个简单的具有两层网络结构的多层感知机入手，要在多个 GPU 运行该模型，只需要将不同层的网络结构放在不同的 GPU 上，并将输入和中间结果传递到对应的 GPU 即可。

```
import torch
import torch.nn as nn
import torch.optim as optim

class ToyModel(nn.Module):
    def __init__(self):
        super(ToyModel, self).__init__()
        self.net1 = torch.nn.Linear(10, 10).to('cuda:0')
        self.relu = torch.nn.ReLU()
        self.net2 = torch.nn.Linear(10, 5).to('cuda:1')

    def forward(self, x):
        x = self.relu(self.net1(x.to('cuda:0')))
        return self.net2(x.to('cuda:1'))
```

不难看出，除了调用 to(device) 函数将网络结构和对应的计算结果放在相应的

GPU 设备上之外，整个过程和单机优化创建网络几乎没有什么区别，设置好对应的损失函数和分类器即可进行模型的学习：

```
model = ToyModel()
loss_fn = nn.MSELoss()
optimizer = optim.SGD(model.parameters(), lr=0.001)

optimizer.zero_grad()
outputs = model(torch.randn(20, 10))
labels = torch.randn(20, 5).to('cuda:1')
loss_fn(outputs, labels).backward()
optimizer.step()
```

需要注意的是，在调用损失函数时，需要将数据的标签和输出置于同一 GPU 设备上。其余设置和单机优化保持一致即可。

6.2 神经网络压缩

在人工智能时代，各种具有复杂结构的神经网络被设计并应用于各种领域。然而，巨大的神经网络需要消耗大量的资源，在某些场景下并不能应用于实际环境中。因此，本节将介绍一类可以降低神经网络计算代价和存储空间的方法，即神经网络压缩。首先，将介绍神经网络压缩的意义、定义及方法。其次，将重点介绍一种常见的压缩方法——神经网络剪枝。

6.2.1 神经网络压缩的意义和定义

1. 神经网络压缩的意义

近年来，深度神经网络已经广泛地应用到各种领域的各种任务上，例如计算机视觉领域的图像分类任务和图像识别任务。大多数的深度神经网络都是在具有 GPU 计算显卡的计算机甚至大型服务器上进行训练和部署，这需要大量的存储和计算资源。但是，在一些应用场景下，深度神经网络必须部署在移动设备上，例如智能手机上的人脸识别算法或汽车上的自动驾驶算法，然而这些移动设备并不具备部署大型深度神经网络的条件。

首先，深度神经网络中有着数以百万计的权值参数，部署一个训练好的深度神经网络模型需要较多的内存。比如存储 VGG 模型需要超过 526MB 内存，即使是较为简单的 ResNet 模型，也需要将近 100MB 内存。但是手机或者嵌入式端设备的内存通常都是有限的，除去手机系统的正常内存占用开销后，再部署一个深度神经网络模型是非常困难的。其次，移动设备上并不具备拥有良好计算性能和较大内存的 GPU 计算显卡，计算能力有限。然而，深度神经网络模型对一张图像进行计算所需要的浮点数运算次数是十分庞大的。例如，AlexNet 网络模型所需要的浮点数运算次数相对较少，但是使用 AlexNet 模型对单张图像进行处理仍然需要大约 0.7×10^9 次浮点运算，而对于其他的大型深度神经网络模型，浮点数运算的次数将会变得更大, 如表 6.1 所示。移动设备的计算能力无法与神经网络模型所需要的计算能力相匹配。最后，由于利用深度神经网络对图像进行处理需要庞大的计算量，使用这些模型进行计算的过程中将会产生大量的能量消耗。手机及一些便携式设备的电量是有限的，所以在这些设备上使用神经网络模型将会使得电量消耗极快，影响移动设备的正常使用。综合以上三点来看，如果要在轻量化设备上部署神经网络模型，就必须减少神经网络的“规模”，即减少神经网络的计算量，因此必须要对神经网络进行压缩。

表 6.1 经典神经网络模型内存占用和计算开销情况

神经网络模型	占用内存	浮点数运算次数
AlexNet	232.5MB	0.7×10^9
VGGNet	526.4MB	15.4×10^9
GoogleNet	26.3MB	1.5×10^9
ResNet	97.2MB	4.1×10^9
DenseNet	110.2MB	8.0×10^9

2. 神经网络压缩的定义

现有的理论研究和实验结果都表明神经网络模型结构中存在冗余，所以可以对神经网络进行压缩。举个简单的例子，卷积神经网络的权值共享就是对神经网络参数的压缩。在全连接神经网络中，当计算每一层输出时，每一个权值参数只使用一次。而在卷积神经网络中，卷积核中的每个参数都会被使用多次。图 6.9 展示了三核卷积核的卷积神经网络和全连接神经网络的对比。在卷积神

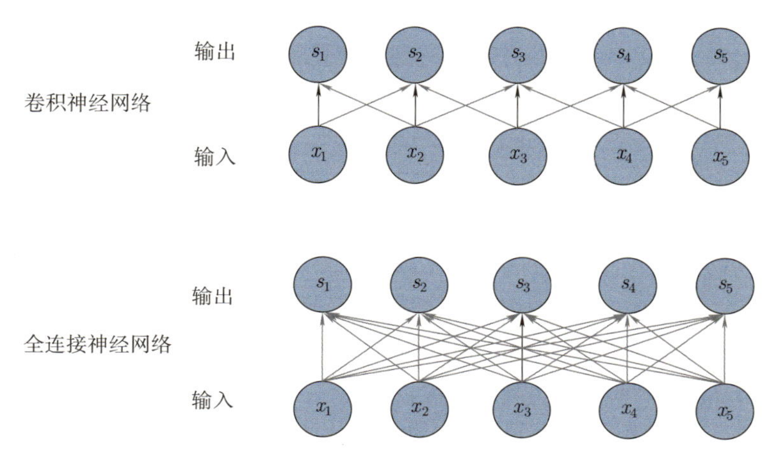

图 6.9 卷积神经网络权值共享

经网络中，5 个加粗的黑色箭头代表了同一个参数，表示三核卷积核中间位置参数，被共享于所有的输入位置上。而在全连接网络中，一个参数只被使用了一次，因此需要更多的参数。

神经网络压缩是指通过改变网络结构或利用量化、近似的方法来减少网络的参数或存储空间，在不大幅损失模型性能的情况下，降低网络计算代价并减小存储空间。神经网络压缩方法在学术界和工业界都被广泛研究，使用该方法有利于将神经网络模型部署在轻量级设备上，提高推理速度，使得深度学习能够更广泛地应用于日常生活中，提高生活和工作智能化程度。

6.2.2 神经网络压缩方法

近年来，神经网络压缩已经成为一个独立的研究方向，如何减少网络参数和优化存储结构已经成为一个热门话题。本书将从算法层面介绍三种主要的神经网络压缩方法：**参数修剪和共享、低秩分解，以及知识蒸馏**。接下来将简要介绍这三种方法。

1. 参数修剪和共享

参数修剪和共享可以进一步分为三种方法：**模型量化和二进制化、参数剪枝、结构化矩阵。**

模型量化和二进制化是对模型参数精度上的冗余去除。一般来讲，训练模型采用的网络参数都是 32 位浮点数，在训练和推理阶段需要大量的浮点数运算，如果处理器的算力有限，这些浮点运算会极大地影响运行速度。基于加速的考虑，神经网络量化用更小的位宽度来存储原来的数据。图 6.10 展示了不同精度、不同操作下所需的能耗以及硬件面积。以 8 位乘法和 32 位乘法为例，能耗比例为 15.5 倍，硬件面积比例为 12.4 倍。可见，低精度数操作的能耗以及硬件面积大小比高精度数操作要少好几个数量级。模型量化中常用的一种操作是在推理阶段，使用 8 位整数值来表示原来的 32 位浮点数。研究表明，使用 8 位整数值量化后的模型性能并不会损失太多。

二值化网络可以视为量化方法的一种极端情况，即所有的权值参数取值只能为 ±1，也就是使用 1 位来存储权值和特征。在普通的神经网络中，参数是由单精度浮点数来表示的，参数的二值化能将存储开销降低为原来的 $\frac{1}{32}$。值得注意的是，二值化的网络中的权值通常是离散的，那么这种网络要如何进行更新呢？本书介绍一种经典方法 BinaryConnect 。算法 12 展示了使用 BinaryConnect 算法进行 SGD 反向传播更新的过程。BinaryConnect 算法在前向传播过程中，利用二值化函数将浮点数的权值二值化，再利用二值化后的权值去计算输出。在反向传播过程中，计算的梯度是基于二值化权值，但是梯度计算完毕后，会更新为浮点数权值，而不是二值化权值。这样就可以将前向传播过程中的乘法运算转化为二值的位操作，大大减少训练过程中的计算复杂度，从而压缩模型大小。

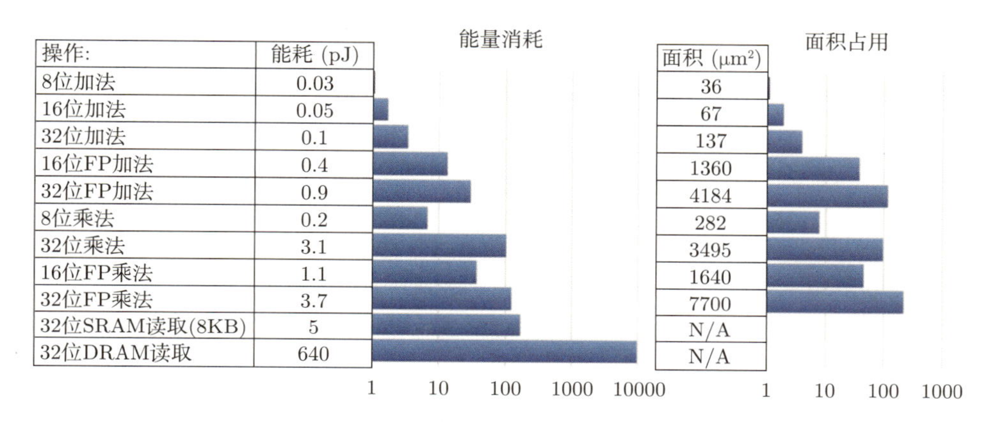

操作:	能耗 (pJ)	面积 (μm²)
8位加法	0.03	36
16位加法	0.05	67
32位加法	0.1	137
16位FP加法	0.4	1360
32位FP加法	0.9	4184
8位乘法	0.2	282
32位乘法	3.1	3495
16位FP乘法	1.1	1640
32位FP乘法	3.7	7700
32位SRAM读取(8KB)	5	N/A
32位DRAM读取	640	N/A

图 6.10 不同精度开销对比

算法 12 使用 BinaryConnect 算法进行 SGD 反向传播更新

输入: 浮点数权值 w_{t-1}

输出: 更新后的权值 w_t

1: **前向传播**

2: 二值化浮点数权值 w_{t-1} 为 $+1/-1$，量化后的权值为 w_b

3: 利用量化后的 w_b 计算前向传播，获得输出

4: **后向传播**

5: 根据上述前向传播过程，计算梯度值 $\dfrac{\partial C}{\partial w_b}$(假设 C 是损失函数)

6: **参数更新**

7: 把上述梯度值更新到浮点数权值 w_{t-1}，得到权值 w_t，即

$$w_t = \begin{cases} +1 & \text{按照概率 } p=\sigma(w_{t-1}) \text{ 来计算} \\ -1 & \text{按照概率 } 1-p \text{ 来计算} \end{cases}$$

其中 $\sigma()$ 是一个截断函数 clip()，如下所示，

$$\sigma(w_{t-1}) = \text{clip}\left(\frac{w_{t-1}-\eta\dfrac{\partial C}{\partial w_b}+1}{2}, 0, 1\right) = \max\left(0, \min\left(1, \frac{w_{t-1}-\eta\dfrac{\partial C}{\partial w_b}+1}{2}\right)\right)$$

总的来说，二值化网络训练保留了量化权值对应的浮点数并对其进行更新，然后再将其量化为二进制值。在更新过程中，忽略权值的二值化，对全精度浮点数权值进行反向传播。二值化网络虽然可以将网络压缩得很小，但是对于一些较深的网络，例如 GoogleNet 这样的网络，精度会有明显的下降。

不同于量化思路仅仅在权值的存储上进行缩减，神经网络剪枝是指减去神经元中对最终性能没有影响或者影响较小的连接，其本质是一种去冗余的操作，见图 6.11。一般而言，剪枝方法都会预先确定好训练策略和估计准则。对于不同的剪枝方法，剪枝后的模型可以是非结构化的，也可以是结构化的，在之后的 6.2.3 节会详细介绍两者的区别和联系。因此，剪枝方法可以分为非结构化剪枝和结构化剪枝。由于剪枝方法相对于其他思路来说，是一个更直观且更热门的轻量化思路，因此 6.2.3 节将详细介绍神经网络剪枝方法。

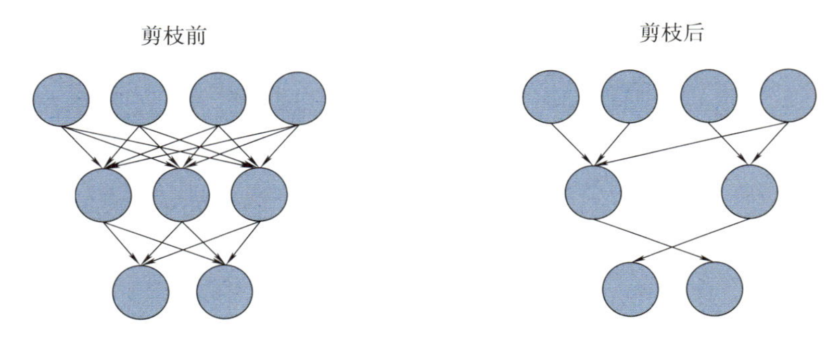

图 6.11 神经网络剪枝

结构化矩阵是指通过某个特定的矩阵结构来作为参数矩阵，从而减少内存消耗，并且能通过快速的矩阵–向量乘法和梯度计算显著加快推理和训练的速度。用 f 表示神经网络中的某一层函数，$\boldsymbol{M}$ 表示一个 $n \times n$ 的参数矩阵，$\boldsymbol{x}$ 表示输入，σ 表示非线性激活函数，则有

$$f(\boldsymbol{x}, \boldsymbol{M}) = \sigma(\boldsymbol{M}\boldsymbol{x}) \tag{6.6}$$

当 $\boldsymbol{M}$ 是一个通用矩阵时，$\boldsymbol{M}\boldsymbol{x}$ 的计算复杂度为 $O(n^2)$。如果能找到一个 $\boldsymbol{M}$，使得 $\boldsymbol{M}\boldsymbol{x}$ 的复杂度降低，则称该矩阵为结构化矩阵。例如，如果找到一个稀疏矩阵 $\boldsymbol{M}$，每行只有 k 个元素，那么复杂度将降为 $O(kn)$。但是，这种结构化约束会导致精确度的损失，因为约束可能会给模型带来偏差。另一方面，要找到一个合适的结构化矩阵是很困难的，并且缺乏一定的理论指导，因此，在神经网络压缩的研究中，结构化矩阵并没有被广泛使用。

2. 低秩分解

低秩分解方法通过将高秩张量分解成低秩张量来减少模型的大小和内存的访问次数。张量分解可以被应用到卷积层和全连接层上，并且可以与网络量化方法相结合。给定权值矩阵 $\boldsymbol{W} \in R^{m\times n}$，若能将其表示为若干个低秩矩阵的组合，即

$$\boldsymbol{W} = \sum_{i=1}^{n} \boldsymbol{M}_i \tag{6.7}$$

其中 $\boldsymbol{M}_i \in R^{m\times n}$ 为低秩矩阵，其秩为 r_i，并满足 $r_i \leqslant \min(m,n)$。则每一个低秩矩阵都可以分解为小规模矩阵的乘积，即

$$\boldsymbol{M}_i = \boldsymbol{G}_i \boldsymbol{H}_i \tag{6.8}$$

其中 $\boldsymbol{G}_i \in R^{m\times r_i}$，$\boldsymbol{H}_i \in R^{r_i\times n}$。当 r_i 取值很小时，总体的存储开销就会大幅降低。图 6.12 为矩阵分解示意图。

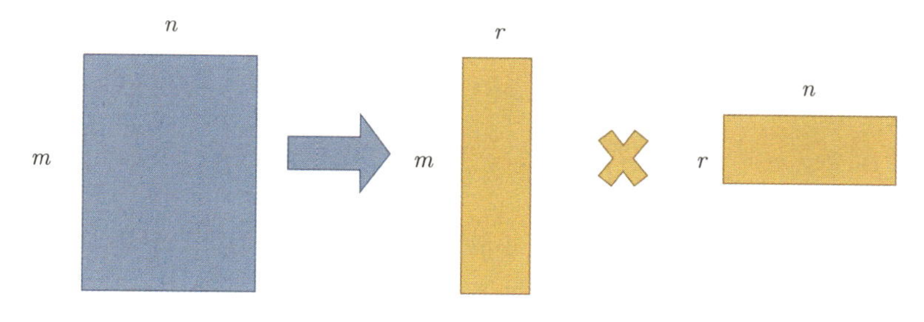

图 6.12 矩阵分解

回顾

秩：度量矩阵行列之间的相关性。通过矩阵初等变换把矩阵 $\boldsymbol{A}$ 转换为阶梯型矩阵，若该阶梯型矩阵有 r 个非零行，则矩阵 $\boldsymbol{A}$ 的秩 $\mathrm{rank}(\boldsymbol{A}) = r$。低秩：若矩阵 $\boldsymbol{X}$ 是一个 m 行 n 列的数值矩阵，$\mathrm{rank}(\boldsymbol{X})$ 是 $\boldsymbol{X}$ 的秩。假如 $\mathrm{rank}(\boldsymbol{X})$ 远小于 m 和 n，则称 $\boldsymbol{X}$ 是低秩矩阵。低秩矩阵每行或每列都可以用其他的行或列线性表示出来，包含了大量的冗余信息。

常见的矩阵分解方法有 SVD 分解、CP 分解、Tucker 分解等。本书详细介绍 SVD 分解方法。SVD 的基本思想是在稀疏参数矩阵中，其大部分权值向量分布在一些低秩的子空间中，通常可以用少数几个基向量来重构模型参数矩阵。假设矩阵 $\boldsymbol{A}$ 是一个 $m\times n$ 的矩阵，则矩阵 $\boldsymbol{A}$ 可以分解为 $\boldsymbol{U},\boldsymbol{\varSigma},\boldsymbol{V}$ 三个

矩阵，即

$$\boldsymbol{A}_{m\times n}=\boldsymbol{U}_{m\times m}\boldsymbol{\Sigma}_{m\times n}\boldsymbol{V}_{n\times n}^{\mathrm{T}}. \tag{6.9}$$

其中，$\boldsymbol{U}$ 是一个 $m\times m$ 的矩阵，$\boldsymbol{\Sigma}$ 是一个 $m\times n$ 的对角矩阵，其主对角线上的元素不为 0，其他元素为 0，主对角线上元素为矩阵的奇异值。$\boldsymbol{V}$ 是一个 $n\times n$ 的矩阵，且 $\boldsymbol{U}$ 和 $\boldsymbol{V}$ 都是酉矩阵，即满足以下公式：

$$\boldsymbol{U}^{\mathrm{T}}\boldsymbol{U}=\boldsymbol{I},\boldsymbol{V}^{\mathrm{T}}\boldsymbol{V}=\boldsymbol{I}. \tag{6.10}$$

如果矩阵 $\boldsymbol{A}$ 由权值矩阵得来，则其通常不是满秩矩阵，即存在冗余数据，因此可以将矩阵 $\boldsymbol{A}$ 中非 0 的 r 个奇异值保留，则矩阵 $\boldsymbol{A}$ 的分解公式可以转化为：

$$\boldsymbol{A}_{m\times n}=\boldsymbol{U}_{m\times m}\boldsymbol{\Sigma}_{m\times n}\boldsymbol{V}_{n\times n}^{\mathrm{T}}=\boldsymbol{U}_{m\times r}\boldsymbol{\Sigma}_{r\times r}\boldsymbol{V}_{r\times n}^{\mathrm{T}}. \tag{6.11}$$

进一步，如果存在极小的奇异值，则可以当作噪声省略，剩下 k 个奇异值，分解公式可以进一步转化为

$$\boldsymbol{A}_{m\times n}=\boldsymbol{U}_{m\times r}\boldsymbol{\Sigma}_{r\times r}\boldsymbol{V}_{r\times n}^{\mathrm{T}}\approx\boldsymbol{U}_{m\times k}\boldsymbol{\Sigma}_{k\times k}\boldsymbol{V}_{k\times n}^{\mathrm{T}}. \tag{6.12}$$

将矩阵 $\boldsymbol{U}_{m\times k}$ 和 $\boldsymbol{\Sigma}_{k\times k}$ 合并，进一步转化为

$$\boldsymbol{A}_{m\times n}\approx\boldsymbol{U}_{m\times k}\boldsymbol{\Sigma}_{k\times k}\boldsymbol{V}_{k\times n}^{\mathrm{T}}=\boldsymbol{X}_{m\times k}\boldsymbol{V}_{k\times n}^{\mathrm{T}}. \tag{6.13}$$

因此，经过上述一系列转化，矩阵参数量从原始的矩阵 $\boldsymbol{A}$ 中 $m\times n$ 个参数转换为 $k\times(m+n)$ 个。当 k 足够小时，矩阵参数量将明显下降。比如当 $m=10,n=9,k=10$ 时，SVD 分解后的参数量将变为原来的 42%。

思考

利用少数的基向量来重构权值矩阵，可以达到缩小存储空间和加快运算速度的效果。但在实际的运用过程中，这种方法会带来什么问题呢？

首先，低秩方法的实现并不容易，因为它涉及计算成本高昂的分解操作。也就是说为了获取一个小模型，需要用成倍的参数去分解计算，对于硬件条件不足的情况，无法起到压缩效果。目前的方法逐层执行低秩近似，无法执行非常重要的全局参数压缩，因为不同的层具备不同的信息。神经网络一般都是往纵深发展，而逐层进行压缩会受到网络深度的限制。最后，分解需要大量的重新训练来达到收敛。每一层分解结束，都要对网络进行再次训练，确保其收敛性，对于深度网络来说效率太低。

虽然低秩分解方法很适合模型压缩和加速，但是它的实现并不容易，因为涉及计算成本高昂的分解操作。此外，目前的方法通常是逐层执行低秩近似，无法执行全局参数压缩，因为不同层具有不同的信息。最后，低秩分解需要大量的重新训练才能达到收敛。虽然低秩分解可以得到一个压缩后的模型，但由于训练成本高昂、精度不稳定等原因，低秩分解方法并不是最常见的压缩思路，通常与其他方法结合使用。

3. 知识蒸馏

知识蒸馏是从知识传输演变而来的，它的目标是生成一个和大模型性能相当的小模型。大模型往往复杂、学习能力强，被称为教师模型，是知识的输出者；相比之下，小模型通常具有更少的参数和较弱的学习能力，被称为学生模型，是知识的接受者。知识蒸馏的实现方式是训练一个学生网络去模仿教师网络的行为，它的通用框架见图 6.13。

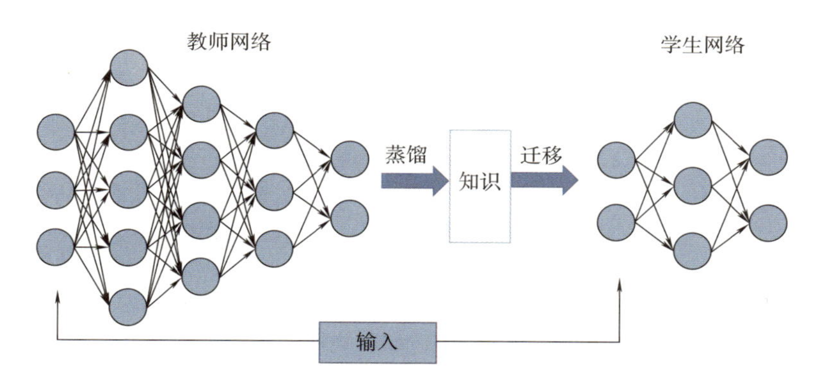

图 6.13 知识蒸馏通用框架

机器学习最本质的目的是训练出一个泛化能力强的模型。由于无法收集到全部真实数据，因此通常情况下，模型的训练目标是在有限的训练数据集上进行建模。知识蒸馏的主要思想是，训练好模型的目标不是单纯地拟合训练数据，而是学习如何泛化。因此，知识蒸馏的最终目标是在已经有一个具有强泛化能力的教师网络的基础上，利用教师网络来蒸馏训练学生网络，直接让学生网络去学习教师网络的泛化能力。由于学生模型相对较简单，因此将其用于直接拟合训练数据并不会获得很好的效果。相反，采用知识蒸馏的方式得到的结果理论上会更好。

本书简单介绍 Hinton 等人在 2015 年提出的一种经典方法。对于一个分类问题，传统的训练方式是对类别标签求极大似然，而知识蒸馏的思想是使用 Softmax 层输出的类别概率来作为“Soft Target”，其中教师模型以 0/1 分类为学习目标，学生模型以类别概率为学习目标。如果学生模型和教师模型的学习目标相同，即计算预测值和 0/1 分类的交叉熵值，则两者的学习过程没什么区别，反而可能会因为学生模型较为简单，不能拟合好。因此，Hinton 等人提出让学生模型学习教师模型输出的概率值，即尽可能拟合教师模型的输出。

相比于硬目标 0/1 来说，软目标概率中含有更多的隐式信息，比如某些负标签的概率远远大于其他负标签，蕴含的信息量更大。如图 6.14 所示，对于一个手写数字识别任务，假设模型都没有正确识别到类别“2”。左边的“2”形似“3”，右边的“2”形似“7”。这两个“2”对应的硬标签（hard target）都是类别“2”，但是软标签（soft target）是不同的，左边“2”的 Softmax 输出值中“3”对应的概率高，右边“2”的 Softmax 输出值中“7”对应的概率高。因此，软标签比硬标签蕴含的信息更多，且软标签分布的熵相对高时，其蕴含的知识越丰富。

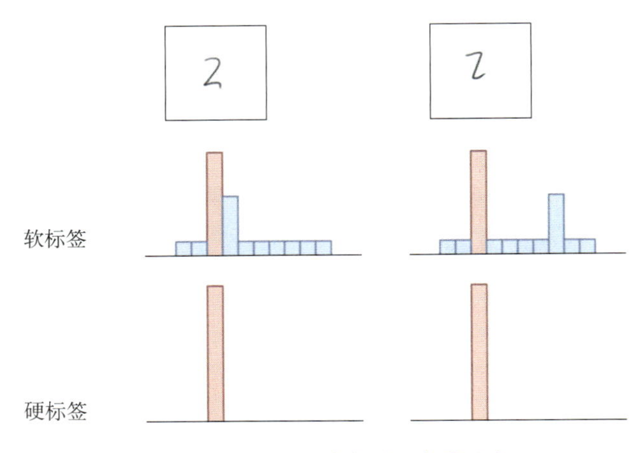

图 6.14 软标签蕴含的信息量更大

Hinton 提出的知识蒸馏模型如图 6.15 所示。

首先，使用类别标签训练教师网络。接着，在高温 T 下，蒸馏教师网络的知识到学生网络。学生网络以类别概率为学习目标，如果直接使用 Softmax 的输出值作为软目标，可能会产生 Softmax 输出的概率分布熵相对较小的情况，比如 5 类概率分别为 [0.98,0.01,0.099,0.0005,0.0005]。在这种情况下，负标签的概率值都很接近于 0，与硬标签区别不大。因此使用 T 来使 Softmax 的输出概率分布更平滑，分布的熵更大，负标签蕴含的信息被放大。原始的 Softmax 函数为

$$q_i = \frac{\exp(z_i)}{\sum\limits_j \exp(z_j)}, \tag{6.14}$$

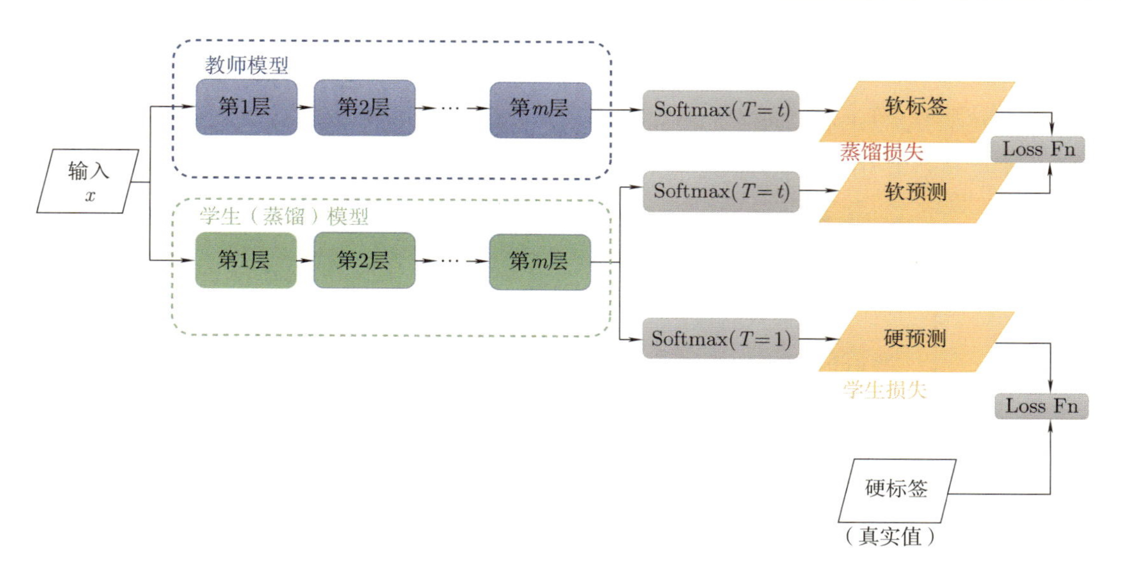

图 6.15 Hinton 的知识蒸馏过程

温度 T 下的 Softmax 函数为

$$q_i^T = \frac{\exp(z_i/T)}{\sum\limits_j \exp(z_j/T)}, \tag{6.15}$$

则软目标对应的损失函数为

$$L_{\text{soft}} = -\sum_j^N p_j^T \log(q_i^T), \tag{6.16}$$

其中，p_j^T 为教师网络在温度 T 下在第 j 类的 Softmax 输出值；q_i^T 为学生网络在温度 T 下在第 i 类的 Softmax 输出值。

考虑到教师网络也有一定的错误率，因此学生网络除了通过软目标学习教师网络外，还加入了类别标签的学习，这样可以有效降低错误被传播给学生网络的可能性。因此硬目标对应的损失函数为

$$L_{\text{hard}} = -\sum_j^N c_j \log(q_i^1), \tag{6.17}$$

其中，c_j 表示第 j 类的真实值，正标签取 1，负标签取 0；q_i^1 为学生网络在温度 $T=1$ 下在第 i 类的 softmax 输出值。

总的损失函数为

$$L = \alpha L_{\text{soft}} + \beta L_{\text{hard}}, \tag{6.18}$$

其中 α, β 为平衡参数。

思考

这里的 α 和 β 应该如何设置呢？

当 α 比较大的时候，网络会更注意软标签的学习，也就是让学生网络和教师网络更加接近；当 β 比较大的时候，学生网络会更加关注分类的准确度，从而对教师网络中学到的错误分类进行纠偏。

下面通过用知识蒸馏方法解决 MNIST 数据集的分类任务来进一步加深对知识蒸馏方法的理解。分别使用三层神经网络构建一个教师模型和学生模型，其中，教师模型的参数量要比学生模型的参数量大。

```
# 构建教师模型
class teacherModel(nn.Module):
    def __init__(self):
        super(teacherModel, self).__init__()
        self.fc1 = nn.Linear(784, 1200)
        self.fc2 = nn.Linear(1200, 1200)
        self.fc3 = nn.Linear(1200, 10)
        self.relu = nn.ReLU()
        self.dropout = nn.Dropout(p=0.5)

    def forward(self, x):
        x = x.view(-1, 784)
        x = self.fc1(x)
        x = self.dropout(x)
        x = self.relu(x)

        x = self.fc2(x)
        x = self.dropout(x)
        x = self.relu(x)

        x = self.fc3(x)

# 构建学生模型
class studentModel(nn.Module):
    def __init__(self):
        super(studentModel, self).__init__()
        self.fc1 = nn.Linear(784, 20)
        self.fc2 = nn.Linear(20, 20)
        self.fc3 = nn.Linear(20, 10)
        self.relu = nn.ReLU()
        self.dropout = nn.Dropout(p=0.5)

    def forward(self, x):
```

```
        x = x.view(-1, 784)
        x = self.fc1(x)
        x = self.dropout(x)
        x = self.relu(x)

        x = self.fc2(x)
        x = self.dropout(x)
        x = self.relu(x)

        x = self.fc3(x)
        return x
```

实验采用的超参数 epochs=10，温度 T=7，平衡参数 α=0.3。首先预训练教师网络，得到一个训练好的教师网络（这部分代码较为简单，故省略，读者可以自行实现）。然后使用前述所讲的 Hinton 经典知识蒸馏方法对学生网络进行训练，读者可以结合式 (6.14)~ 式 (6.18) 理解下面这段训练代码。

```
temp = 7  # 蒸馏温度
hard_loss = nn.CrossEntropyLoss() #hard损失函数
alpha = 0.3  # hard_loss权值
soft_loss = nn.KLDivLoss(reduction='batchmean') #soft损失函数
optimizer = torch.optim.Adam(student_model.parameters(), lr=1e-4)
for epoch in range(10):
    # 训练学生模型的权值
    for data, targets in tqdm(train_dataloader):
        data = data.to(device)
        targets = targets.to(device)
        with torch.no_grad(): # 教师模型预测，无须回传梯度
            teachers_preds = teacher_model(data)
        # 学生模型，回传梯度
        students_preds = student_model(data)
        # 损失函数
        stu_loss = hard_loss(students_preds, targets)
        ditill_loss = soft_loss(
            F.softmax(students_preds / temp, dim=1),
            F.softmax(teachers_preds / temp, dim=1)
        )
        loss = alpha * stu_loss + (1 - alpha) * ditill_loss
        optimizer.zero_grad()
        loss.backward()
        optimizer.step()
```

为了对比实验效果，保持教师网络和学生网络的结构，分别单独对其进行训练，得到的实验结果如图 6.16 所示，蓝色曲线是单独训练教师网络的训练曲线，黄色曲线是单独训练学生网络的训练曲线，绿色曲线是使用教师网络蒸馏学生网络的训练曲线。可以看出，在训练 10 轮停止的情况下，用教师网络蒸馏学生网络比单独训练学生网络学习得更好。

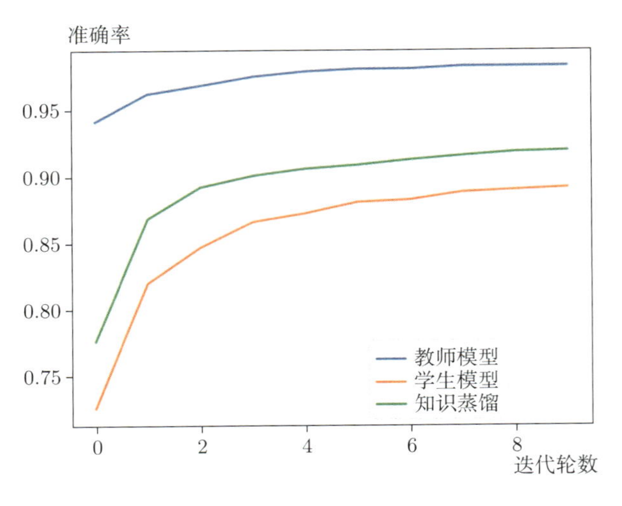

图 6.16　示例代码实验结果

4. 小结

表 6.2 总结了上述三种神经网络压缩方法。

表 6.2　神经网络压缩方法

压缩方法	方法描述	优点	缺点
参数修剪和共享	减少对性能不敏感的冗余参数	修剪减少了需要编码的权重数，量化和 Hessian 减少了用于每个权重编码的比特数	量化和二进制：二进制网络的精度损失较大。剪枝和共享：难以收敛，需要微调参数，灵活度低。结构化矩阵：可能会损伤模型性能，且结构化矩阵不易寻找
低秩分解	使用矩阵/张量分解估计有信息量的参数	方法理论和实现都比较简单	分解的操作不易执行，计算消耗昂贵；目前的算法是逐层进行的，因此不能全局压缩；分解后，模型的收敛难度增加
知识蒸馏	通过从大模型中蒸馏知识训练一个紧致的神经网络	知识蒸馏可以使深模型变浅而降低计算成本，同时比较好地保留原有的精度	通常仅应用于分类模型

6.2.3　神经网络剪枝

1. 神经网络剪枝的优势

之前介绍的神经网络压缩方法各自有着自己的优势和适用场景。神经网络的量化可以极大地降低神经网络的存储和计算开销，适合在手机这样不具有 GPU 的设备上部署训练好的神经网络。同时，量化方法基本不对模型的结构做任何假设，因此，量化甚至可以接在所有的压缩方法之后，对网络进行进一步的压缩，得到更加轻量的网络。然而，低比特的权值表示会使得网络的精度剧烈下降，尤其是在较深的神经网络上，二值化后的权值会使得网络难以达到其应有的效果。因此，量化模型难以应用在一些对精度有着高要求的任务上，例如手机上的人脸识别解锁，精度不够可能会造成信息安全隐患或影响使用效率。低秩因子分解是一个基于矩阵分解的压缩方法，它的优势在于有数学支撑，无论是从零开始训练，还是对预训练后的模型进行压缩，都可以快速地实现。但是，分解操作的计算成本其实是很高昂的，因此，虽然模型的存储成本下降了，但计算成本不一定会降低。同时，由于权值矩阵的分解一般只支持逐层优化，因此，很难进行全局优化，需要多次的重新训练才能够达到最优的效果。最后，知识蒸馏作为一个热门的研究方向，它主要是将深网络变浅，来降低模型参数量。但是，知识蒸馏也有一定的局限性，通常应用于计算机视觉领域，尤其依赖分类任务中的 Softmax 函数。总的来说，知识蒸馏还处于研究和发展阶段，在实际应用中并不多见。

相比于其他几种压缩方法，神经网络剪枝具有比较大的优势。首先，剪枝任务并不对网络做出结构假设，因此具有比较高的普遍性。其次，剪枝任务支持从零开始训练，也支持对预训练模型进行压缩。据目前文献报道，近期的针对神经网络的剪枝任务基本是针对预训练模型的压缩算法，对学习任务本身没有针对性。最后，与其他方法相比，剪枝后的网络精度具有优势，甚至在某些任务上，剪枝后的网络可以取得超过预训练网络的精度的效果。从学习的角度来说，剪枝算法也是以上方法中比较直观的一种，因此，接下来会重点介绍一些神经网络剪枝的相关知识。

2. 结构化剪枝和非结构化剪枝

模型剪枝主要分为结构化剪枝和非结构化剪枝，非结构化剪枝去除不重要或者冗余的神经元，被剪除的神经元和其他神经元之间的连接在计算时会被忽略。由于剪枝后的模型通常很稀疏，并且破坏了权值原有的结构，所以这类方法被称为非结构化剪枝。非结构化剪枝能极大地降低模型的参数量和理论计算量，但是现有硬件架构的计算方式无法对其进行加速，所以在实际运行速度上得不到提升，需要设计特定的硬件才能实现加速。与非结构化剪枝相对应的是结构化剪枝，结构化剪枝通常以滤波器（卷积神经网络中的概念了解即可）或者整个网络层为基本单位进行剪枝。一个滤波器或网络层被剪枝，那么其前一个特征图和下一个特征图都会发生相应的变化，但是模型的结构以及权值矩阵的结构没有被破坏，因此，仍然能够通过 GPU 或其他硬件来加速。这类方法被称为结构化剪枝。图 6.17 展示了一个三层感知机，其中输入层有 4 个神经元，隐藏层有 3 个神经元，输出层有 1 个神经元。

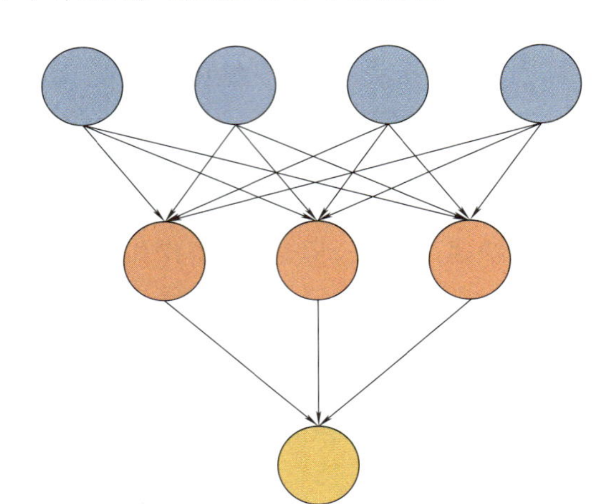

图 6.17 三层感知机

如图 6.18 所示，如果只剪掉其中的一个神经元和它相对应的连接，则是非结构化剪枝。

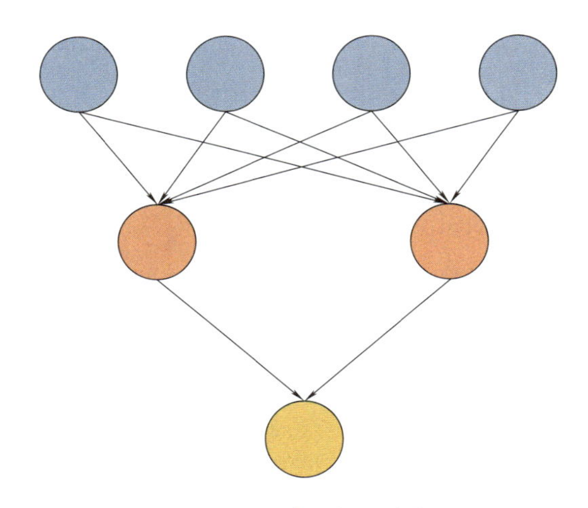

图 6.18 非结构化剪枝

如图 6.19 所示，如果直接剪掉了一层，则是结构化剪枝。

从上面这个单隐藏层的多层感知机的剪枝示例中可以发现，非结构化剪枝可以保留隐藏层中的重要信息，而结构化剪枝会直接将多层感知机变成单层感知机，对性能会有较大的影响。但是，在更复杂且更深的神经网络模型中，存在大量冗余，而研究表明，这些冗余在模型的训练过程中其实是不可或缺的，而在训练完成后，这些冗余并不会对模型性能产生多少影响。这一结论也是剪枝研究的一个原动力。因此，在冗余较多的复杂模型中，相比于非结构化剪枝，结构化剪枝不一定在精度上处于劣势。所以，使用哪一种剪枝策略并没有一个明确的结论，还是需要从业人员根据实际的任务来进行判断。

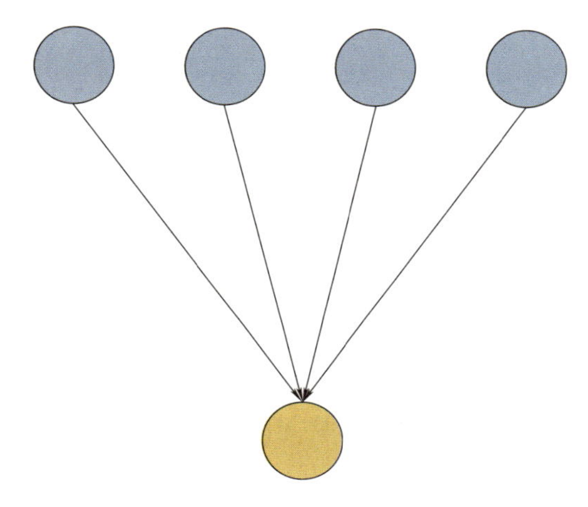

图 6.19 结构化剪枝

3. 剪枝中的不同思路

剪枝算法的核心在于重要度度量，也就是如何判断哪一些神经元或神经元组成的通道对于模型精度来说更重要。下面介绍一些常见的重要度度量生成思路，但由于神经网络剪枝仍然是一个研究热点，这里的介绍并不能涵盖所有的研究思路。但这些思路可以作为入门指南，为对剪枝方向感兴趣的读者提供一些思路。

第一种是**基于范数信息进行剪枝**，也就是利用模型权值或是权值梯度等范数信息来判断该神经元的重要程度。这里的普遍假设是更大的范数会具有更多的信息。因此，一般来说，剪枝算法会利用阈值去修剪具有更小范数值的权值。范数信息可以结合正则化的形式来使用，也可以单纯作为大小度量来使用。在之前的章节中介绍的正则化的思路就可以看作一种利用范数信息进行的剪枝。例如，在损失函数中添加 $L1$ 正则化，如公式 (6.19)，使原最优解的元素产生不同量的偏移，并使某些元素为 0，从而产生稀疏性，就是一种利用范数实现的剪枝。此外，Dropout 也使用了将权值归零的思路，来达到对抗过拟合的效果。因此，也可以看作一种广义的剪枝。在利用复杂网络解决简单问题的过程中，对预训练好的模型进行剪枝，同样能够达到抗击过拟合的效果，使得剪枝后的模型性能得到一定程度的提升。相比于直接用小模型从头训练,“先训练,再剪枝”的训练模式通常可以取得更高的精度。

$$\text{cost function} = \text{Loss} + \frac{\lambda}{2m} * \sum \|\boldsymbol{w}\|_1 \tag{6.19}$$

除了正则化，也可以直接利用范数信息，比如，将范数小于规定阈值 τ 的权值连接和神经元直接去掉。如公式 (6.20) 所示，对权值矩阵 $\boldsymbol{M}$ 进行逐元素操作，就可以得到一个剪枝掩码。在这个前提下，如何找到一个合理的阈值，甚至是让网络根据精度或剪枝状态动态地判断阈值，已成为一个新的研究分支。

$$f(\boldsymbol{M}) = \begin{cases} 0, & m_{(i,j)} \leqslant \tau \\ m_{(i,j)}, & m_{(i,j)} > \tau \end{cases} \tag{6.20}$$

思考

当使用范数信息进行剪枝的时候，使用 $L1$ 和 $L2$ 范数有区别吗?

如果仅仅是作为一种度量来使用，除了数值上的差异，两者是没有很大区别的；但是如果作为正则化使用，$L1$ 正则化可以直接进行非结构化剪枝，而 $L2$ 正则化更合适作为损失函数的一部分指导剪枝策略，因为 $L2$ 范数是处处可导的。

第二种思路是**在层结构上增加稀疏性**，即修剪具有相似信息的通道，从而形成一种参数更少、特征提取能力相当的稀疏结构。如何找到具有相似信息的通道呢？有研究人员提出了一种对传统 SGD（随机梯度下降）进行改进的 C-SGD 方法，将多个卷积核移动到卷积核参数的正中心。具体思路是，以图 6.20为例，左边是 SGD 效果图，Q_1 代表了权值衰退参数 weight-decay 的方向，Q_0 代表了真实梯度，实际的更新方向其实是 Q_2。右边的 C-SGD 添加了一个向心力，如果想将 AB 两点往一起靠拢，可以找到它们的中心点 M，将 A 向 M 方向靠拢。Q_1 仍是权值衰退参数 weight_decay 的方向，Q_3 变成了真实梯度，实际更新方向其实是 Q_4。在实际使用过程中，可以采用非监督学习中的聚类方法，将待剪的层聚成 K 类，在每一类中，都利用 C-SGD 方法让权值都向一个中心点靠拢，最终在每一类中得到一个“中心权值”。于是，每一类中的所有通道，都只有一个权值，那么只要在每一类中留下一个通道即可。这样，就完成了剪枝，最终的通道数就变成了 K。

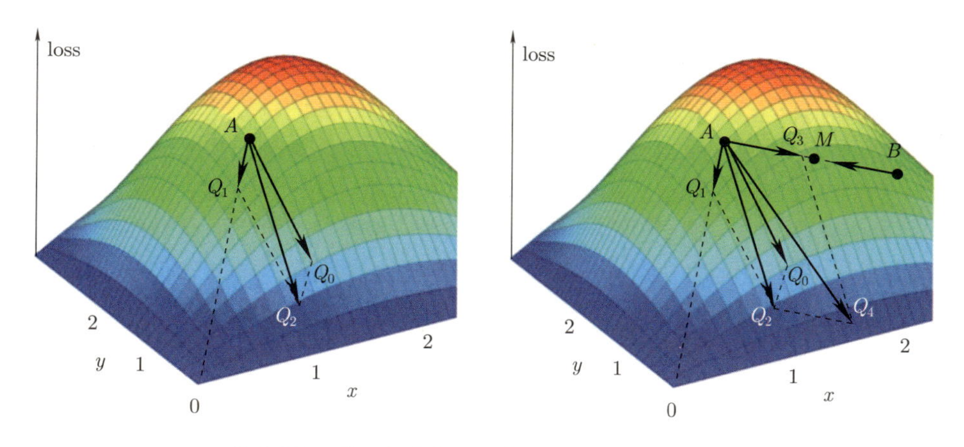

图 6.20 利用聚类实现和中心化实现的剪枝策略

第三种思路是**基于重建误差**，这里重点关注输出特征，其主要思想是最小化重建误差。因此，剪枝模型可以视为预训练模型的最佳近似。使用重建误差的时候，可以利用下一层生成的特征指导当前层的剪枝策略。如图 6.21 所示，在 L 层选取一个神经元子集，进而得到一个特征图的子集。再将这个特征图子集作为 $L+1$ 层的输入，得到 $L+1$ 层的特征图。如果这个特征图和图 6.21上方未剪枝网络得到的特征图相差不大，那么可以认为在 L 层选取的神经元子集能有效代表 L 层所有神经元，也就是剪去子集外的神经元不影响网络效果。

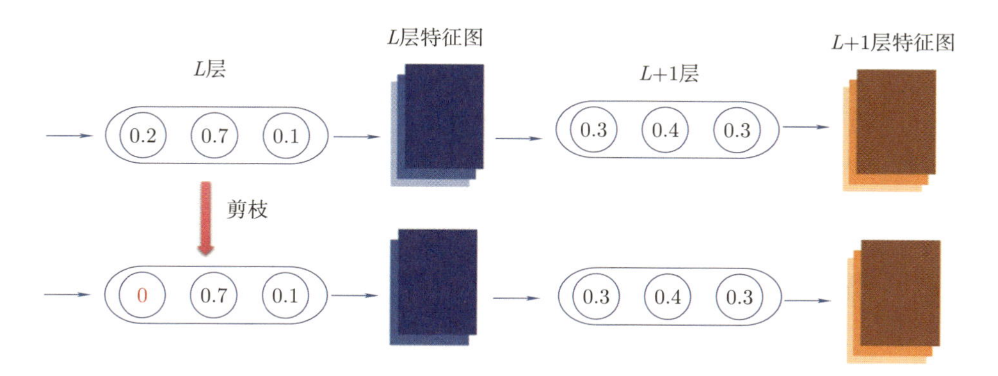

图 6.21 利用重建误差寻找重要通道

分析

神经网络的压缩有许多种思路，这些思路的共同特点是利用一个小权值矩阵去拟合一个大权值矩阵，在尽量保证网络精度的情况下减少权值的个数或者比特数。这些思路并不是互相独立的，有很多工作来自这些思路的交叉。例如，当完成了剪枝以后，得到一个更小的模型，是否还可以用量化的方法对它再次进行压缩呢？如果按照这样的思路走，是应该一边剪枝，一边量化；还是全部剪枝完成，再量化呢？这其实就提出了一个不错的科研问题。同样，剪枝中的重要度的定义是否合理也是值得探究的。例如，使用权值大小或梯度大小来定义一个连接的重要性，其实是在说只有大的权值或梯度才代表重要的连接。但实际上，小的权值也不一定是无用的。因此，从另一个角度去定义连接的重要性就显得尤为重要。例如，从网络的可解释性出发，将网络中参与决策的权值留下，另外的则可以去掉。

总之，神经网络的轻量化是一个非常丰富且拥有应用场景的研究方向，感兴趣的同学可以任意挑一个喜欢的思路进行学习，了解更多的细节，最终提出自己的科研问题，找到一个好的解决方案。

6.3 神经网络可解释性

神经网络在预测、推荐和决策支持方面的出色表现通常是通过采用复杂的大型深度模型来实现的，这些模型隐藏了内部流程的逻辑，通常称为黑盒模型。图 6.22 展示常见的机器学习过程，目前神经网络在给出决策和建议时难以给出有力的证据与解释。这是因为神经网络模型通过非线性、非单调和非多项式函数来近似数据集中变量之间的关系，这使得内部运行原理高度不透明。神经网络模型经常因为错误的原因在训练集中得到正确的预测结果，导致模型在训练中表现出色，但在实践中表现不佳。因此，神经网络的黑盒特性使得人类难以完全相信神经网络模型的决策。

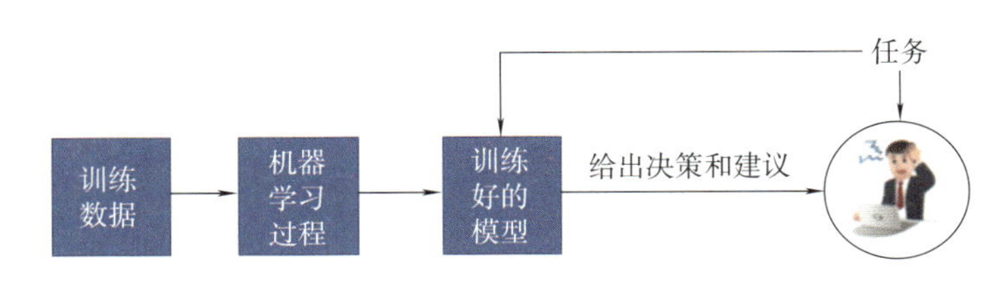

图 6.22 机器学习过程

人类有进一步了解神经网络模型的意愿。对于决策能力较人类更差的模型，希望可以在深度了解模型后发现问题并解决问题，从而帮助模型改善性能。对于决策能力与人类相似的模型，希望可以解释决策结果，从而使人类信任并应用模型。对于决策能力较人类更好的模型，希望可以分析其决策机制，帮助人类更好更深入地理解需要解决的问题。

6.3.1 神经网络可解释性简介

目前对神经网络可解释性的定义还没有形成明确的共识，不同研究中对神经网络可解释性的定义往往不同甚至还偶有矛盾。“解释”一词在英文中可以有许多对应词汇，如 interpretation、explanation 等，一些文献就神经网络中解释相关的词汇进行了详细的区分。有的文献中定义 interpretation 是将抽象概念（例如预测类）映射到人类可以理解的领域（可解释域）中；而 explanation 是可解释域中的特征集合，这些特征对给定样本产生的决策（例如分类或回归）做出了贡献。

不透明性始终被认为是神经网络模型的主要缺陷之一，依赖不透明的模型可能会导致人类不能完全理解网络所采用的决策，不能正确估计该决策带来的风险，导致潜在的安全危机和信任危机。尤其在必须保证模型可靠性的高风险决策场景中，例如医学诊断、自动驾驶汽车（见图 6.23）和刑事司法等。

图 6.23 关于自动驾驶事故的新闻

模型在历史数据集上进行训练，可能会引入许多不易被察觉的**偏见**。具有偏见的规则可能被较深地隐藏在受过训练的模型中，这些偏见规则可能被视为一般规则（见图 6.24）。模型的不透明性隐藏了这些潜在问题，因此判断模型在涉及某些问题（如性别、种族等问题等）时模型结果是否公平变得十分困难。除社会道德问题外，模型的不透明性还会影响问责制、产品安全和工业职责划分等问题。

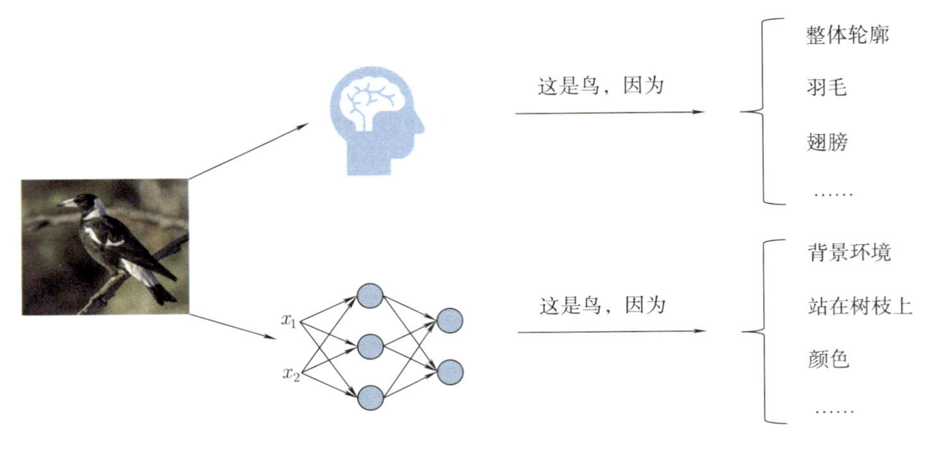

图 6.24 神经网络决策偏见

除了可以解决系统可靠性和系统偏见问题外，神经网络可解释性的研究也有助于优化网络从而提升模型性能，甚至设计出更为有效的网络模型。对于神经网络在复杂任务上的应用，大多数研究主要关注模型性能的提升，并未分析网络在任务中表现良好的原因。虽然普遍认为神经网络的性能取决于其结构，但是目前人类对神经网络性能与其结构间的关系几乎没有系统性的理解。从这个角度看，当前对于神经网络的认知仍存在一些待解决的问题: 如网络结构与其预测性能间的关系、性能良好神经网络的结构特征、神经网络的优化问题等。如果可以解释神经网络结构中不同部分的作用及其相互间关系，了解神经网络性能变化的原因，就可以进一步改善模型，进而设计出性能更优的模型。

6.3.2 神经网络可解释性方法分类

神经网络解释算法的表达形式不同，使用逻辑规则 (通常是 if-then 形式) 可以提供最清晰明确的解释，但在实际应用中通常很难实现将解释信息完全通过逻辑规则进行表述。相较于逻辑规则，其他表达形式的解释没有清晰的解释文字，也被称为“隐性解释”。严格来说，“隐性解释”本身并不是完整的解释，需要进一步的人工解释，这通常是通过人们看到它们时根据经验对解释进行进一步补充完成的。例如，常用于事后解释的显著图，其本身是特定输入样本上的掩码。显著图作为解释算法的解释结果，揭示了神经网络模型做出当前预测与输入样本上的某些区域之间的强相连关系。当这些区域正好对应一些人类可理解的概念 (如动物器官、身体部位等) 时，则说明通过对解释结果 (显著图) 的再加工 (识别概念), 完成了对网络的解释。显著图正好突出输入样本的某一特征时，可以简单地将神经网络的识别结果解释为该特征与预测结果的因果关系。神经网络的解释方法从关注的内容主体可以分为基于网络的解释方法和基于输入的解释方法。基于网络的解释方法关注神经网络中的各单元本身学习到的特征，基于输入的解释方法关注指定输入样本得到特定输出结果的具体原因。每个类别下具有独立的子分类。其中，根据网络单元感兴趣模式的生成方式的不同，可以将基于网络的解释方法分为真实样例和理想样本两个子类。根据神经网络解释算法的输入方式的不同，可以将基于输入的解释方法分为单一输入的解释和多个输入的解释两个子类。

1. 基于网络的解释方法

基于网络的解释方法针对网络自身的单元 (神经元、隐藏层等) 的属性进行解释，不依赖于输入输出。这类方法主要关注神经网络本身学习到的模式，不关注在特定输入情况下神经网络的表现。神经网络通常不能像线性模型那样找到线性解释模型，因此需要其他方法来解释神经网络单元。针对这类解释方法，一个直观的方法是可视化出指定网络单元 (例如，隐藏神经元等) 最感兴趣的模式。基于不同网络单元的反馈结果，可以得到关于网络内部运作机制的启示。根据网络单元感兴趣模式的生成方式，可以将基于网络的解释方法分为真实样例和理想样本两个子类。

真实样例

真实样例的解释方法是指网络单元从输入样本中寻找一个或一组样本，使得网络单元的激活程度最高，则其中明显包含该网络单元感兴趣的模式，因此可以以这类输入样本作为该网络单元感兴趣样本的代表。对于特定网络 net 以及样本集 R，寻找能使网络中目标神经元的激活程度达到最大值的样本 input。

$$\text{input}' = \underset{\text{input}}{\arg\max}\, h_{n,m}(\text{input}), \text{input}' \in R \tag{6.21}$$

其中 n 和 m 是指待解释神经元为神经网络 net 中第 n 层的第 m 个神经元，激活函数为 h，真实样例即在样本集 R 中找到使待解释神经元程度最高的输入样本。当对某一层的神经元如第 n 层进行解释时，目标函数变为整层的激活程度即：

$$\text{input}' = \underset{\text{input}}{\arg\max} \sum_{m} h_{n,m}(\text{input}), \text{input}' \in R \tag{6.22}$$

真实样例第一步需要确定待解释的目标，如特定神经元或隐藏层，以及整个样本集 R。第二步以待解释目标的激活函数结果为衡量指标，依次将样本集中的样本输入网络中，并记录对应解释目标的激活程度。得到能使解释目标达到最大的激活程度的一个样本或者一组样本，其中明显包含该网络单元感兴趣的模式，因此可以以这类输入样本作为该网络单元感兴趣样本的代表，即为对应的真实样例。如图 6.25 所示，左图中加粗的神经元为待解释目标，在右图中用深蓝色表示，在样本集中，输入 input′ 样本时，该神经元的激活值最大，说明 input′ 是待解释神经元关于样本集 R 的真实样例。

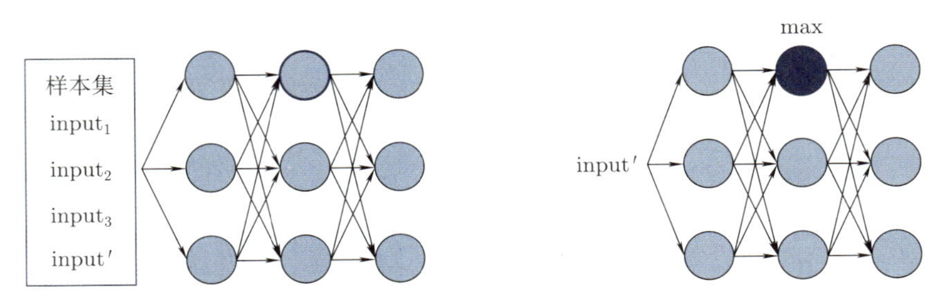

图 6.25 利用真实样例解释神经元

理想样本

基于理想样本的解释方法旨在展示神经网络中的神经元学习到的特征，即找到能使指定神经元达到最大激活值的理想样本。典型方法是通过最大化某个神经元或层的激活，生成一个具有代表性的输入样本。对于特定网络 net，理想样本的解释方法是从输入样本空间中寻找到一个或一组样本，使得待解释的神经元激活程度最高。

$$\text{input}' = \underset{\text{input}}{\arg\max}\, h_{n,m}(\text{input}) \tag{6.23}$$

其中 n 和 m 是指待解释神经元为神经网络 net 中第 n 层的第 m 个神经元，激活函数为 h，理想样本即找到使待解释神经元程度最高的输入样本。当对某一层的神经元如第 n 层进行解释时，目标函数变为整层的激活程度即：

$$\text{input}' = \underset{\text{input}}{\arg\max} \sum_{m} h_{n,m}(\text{input}) \tag{6.24}$$

理想样本第一步同样需要确定待解释的目标，如特定神经元或隐藏层，以及随机初始化的样本 input。第二步以待解释目标的激活函数为目标函数，使用梯度上升等优化方法对样本 input 进行更新，直至目标函数最大，此时获取到待解释目标所对应的生成样本 input′。得到的生成样本能使解释目标达到最大的激活程度，是解释目标最感兴趣的样本，即理想样本。通过此方法得到的样本属于生成式样本，属于样本空间但并不在样本集中。如图 6.26 所示，左图中加粗的神经元为待解释目标，在右图中用深蓝色的神经元表示生成的理想样本 input′ 使得该神经元达到激活最大值。

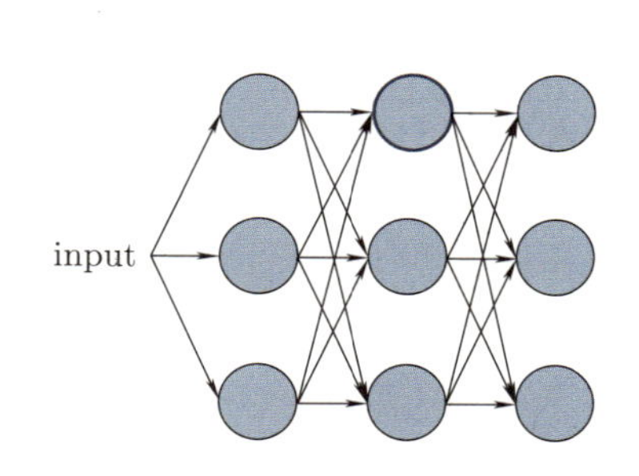

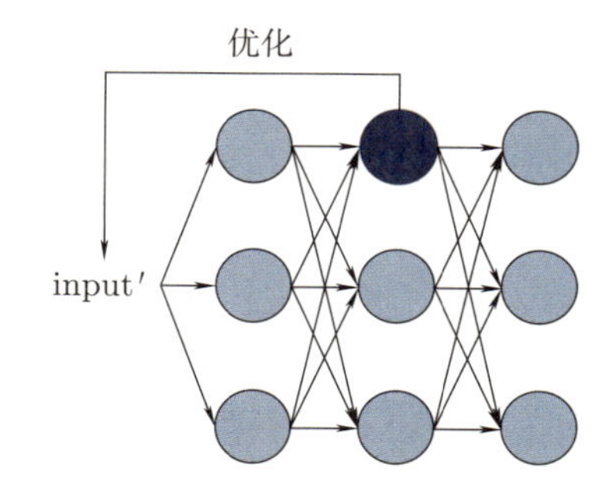

图 6.26 理想样本生成过程

2. 基于输入的解释方法

基于输入的解释方法针对一个或一类输入样本，对神经网络给出的反馈结果进行解释。这类方法主要关注特定的输入样本和输出结果间的关联，而不关心神经网络的内部运行机制。一类典型示例是利用显著图解释特定输入与输出之间的关系。通过显著图，可以解释输入样本会得到某个输出结果，是因为网络专注于输入样本中的某些部分，即输入样本中的哪些区域对输出结果的贡献最大。最理想的结果是，这些部分对应于一些人类可理解的概念。根据神经网络解释算法的输入方式，可以将基于输入的解释方法分为单一输入的解释和多个输入的解释两个子类。

单一输入的解释

基于单一输入的解释是指对特定输入样本进行解释，为输入样本的不同区域或像素分配重要度值或敏感度值以解释其对输出结果的影响。基于单一输入的解释通常利用目标输入的信息 (例如，其特征值、梯度)。

对于给定的输入样本，结合网络输入结果，给出当前结果中神经网络对该样本的感兴趣区域，从而对该样本的预测结果进行解释，图中以不同的颜色表示输入的不同重要度值或敏感度值。以图 6.27 为例，输入为 2×2 的图像数据 $[x_1, x_2, x_3, x_4]$，得到的显著图不同的颜色表示输入对神经网络结果的贡献程度，橙色表示正贡献，蓝色表示负贡献，颜色的深度表示贡献的大小。

多个输入的解释

对于输入的一类样本，结合网络的输出结果，解释方法对样本中的共性进行分析，给出解释。单一输入的解释侧重于对个体预测的解释，而多个输入的解释可以在一定程度上达到对模型整体决策逻辑的理解。

对于多个输入的解释，如何对样本中包含的属性进行分类是一个重要的问题。图像任务中可以使用像素值特征，文本任务则以词元为基本单元，简单的神经网络则以输入的每个特征值作为属性的基础单元。常见的流程是对于特定的网络 net、样本集 R，先根据任务特性定义语义概念。语义概念一般是满足某个特性的输入样本的子集合，如图像任务中的图像模式（条纹、斑点等）、文本任务的词性（名词、动词等），一般的神经网络可以将某些特征值的组合定义为语义概念。完成语义的定义之后通过分析样本集不同预测结果对不同概念的感兴趣程度，如将概念 (例如条纹) 由平面的法向量表示，该平面将网络隐藏层空间中的有条纹和无条纹训练样本分开。因此，可以计算预测结果 (例如斑马) 对概念 (条纹) 的敏感程度，从而获得网络对输入样本的解释。以图 6.28 为例，针对待解释的神经网络，从样本集中抽离出语义概念，结合语义概念和输出结果对神经网络进行解释。

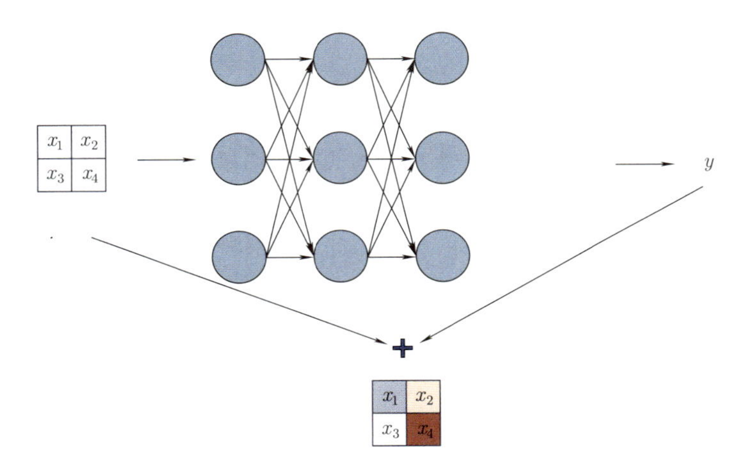

图 6.27 对输入图像生成显著图

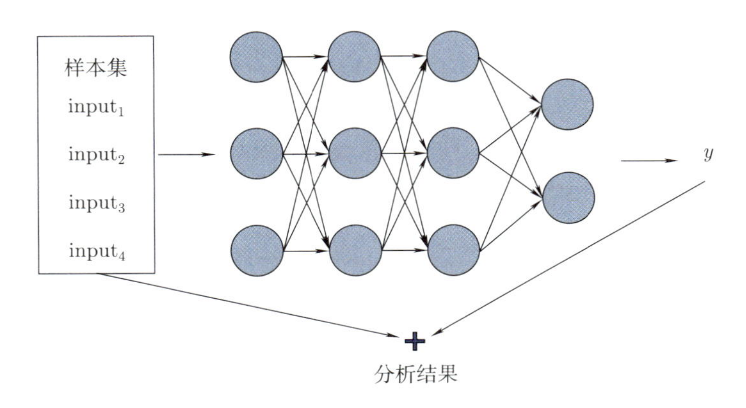

图 6.28 多个输入的解释

分析

不同类型的解释方法从不同的角度对模型进行解释，因而解释方法对网络的理解也不相同。

- 基于真实样例的解释通过识别有代表性的样本来解释模型，有助于更好地理解数据集以及其对模型的影响。此外，具有代表性的样例可能有助于识别数据中的偏差，使模型对数据集的变化更加稳健。例如，利用样例表示网络隐藏单元习得的语义信息，进而对具有语义的单元赋予对象、纹理、颜色上的标签。
- 基于理想样本的解释旨在发现网格单元的学习信息，如神经网络的神经元单元。一些工作通过构建具有抽象概念的原型解释模型所学到的知识。例如，通过生成“汽车”原型图像来解释模型对“汽车”类别的理解。构建这样的原型已被证明是研究深度神经网络单元的有效工具。
- 基于单一输入的解释提供有关单个预测结果的解释信息，例如通过显著图可视化哪些像素与模型最相关以达到其决策。也有工作从输入样本中提取特征，进而深入了解神经网络各中间层的功能。这类算法的解释结果有助于验证预测结果，从而建立对模型的信任感。

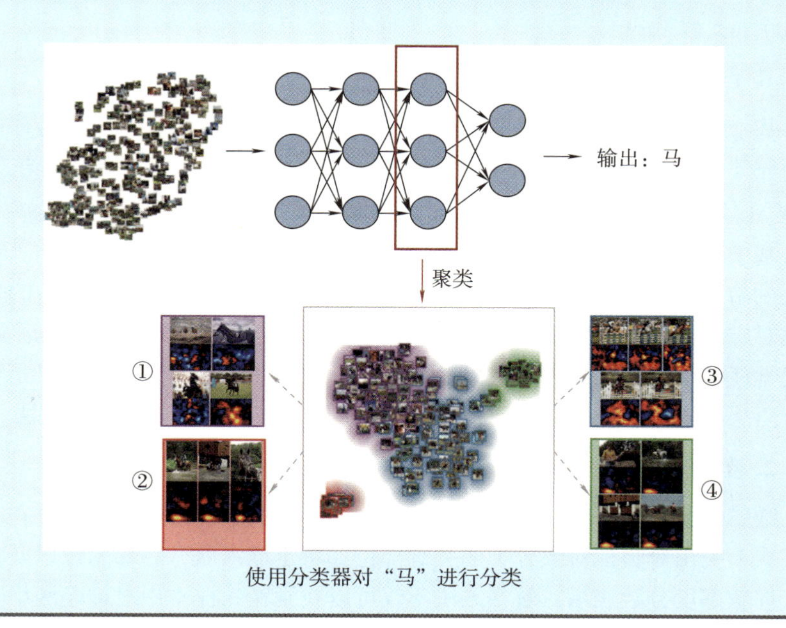

使用分类器对“马”进行分类

- 基于多个输入的解释提供对模型行为更为一般的理解，如识别不同的预测策略等。这类解释对于模型学习到的策略具有更为全面的认识。这类工作通过对热力图进行聚类来生成集群模型的元解释，并生成不同集群模型学习到的预测策略。例如，如下图所示，使用分类器对“马”进行分类时识别出四个聚类: ① 马和骑手; ② 纵向图像中的标签; ③ 木栅栏和骑马的其他元素; ④ 横向图像中的标签。

6.3.3 神经网络可解释性方法评估

可解释方法的评估指标用于度量各种解释方法的解释效果，但目前难以找到适用于大多数解释算法的评估标准。对于可解释方法的评估，人工评价直接且易用，人类可以评估解释算法对神经网络的解释合理性，即解释与人类期望的匹配程度。但人工评价可能会引入评估偏见，导致用于解决神经网络信任问题的可解释方法变得不可信任。常见的评估方法有：基于输入特征的评估、敏感度分数评估、交并比以及指向游戏等。

考虑网络 net 以及输入样本集 R 和样本 $\text{input} \in R$，有可解释方法 E 以及解释结果 $r = E(\text{net}, R, \text{input})$。考虑评估方法 M，则评估结果为：$M(E(\text{net}, R, \text{input}), \text{net}, R, \text{input})$。

1. 基于输入特征的评估

基于输入特征的评估是考虑输入样本的语义特征对解释结果进行评估。如视觉任务中对解释结果进行可视化分析，文本任务中考虑解释结果的语义信息，简单 MLP 网络则可考察解释结果与特定输入特征值的相关性。

基于输入特征的评估方法常用于基于单一输入的解释方法的评估。在单一输入的解释方法中，解释方法通过对输入与神经网络结果和输入输出的关系，生成对应的显著图或敏感度分数。此时考虑解释结果是否具有较强的语义特征，如视觉任务中显著图是否连贯以及可分辨、文本任务中考虑解释结果是否具有符合语法的语义信息。$M(E(\text{net}, R, \text{input}), \text{input})$ 是一种人工评价方法。

2. 敏感度分数

敏感度分数是一种定量评估，解释方法得到的解释结果，通常会在人类认知层次上突出对目标对象分类的关键部位如特定输入值、局部图像以及关键词等，但敏感度分数表示，解释方法不仅可以找到输入样本中对神经网络算法结果决策重大的部分区域，而且可以找到对于被解释神经网络而言最容易区分的部分。

此时评估方法 M 用于考察解释结果对神经网络算法结果的敏感程度。即

$$M = \text{diff}(\text{net}(\text{input}), \text{net}(\text{input}')), \text{input}' \in E(\text{net}, \text{input}) \tag{6.25}$$

3. 交并比

仿照目标检测任务中的，对生成热力图或贡献分数按照设定的阈值生成目标掩码或边框，并与输入样本的真实掩码或边框进行比较，得出交并比，若大于设定阈值，表示生成的解释结果正确地包含了输入样本的目标，对其可解释性有正增强作用。交并比适用于基于真实样例的解释方法和基于单一输入的解释方法。

此时评估方法 M 考察解释结果和输入样本的语义相关性，即

$$M = \text{IOU}(E(\text{net}, \text{input}), \text{input}^*), \text{input}^* \in \text{input} \tag{6.26}$$

6.3.4 神经网络可解释性研究展望

对神经网络进行解释的目的是更好地了解神经网络、学习神经网络、总结神经网络运行规律、了解神经网络错误决策的原因，同时可以为优化神经网络提供建议，从而提升网络性能，为设计更优秀的神经网络提供依据和方向。当前模型可解释这一课题的研究仍然处于较为初级的阶段，人类了解神经网络模型的意愿仍然高涨，可以在以下几个方面对神经网络可解释性算法进行优化。

1. 调和模型性能和可解释性间的矛盾

神经网络模型的复杂度随性能的提升而增加，而模型自身的可解释性通常随着复杂度的提升而减弱。在这条通向更优性能的道路上，当性能与复杂性齐头并进时，可解释能力的下降似乎是不可避免的。从准确性和可解释性的角度出发，当前机器学习模型主要分为两类: 一类模型深奥但无法解释，这类算法普遍具有较高的准确性，但算法结构复杂，学习到的高维特征通常是人类无法理解的；另一类模型可解释但结构简单，缺乏对高维特征的提取能力，准确性较低，模型性能一般。一味追求可解释性可能会牺牲准确性，这在错误决策具有严重后果的任务中是不可取的。因此，如何权衡准确性和可解释性，构建既可以满足准确性要求又能够被解释的网络已成为一个可以深入研究的问题。

针对这一问题，可以考虑平衡模型可解释性和模型性能间的关系。通过增加可解释方法的复杂程度，对算法复杂度高的模型进行解释，并确保解释结果能够代表所研究的模型，不会过度简化其基本特征。根据当前解释算法的特点，对不同类型的解释算法进行有导向性的融合，使得新型解释算法同时具有不同类型解释算法的优点。

2. 统一解释算法评估标准

当前研究中，不同类型的解释方法从不同角度理解可解释的概念和解释模型。可解释方法对于模型的解释程度没有一个统一的度量标准。上文中提到的当前对于解释能力的评估，通常只适用于一个或一类解释算法。缺乏一个或一组指标能够对不同解释算法对模型的解释程度进行统一比较，因此很难对不同类型可解释方法的解释性进行定性的分析和比较。目前一些研究从人类对解释结果满意程度、解释结果对人类理解模型的启发程度、解释可信度等方面对算法进行定性分析，但是尚未出现可量化的通用评估指标或工具来对解释算法进行系统性测量。

设计出一套完备的解释算法评估系统是未来可解释研究的方向之一。该评估系统应适用于不同解释算法之间的比较，能够在不同的应用环境、模型和目标下对算法进行定量对比。评估方法应满足以下要求:

- 解释性: 用可直观理解的概念对网络进行解释。
- 区分度: 解释结果有区分度，针对不同网络/类别/网络单元，解释方法可以给出符合当前目标特点的、不同于其他目标的解释结果。
- 独立性: 解释算法自身具有完备的运行机制，不依附于特定模型或任务，也不影响模型的正常运行。
- 稳定性: 算法具有稳定性，针对不同输入的解释算法的内核原理始终保持不变，并且不随输入顺序或输入时间等无关因素的影响而变化。

为了实现统一的标准化度量，可根据评估指标要求，构建满足特定条件的数据集，不同解释算法可在相同数据集下进行比较，从而实现统一评估。

3. 增强解释算法的可信任性

一个成熟的解释算法应具有可信任性，给出的解释结果可以证明自身的正确性，从而使得人类可以信任算法给出的解释结果。而当前的解释算法普遍不具备这一能力。目前大多数解释算法通常致力于给出符合人类对网络认知的解释结果，但并不对解释结果的正确性进行分析。正如人类无法知道网络模型给出的预测结果是否正确一样，人类也很难知道解释算法的解释结果是否正确。一方面，解释算法可能会提供具有误导性或错误的特征，造成人类对网络的错误认知，从而降低对网络的信任程度，这也背离了解释算法的初衷。另一方面，为达到较好的解释效果，解释算法可能会向原模型中添加一些额外的限制，这可能会降低模型本身的精准性和鲁棒性，影响模型性能。这样会造成为了解释而解释的情况，失去了解释模型的意义。

针对这一问题，可以考虑充分利用网络预测结果和解释结果之间的独立性和相关性。预测结果只来源于网络模型，与解释算法无关。解释结果应只来源于解释算法，二者的产生是相互独立的 (这与上一小节中提到的解释算法的独立性相同)。网络运行的原理是保持不变的，因此两个结果产生的原理一致，二者应具有相关性。如果两个结果可以保持相互印证，则可以在一定程度上证明解释算法的正确性。

分析

神经网络在实际应用中表现出了强大的性能，但由于其黑盒特性，其内部运作机理难以被理解。因此，人们往往难以解释神经网络的决策过程，这限制了神经网络在一些应用场景中的使用。针对这一问题，人们开始关注神经网络的可解释性问题。

可解释性的研究主要包括两个方面：一是解释神经网络内部的运作机制，另一个则是解释神经网络对于输入的响应和输出的结果。对于神经网络内部的运作机制，人们可以通过神经网络的可视化、激活热图等方式来研究；对于神经网络的输入和输出，可以通过对网络的预测结果进行可视化或解释，或者通过从模型中提取特征来分析其决策过程。

在神经网络可解释性的研究中，人们提出了许多方法来解释神经网络的决策过程，如局部识别方法、全局识别方法、特征重要性排序等。这些方法可以帮助我们了解神经网络的决策过程，同时更好地理解神经网络的内部机理，还可以在实际应用中对神经网络的输出结果进行解释。

总的来说，神经网络可解释性是一个非常重要的问题，解决这一问题可以使神经网络的应用更加广泛和深入。随着研究的不断深入，相信神经网络的可解释性问题也会得到更好的解决。

6.3.5 使用 PyTorch 进行可解释性分析

当前可解释性研究工作多数聚焦于单一输入的解释，比较具有代表性的工作有基于扰动的方法、基于反向传播等方法。以下以基于扰动的方法简明阐述单一输入的解释流程。基于扰动的方法通过对输入样本中的部分信息增加扰动并观察输出结果的变化情况，来确定输入样本中的扰动部分对输出结果的影响。即对于一个神经网络 $f(x)$，输入样本的哪些区域对输出值贡献较大。

具体地，考虑输入 $x \in R^d$，分类器 f，输出结果为 $f(x) \in R^n$，其中类别 c 的 Softmax 分数为 $f^c(x)$，扰动的掩码为 M，输入对于类别 c 的重要分数为：

$$\text{score}_x^c = f^c(x) - f^c(M \times x) \tag{6.27}$$

更具体地，考虑简单的双输入网络，如图 6.29 所示，首先经过一次前向计算得到网络的输出 Out。

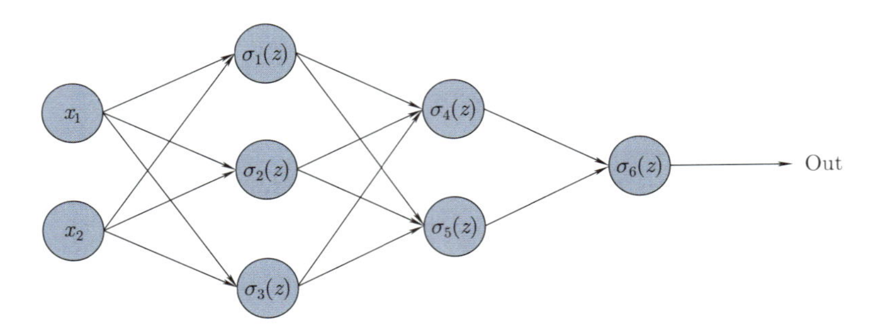

图 6.29 简单神经网络

考虑第一个输入，对其进行扰动得到新的输入 x_1，并再进行一次前向计算得到网络的输出 Out_1，如图 6.30 所示。

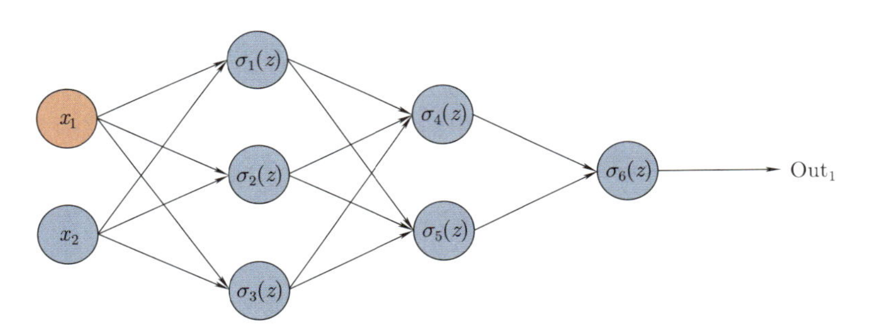

图 6.30 扰动输入 1

考虑第二个输入，对其进行扰动得到新的输入 x_2，并再进行一次前向计算得到网络的输出 Out_2，如图 6.31 所示。

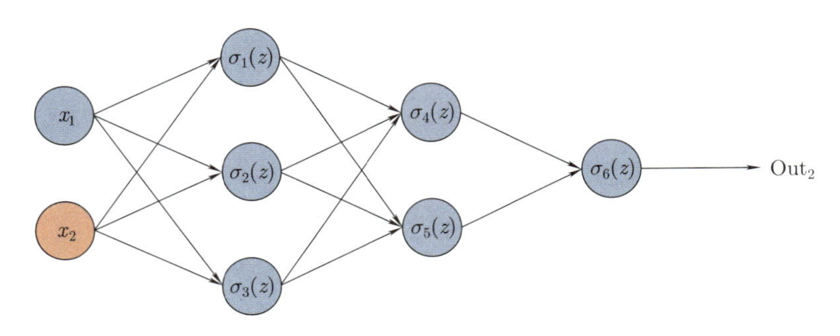

图 6.31 扰动输入 2

在此基础上即可得到输入对于此输出的分数分别为 $\text{Score}_1 = \text{Out} - \text{Out}_1$

和 $\text{Score}_2 = \text{Out} - \text{Out}_2$。比较每个输入的分数大小，分数越大表示该输入对结果的影响越大，分数越小则影响越小。此外，对于网络的每一个输入，都要进行一次前向传播，并得到其干扰之后的结果。在基于扰动的方法中，一个重要的问题是使用什么样的方法对输入样本进行扰动，也就是使用输入样本的哪些变体进行研究，常见的方法有恒定值扰动、噪声扰动和模糊扰动等，在此不做展开。

以下是以 Python 和 PyTorch 框架为基础的示例：以图像分类任务为背景，对输入图像进行随机扰动，并通过梯度反向传播自动计算显著图。首先导入需要的包：

```
import torch
import torch.nn.functional as F
from torchvision import models, transforms
import matplotlib.pyplot as plt
import numpy as np
from PIL import Image
```

然后对图像进行加载与预处理：

```
def load_and_preprocess_image(image_path):
    transform = transforms.Compose([
        transforms.Resize((224, 224)),
        transforms.ToTensor(),
    ])
    img = Image.open(image_path)
    img = transform(img).unsqueeze(0)  # 添加批次维度
    return img
```

定义随机扰动图像函数：

```
def apply_random_perturbation(image, epsilon=0.03):
    perturbation = epsilon * torch.randn_like(image)
    perturbed_image = image + perturbation
    return perturbed_image, perturbation
```

定义显著图计算函数，在此使用梯度反向传播计算显著图：

```
def compute_saliency(model, image):
    image.requires_grad = True
    output = model(image)
    output_max_index = output.argmax()
    output_max = output[0, output_max_index]
    model.zero_grad()
    output_max.backward()
    saliency, _ = torch.max(image.grad.data.abs(), dim=1)
    return saliency
```

然后给出算法的主函数：

```
def main(image_path):
    # 加载模型
    model = models.resnet18(pretrained=True)
    model.eval()  # 设置为评估模式

    # 加载并预处理图像
    img = load_and_preprocess_image(image_path)

    # 应用扰动并计算显著图
    perturbed_img, perturbation = apply_random_perturbation(img)
    saliency = compute_saliency(model, perturbed_img)

    # 可视化原图、扰动图和显著图
    img_np = img.squeeze().permute(1, 2, 0).numpy()
    perturbed_img_np = perturbed_img.squeeze().permute(1, 2, 0).detach().numpy()
    saliency_np = saliency.squeeze().numpy()

    plt.figure(figsize=(15, 5))
    plt.subplot(1, 3, 1)
    plt.imshow(np.clip(img_np, 0, 1))
    plt.title("Original Image")
    plt.axis('off')

    plt.subplot(1, 3, 2)
    plt.imshow(np.clip(perturbed_img_np, 0, 1))
    plt.title("Perturbed Image")
    plt.axis('off')

    plt.subplot(1, 3, 3)
    plt.imshow(saliency_np, cmap='hot')
    plt.title("Saliency Map")
    plt.axis('off')

    plt.show()
```

图 6.32 展示了示例代码在 ImageNet 数据集上的解释结果，左图为输入原图、中图为随机扰动后的输入图像，右图表示解释算法生成的显著图，通过显著图能够展示网络关注了整个物体的大致轮廓。但基于扰动的方法会产生大量的噪声，使得显著图产生大量噪声。

  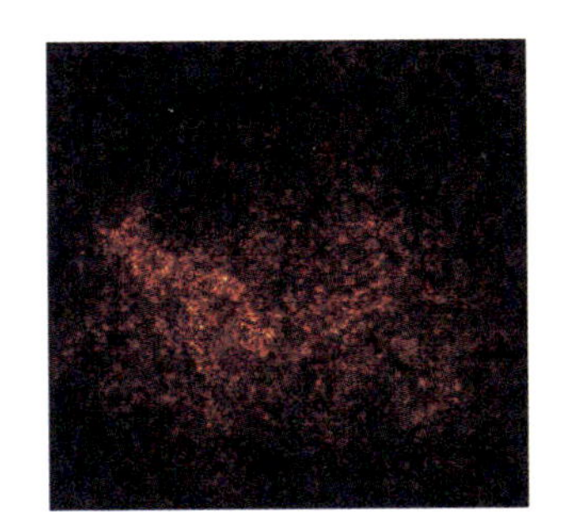

图 6.32 基于扰动的解释算法显著图结果

6.4 小结

本章讨论了神经网络分布式学习、神经网络压缩和神经网络可解释性三方面的内容。神经网络分布式学习利用多台计算机对神经网络分别进行训练，并将结果进行合并，以实现更好的性能。然而，分布式学习仍然面临通信瓶颈、节点故障、负载均衡等问题，需要进一步解决。

神经网络压缩通过减少神经网络的大小来减少计算资源的使用，以提高神经网络的性能。除了前面所述的重要度度量以外，剪枝算法的形成还有许多其他的研究方向，例如，阈值的自适应调整，剪枝算法的普适性等。如果大家感兴趣，可以去搜索相关文献，了解研究进展，甚至利用课堂中学到的知识，提出自己的剪枝思路！

神经网络可解释性使用可视化技术来解释模型的原理，帮助人类更好地理解神经网络的工作方式。目前，模型可解释这一课题的研究仍然处于较为初级的阶段，人类了解神经网络模型的意愿仍然高涨，期待在未来的研究中可以实现更为智能、易懂、透明的可解释方法。

练习

1. 为什么分布式训练可以提高训练效率和模型精度？在哪些情况下分布式训练可能不如单机训练？
2. 使用 PyTorch 实现一个简单的神经网络，并尝试在 CIFAR-10 数据集上使用数据划分或模型划分方法来加速训练过程。
3. 编写代码对 6.1.5 节里的模型划分示例中的神经网络的层数进行扩展，然后使用虚拟数据集分别采用单机优化和模型划分的方式进行训练，比较它们花费的时间，分析其中的原因并尝试给出解决方案。
4. 什么是“黑盒”模型？为什么深度神经网络通常被认为是黑盒模型？
5. 什么是“基于网络的解释方法”和“基于输入的解释方法”？解释它们的不同之处。
6. 在 Python 中，如何获得指定神经元的“理想样本”？
7. 为什么要对神经网络进行压缩？
8. 神经网络压缩的方法有哪几种？
9. 用 MNIST 在 LeNet 上训练一个分类模型，LeNet 由三个线性层（输入层，隐藏层，输出层）组成，隐藏层的输入和输出神经元个数分别为 300 和 100。预训练模型上, 利用 $L1$ 范数实现非结构化剪枝。注：范数越大，代表神经元越重要，因此，为了保持精度，剪去更小的神经元。
   （1）用伪代码写出剪枝思路。
   （2）用常用框架（PyTorch、TensorFlow 等）实现思路并报告精度和剪枝效果。
   （3）思考：不同的范数阈值会给剪枝效果带来什么影响？
   （4）思考：剪枝后和在剪枝后的模型上进行微调后的模型精度有差别吗？
10. 完整实现 6.2.2 节知识蒸馏的示例实验代码，并做如下实验：
   （1）探究不同的网络大小对模型性能的影响。
   （2）探究不同平衡参数 α 对模型性能的影响。
   （3）思考温度 T 代表什么含义，探究不同温度 T 对模型性能的影响。

稍事休息

基于大数据的机器学习既推动了人工智能的蓬勃发展，也带来一系列安全隐患。这些安全隐患一旦被滥用将造成十分严重的后果。为了保护隐私和数据安全，谷歌提出了一种特殊形式的分布式机器学习——联邦学习（Federated Learning）。

数据是神经网络蓬勃发展的“燃料”，虽然当今是大数据时代，但一家公司常常只有小规模或碎片化的数据。各个机构都拥有各自的数据，这些数据虽相互关联却独立保存在不同位置，出于安全性、隐私性等方面的考虑，这些小规模的数据之间无法很好地互通和协作，导致潜在的数据价值没有得到充分的挖掘和应用。比如在医疗场景下，患者个人信息和就医过程产生的数据是需要高度保密的用户隐私数据，并分布在多家医疗机构中，这些用户隐私数据又恰恰是训练医疗相关 AI 模型的基础数据。在金融场景下，用户的存款和交易等信息也是需要高度保密的用户隐私数据，并分布在多家金融机构中，这些数据也是训练金融相关 AI 模型的基础数据。这就好像在信息技术这片大海之中，数据各自存储、各自定义，形成了海上的一座座孤岛。

近几年国内外都开始重视数据隐私和数据安全问题，2017 年 6 月 1 日开始实施的《中华人民共和国网络安全法》中要求网络运营者对用户数据的收集必须公开和透明，对收集的用户信息应当严格保密。2018 年 5 月，欧盟通过《一般数据保护法案》，指出对数据的使用行为必须获取用户的明确授权。2019 年年初，谷歌因为推送广告缺乏透明度且未获取用户有效认可，被法国政府罚款 5000 万欧元。

2016 年，谷歌首先提出联邦学习，在满足隐私保护和数据安全的前提下设计一个分布式机器学习框架，使各个机构在服务提供商的协调下协同训练模型，从而实现云边端协同训练，在充分保护隐私的同时，充分利用来自各个客户端的数据，打破数据孤岛问题。

典型的联邦学习框架也是采用参数服务器架构，第一步，选择联机的客户端，服务器从一组满足联机要求的客户端中抽样。例如，只抽取正接入无线网络且处于空闲状态的设备登录到服务器。第二步，广播，每个被选中的客户端从服务器处下载当前的模型参数和一个训练程序。第三步，计算，每个客户端利用本机上的数据，执行训练程序进行局部计算。例如利用本机数据和当前参数进行随机梯度下降，得到梯度估计量，并将计算得到的梯度或参数信息（而非原始数据）发送到服务器。第四步，聚合更新，服务器收集客户端的信息（例如梯度）进行汇总平均，并更新模型参数。

联邦学习可以看作一种特殊的分布式机器学习，传统的分布式机器学习框架通过集中收集数据，再将数据进行分布式存储，将任务分散到多个 CPU/GPU 机器上进行处理，从而提高计算效率。与之不同的是，联邦学习强调将数据一开始就保存在参与方本地，并且在训练过程中加入加密技术，进行隐私保护。

当前联邦学习的发展仍然处于初级阶段，面临诸多技术挑战：

- 当前算法无法有效处理真实环境中的数据和设备异构问题：真实环境中不同节点间的数据大多非独立同分布，数量也严重不均，这会导致全局模型难以训练，极大地影响训练时间和训练精度。同时，异构环境下不同边缘设备间在系统、算力以及通信上存在巨大差距。一些计算能力差、连接不稳定的设备，会影响整体算法的训练效果。
- 现有网络带宽仍无法满足云数据中心和边缘设备间的大量通信开销：采用联邦学习的协同训练方式严重依赖于数据传输，当大量设备同时与服务器连接时会存在网络缓慢、传输延迟甚至数据丢包等现象。
- 目前基于联邦学习的云边端协同训练机制仍存在隐私泄露和安全问题：攻击者可能借助模型上传过程中的梯度、参数等数据来反推原始数据。此外，训练机制还面临数据投毒、模型投毒，以及“拜占庭错误”等多种攻击威胁。

参考文献

[1] 周志华. 机器学习 [M]. 北京：清华大学出版社，2016.

[2] 李航. 统计学习方法 [M]. 北京：清华大学出版社，2012.

[3] 刘铁岩，陈薇，王太峰，等. 分布式机器学习：算法、理论与实践 [M]. 北京：机械工业出版社，2018.

[4] 邱锡鹏. 神经网络与深度学习 [M]. 北京：机械工业出版社，2020.

[5] 韩力群. 人工神经网络理论、设计及应用 [M]. 2 版. 北京：化学工业出版社，2007.

[6] SAMARASINGHE S. 神经网络在应用科学和工程中的应用：从基本原理到复杂的模式识别 [M]. 史晓霞，陈一民，李军治，等译. 北京：机械工业出版社，2009.

[7] 杨强，范力欣，朱军，等. 可解释人工智能导论 [M]. 北京：电子工业出版社，2022.

[8] 山下隆义. 图解深度学习 [M]. 张弥，译. 北京：人民邮电出版社，2018.

[9] 吴建鑫. 模式识别 [M]. 罗建豪, 张皓, 译. 北京：机械工业出版社，2020.

南京大学人工智能系列教材